¿Qué me pasa ahí abajo?

¿Qué me pasa ahí abajo?

Di adiós a las infecciones de orina
con la medicina integrativa

DRA. TERESA PASTOR

alienta
EDITORIAL

Primera edición: febrero de 2025
Depósito legal: B. 1.093-2025
ISBN: 978-84-1344-387-4
Composición: Realización Planeta
Impresión y encuadernación: Gómez Aparicio
Printed in Spain - Impreso en España

A todas las mujeres y mujercitas de mi vida,
a las que estáis y a las que os fuisteis,
por haberme enseñado tanto.
Y, en especial, a mi madre, a mi hermana
y a mis dos pequeñas,
porque sois y habéis sido mis pilares y mi fuerza.

Sumario

PRIMERA PARTE
Por qué tienes infecciones de orina

SEGUNDA PARTE
**Estrategias para evitar
las infecciones de orina**

Nota para el lector

Querido lector:

Si tienes el valor de leer este libro hasta el final te darás cuenta de que en diferentes partes del mismo se repiten los mismos conceptos y se retoman temas de los que ya se ha hablado. Esto es así porque la medicina integrativa, como su nombre indica, integra el conocimiento de todo lo que ocurre en el cuerpo y su interacción con el medio que nos rodea y, en especial, con nuestro estilo de vida, para comprender el porqué de muchas patologías.

En la mayoría de los casos, las causas son, precisamente, cambios en nuestro estilo de vida, que se aleja de lo que se consideraría naturalmente evolutivo. Estas causas se repiten y originan, por diversas vías, problemas en nuestra salud, entre ellos, las infecciones de orina de repetición. No es que una causa genere un problema, sino que una alteración de nuestro estilo de vida genera varios problemas y, a su vez, un problema se genera por varias alteraciones en nuestro estilo de vida.

La cuestión es un poco compleja, pero el asunto es que a menudo tendré que volver a hablar de los mismos factores de riesgo como origen de diversos problemas y viceversa. Por eso, si en algún momento tienes la sensación de que me repito, te pido disculpas por adelantado.

Prólogo

Si estás leyendo estas palabras es porque alguna vez habrás tenido una infección de orina. O varias. No estás sola: cada año millones de mujeres tienen cistitis, o dicho de manera más correcta, infecciones de orina.

Ya sabes lo que se siente. Cuando vas a hacer pis es sentir fuego «ahí abajo». Ese picor insoportable que te vuelve loca. La desesperación por tener que ir al baño cada dos por tres. El susto cuando incluso llegas a orinar sangre.

Además, puede que cada vez que tengas relaciones sexuales te encuentres con que después, de indeseada propina, llega la odiada cistitis a fastidiarte. Te frustras. Y tu pareja te apoya (o no), pero es incapaz de entenderte al cien por cien.

Los antibióticos que has tomado una, dos, diez veces, no sólo no evitan que tengas nuevas cistitis. Además, te sientan fatal: granos, diarrea, dolor de cabeza, molestias de estómago, y quizá ya sepas que a tu microbiota no le gustan los antibióticos.

Cuando preguntas, te dicen que no puedes hacer nada por evitar estas infecciones, salvo tomar antibióticos y beber mucha agua. Y si eso, algo de arándano rojo, aunque sea «por probar». Quizá te hayan recomendado aplicarte yogur en la zona de la vulva.

Con este panorama frustrante, ya era hora de que llegara una médica especialista en Urología a desvelar una solución real. Para ello, debemos ir a la raíz del problema. El mensaje de la doctora Teresa Pastor es esperanzador y maravilloso: no es necesario seguir sufriendo y tomando antibióticos en un ciclo repetido infinidad de veces.

Teresa tiene una visión integrativa de la medicina, que comparto plenamente. Desde esta perspectiva, se entiende la salud como un equilibrio delicado entre cuerpo, mente y entorno. Hay que tratar a la mujer, a ti, como un superorganismo complejo.

Teresa tiene el don de integrar el conocimiento científico más riguroso con una enorme empatía que trasciende la consulta. Eso se refleja en este libro, que es mucho más que una guía sobre infecciones de orina. En estas páginas, se nos invita a comprender el cuerpo femenino desde sus cimientos, sus conexiones y sus increíbles posibilidades de sanación.

Cuando pensamos en infecciones de orina, podríamos caer en la idea de que es un tema demasiado específico y que no hay mucho que hacer. Nada más lejos de la realidad: Teresa logra desmontar esa idea por completo y desgrana todo lo necesario para cuidar la salud del aparato urinario. Descubrirás la microbiota genitourinaria e intestinal, conocerás tu suelo pélvico y aprenderás cómo prevenir las cistitis recurrentes.

Porque se puede. He visto a muchas mujeres dejar de sufrir por las infecciones de orina gracias a las herramientas que Teresa comparte con detalle en este libro.

Teresa tiene la capacidad de volcar la experiencia de años de consulta y de revisión de miles de artículos científicos en una obra comprensible apta para todos los públicos. Si te has sentido perdida o frustrada *por lo que te pasa ahí abajo* y estás harta de tratamientos que no acaban de funcionar, respira: tienes en tus manos un auténtico salva-vidas.

Por favor, ayuda a cambiar vidas compartiendo el conocimiento que estás a punto de descubrir: cuéntales a las mujeres que tienes a tu alrededor todo lo que Teresa te cuenta. Diles que lean el libro y que aprendan a empoderarse y cuidarse. Expande el mensaje a tu madre, abuelas, hermanas, primas, amigas, hijas, sobrinas, tías, compañeras.

Démosle las gracias a Teresa por llevarnos a un viaje fascinante para entender nuestro cuerpo, donde todo está conectado. En este viaje no sólo acabarás con las cistitis: sentarás las bases para tomar las riendas de tu salud y recuperar tu bienestar. ¿Empezamos?

DRA. SARI ARPONEN,
especialista en Medicina Interna
y autora de *¡Es la microbiota, idiota!*

Preámbulo

Recetar fármacos para tratar los síntomas o las consecuencias de una enfermedad a menudo no significa tratar el origen de esa enfermedad. Las infecciones de orina son una de las patologías infecciosas más frecuentes en el ser humano, sobre todo, en el sexo femenino, y suponen un importante hándicap para muchas personas, así como un problema de salud pública de primer orden. Los médicos nos hemos acostumbrado a recetar antibióticos casi sistemáticamente cuando un paciente llega a consulta por síntomas de cistitis y los pacientes se han acostumbrado a recibirlos sin más, pero ni los unos ni los otros solemos preguntarnos cuál es la causa de estas infecciones ni si habría una manera eficaz de evitarlas o, al menos, de reducir su frecuencia.

En la Facultad de Medicina, así como en los años de especialización en Urología, me enseñaron a creer en un solo tipo de medicina: la medicina convencional o alopática. Este tipo de medicina aboga por la utilización casi exclusiva de fármacos de síntesis, las guías de práctica clínica y los protocolos o la compartimentación del cuerpo humano por especialidades. Durante años, me ceñí a esos protocolos y a esa manera de trabajar, sin darme cuenta de que me estaba alejando de la verdadera razón por la que quise convertirme en médico: mi inmensa curiosidad por comprender cómo funcionaba el cuerpo humano tanto cuando lo hacía bien, en condiciones de salud, como cuando lo hacía mal, en la enfermedad. Sin embargo, con el paso del tiempo y, sobre todo, gracias a todos aquellos pacientes a los que no pude ayudar como yo habría querido y que, sin ellos saberlo, me hicieron ver una y otra vez mis lagunas, me fui dando cuenta de que la medicina alopática no respondía a muchas de mis preguntas. Tampoco me ayudó a salvar a mis padres, ni a evitar que mi hija tuviera problemas desde su nacimiento.

Al tomarme de verdad tiempo para escuchar mejor a los pacientes, éstos me fueron confiando cada vez más sus problemas, incluso los que, aparentemente, no tenían nada que ver con mi especialidad, la urología: «Doctora, el dolor pélvico comenzó cuando mi hijo falleció», «Las infecciones de orina empezaron después de hacer el tratamiento para la gastritis por *Helicobacter pylori* que me recetó el gastroenterólogo», «Yo nunca había tenido pérdidas de orina, pero me vinieron de golpe justo después de operarme de la cadera». Con la ayuda de algunas pacientes motivadas y de mi querida enfermera Feli, allá por el año 2013, formé un grupo de apoyo para pacientes con dolor pélvico crónico donde integrábamos charlas informativas con pequeñas sesiones de ejercicio físico (pilates) y otras terapias o talleres como psicoterapia, reiki, talleres para realizar cosméticos caseros, etcétera, dirigidos por las propias pacientes. El grupo de apoyo ayudó a muchas personas, pero, sobre todo, me ayudó a mí. Me ayudó a recordar que el cuerpo humano funciona como una unidad, no como una multitud de órganos o sistemas que no tienen nada que ver los unos con los otros. También me ayudó a comprender que nuestro cuerpo se ve constantemente influenciado por factores externos, ya sea la alimentación, los productos que entran en contacto con nuestra piel, el aire que respiramos, la luz, el sueño, el estrés u otros estímulos del entorno.

En el caso de mis pacientes con dolor crónico, todas y cada una de ellas comentaban cómo la alimentación influía en su dolor, así como el estrés, la falta de sueño o los cosméticos que utilizaban. La mayoría tenían trastornos psicológicos, sobre todo, depresivos, y yo, por aquella época, pensaba que su depresión habría surgido como resultado de padecer dolor las veinticuatro horas del día, aunque ahora sé que probablemente no era así. Muchas habían probado con éxito múltiples terapias alternativas como la hipnosis, la meditación, el EMDR, la acupuntura, la medicina ayurvédica, las flores de Bach, las terapias energéticas, etcétera. Otras muchas acudían a nutricionistas, pues hacer ciertas dietas restrictivas, sin gluten o sin lácteos, por ejemplo, reducía su problema. En aquel momento, yo creía que estas estrategias no ayudaban directamente a mejorar su estado, sino que les daban esperanzas de curarse y, con ello, la fuerza para soportar mejor su dolor. No me daba cuenta de que estaba muy equivocada.

Con el paso de los años, seguí especializándome en el tratamiento de ciertas patologías urológicas crónicas, sobre todo, en las infecciones de orina de repetición, la incontinencia y el dolor pélvico crónico. Cada vez era más consciente de que las disfunciones de los músculos pélvicos alteraban la micción y, por ende, provocaban infecciones de orina, incontinencia, hiperactividad de vejiga o dolor. Mis pacientes mejoraban mucho cuando les recetaba sesiones de fisioterapia del suelo pélvico, pero recaían al poco tiempo. Por otro lado, muchos pacientes seguían insistiendo en que la medicina alternativa los ayudaba, así que empecé a informarme un poco más sobre esas terapias. Quería, sobre todo, comprender con criterio científico los mecanismos precisos por los que esos tratamientos mejoraban tanto a mis pacientes, más allá del simple «efecto placebo».

Por la misma época, mi hija fue diagnosticada de un trastorno del neurodesarrollo. Decidida a no resignarme a aceptar el «no conocemos las causas y no tiene cura ni tratamiento» que oí de la boca de muchos profesionales sanitarios, me puse a investigar cada vez más a fondo sobre la nutrición, la suplementación, la microbiota, los disruptores endocrinos, los tóxicos medioambientales, etcétera. Me di cuenta entonces de que los mismos factores que habían hecho que el cerebro de mi pequeña no se desarrollara de la misma manera que el de otros niños eran probablemente los factores que enfermaban a mis pacientes.

Fue así como descubrí la medicina holística o integrativa. Y, después de dedicarle muchas horas de estudio y de esfuerzo para comprender la medicina desde este otro ángulo, conseguí sacar adelante a mi niña. Su tenacidad y su energía positiva también fueron la clave del éxito. Así que decidí empezar a aplicar esa misma energía y todo ese conocimiento también en mis pacientes. Busqué en la literatura científica, pero casi nadie hablaba de esto. Sin embargo, para mí era la pieza que faltaba en el rompecabezas. Comprendí la razón por la que mis pacientes mejoraban con la fisioterapia, pero luego recaían enseguida. En ese momento, lo vi todo claro, tan claro que me moría de ganas de explicárselo a mis pacientes y a los colegas que quisieran escucharme. El problema es que nadie tiene mucho tiempo para hablar, ¿verdad?

Querido lector, hace tiempo, mis pacientes me enseñaron que no necesitaban un médico paternalista, ni un mago con una varita mágica. Lo que buscaban era una persona que los acompañara y los ayudase a empoderarse. Y por eso estoy aquí. El problema es que hay tantas cosas que preguntar y que explicar que si vinieras a mi consulta tendríamos que agendar una cita que durase una semana o dos ¡e incluso más! Por eso, he creído que sería más útil escribir este libro. La idea no es proponerte medicamentos ni tratamientos naturales para curar tus cistitis, pues hay cientos de libros que hablan de ello, sino estrategias para que no llegues a tener cistitis jamás.

A lo largo de las páginas de este libro aprenderás cómo funciona tu sistema urinario y por qué a menudo se asientan en él gérmenes que provocan infección. Eso te hará comprender el porqué de las estrategias que propongo para prevenirlas. He intentado ser lo más breve y esquemática posible. Aun así, soy consciente que algunas partes serán densas. ¡Pero es que nuestro sistema urinario es mucho más complejo de lo que pensamos! Sea como fuere, si eres una persona que padece cistitis infecciosas a menudo y te preguntas el porqué y cómo puedes evitarlas, creo que este libro podrá aclararte muchas cosas. Espero que te sea útil.

Introducción

Cada año se producen en el mundo millones de consultas médicas relacionadas con las infecciones de orina, la mayoría de ellas en mujeres, de manera que se trata de la causa más frecuente de infección en pacientes no hospitalizados. Las estadísticas apuntan a que una mujer de cada dos padecerá al menos una infección de orina a lo largo de su vida. En Estados Unidos, se estima que existe una prevalencia del 11 por ciento en la población general (algo más de una de cada diez mujeres). Con la excepción de un pico de incidencia en mujeres jóvenes (de catorce a veinticuatro años), probablemente en relación con el inicio de la vida sexual activa, esta prevalencia aumenta con la edad; así, en mujeres mayores de sesenta y cinco años se cree que es de un 20 por ciento aproximadamente (una de cada cinco).

Estas cifras son tan sólo una estimación, pues no se han tenido en cuenta todos aquellos casos, que son muchísimos, de personas que no han acudido al médico y que toman a menudo antibióticos u otros tratamientos por su cuenta y sin la debida supervisión de un profesional.

Las infecciones de orina de repetición, es decir, tener tres o más episodios sintomáticos por año, documentados mediante un cultivo de orina, o dos o más episodios en seis meses, son una gran carga para quien las padece, pues generan un importante deterioro de su calidad de vida. Asimismo, suponen un problema muy serio de salud pública, pues, además de las complicaciones graves que pueden provocar en algunos casos (una infección grave del riñón llamada pielonefritis, una sepsis o la formación de cálculos urinarios, entre otros), generan importantes gastos médicos y grandes pérdidas económicas relacionadas con el absentismo laboral. En los niños, pueden llegar a ser especialmente problemáticas ya que, en algunos casos, se han relacionado con un deterioro de la función renal a largo plazo o con el desarrollo de hipertensión arterial, en especial, cuando se trata de pielonefritis. Además, la alta prevalencia de estas infecciones predispone a la sobreutilización de los antibióticos en algunos casos, lo que puede llevar a la aparición de resistencias de algunos microbios a dichos antibióticos. Esta situación complica aún más el panorama y favorece la cronicidad de las cistitis.

En lo que se refiere a la prevención, las guías de práctica clínica de las diferentes sociedades médicas han abordado clásicamente el problema con recomendaciones higiénicas (basadas fundamentalmente en la higiene íntima, la ingesta de abundantes líquidos, la prevención del estreñimiento, el orinar inmediatamente después de una relación sexual, etcétera), la utilización de la llamada «profilaxis inmunoactiva» (una especie de vacuna con cepas de bacterias atenuadas), la aplicación vaginal de cremas o geles de hormonas (estrógenos) para las pacientes posmenopáusicas, la corrección de factores de riesgo como tratar el vaciado incompleto de la vejiga, así como la toma, en algunos casos, de antibióticos preventivos (profilaxis nocturna, profilaxis poscoital, profilaxis semanal, etcétera). Sin embargo, tal y como apuntan estas mismas guías de práctica clínica, la eficacia de estas medidas es, cuando menos, limitada. Además, ninguna de estas guías hace mención con detalle a cambios profundos en el estilo de vida, a tipos de alimentos recomendables o que se deban evitar, y pocos son los suplementos o sustancias naturales (fitoterapia, homeopatía, aceites esenciales) de los que se habla en ellas, a excepción quizá del arándano rojo y la D-manosa principalmente, que más tarde comentaremos. Se mencionan otros como el ácido hialurónico, la berberina o la cola de caballo, aunque de manera muy marginal. En los últimos años se ha comenzado a hablar en estas guías del uso de probióticos (suplementos compuestos de microbios, bacterias principalmente, que no son agresivas para los seres humanos y tienen efectos beneficiosos), aunque sin suficiente evidencia científica por ahora.

En cuanto al tratamiento, aparte de ciertas medidas de soporte como la ingesta de abundantes líquidos o la toma de antiinflamatorios (como el paracetamol o el ibuprofeno, por ejemplo), las guías de práctica clínica se basan en el uso de antibióticos como único tratamiento antimicrobiano posible. En una época en la que la aparición de bacterias resistentes es cada vez más frecuente y grave, el uso de los antibióticos habría de racionalizarse al máximo y debería considerarse sólo en los casos estrictamente necesarios. Por eso, es urgente poder encontrar medidas eficaces que permitan disminuir la frecuencia de las infecciones urinarias, basadas principalmente en la educación y el empoderamiento de la población de riesgo, y no tanto en un punto de vista médico-dependiente.

Como mucha gente sabe, las intervenciones dietéticas y del estilo de vida; las terapias naturales como la fitoterapia (plantas medicinales), la micoterapia (hongos medicinales) o la aromaterapia (aceites esenciales), entre otras muchas; el control del estrés y el equilibrio psicológico; la eliminación de sustancias tóxicas y disruptores endocrinos, y las suplementaciones con vitaminas, minerales, ácidos grasos esenciales u otras sustancias pueden tener una influencia positiva en el funcionamiento global de nuestro cuerpo y, en especial, en la función de nuestro sistema o eje neuro-inmuno-endocrino, del que hablaremos más tarde. De la misma manera, estas estrategias pueden modificar positivamente el estado de nuestra microbiota (o «flora») oral, cutánea, intestinal y urogenital, factor muy importante relacionado con las infecciones urinarias. Es por todo ello por lo que creo que una revisión a fondo de otras estrategias de prevención y tratamiento de las infecciones de orina, más allá de las recomendaciones clásicas, podrá ayudar a muchas personas a disminuir la frecuencia con la que las padecen, sus síntomas, su virulencia y sus posibles complicaciones, tanto las directas como las derivadas de la toma de antibióticos de manera recurrente.

Así pues, en este libro revisaremos juntos muchas de las intervenciones que pueden ser útiles para tratar las causas primarias de las infecciones de orina, como las recomendaciones dietéticas o la utilización oral o local de diferentes tipos de productos: vitaminas, minerales, hormonas u otros compuestos naturales, sin olvidarnos de la fitoterapia o la aromaterapia. También hablaremos sobre cómo optimizar el funcionamiento de nuestro sistema inmunitario por medio de cambios en el estilo de vida, la disminución del estrés, la mejoría de la calidad del sueño u otros. Nos adentraremos brevemente en el mundo de los tóxicos y los disruptores endocrinos, para comprender de qué manera pueden afectar a nuestra salud. Asimismo, repasaremos las medidas dietéticas y no dietéticas enfocadas a mejorar el tránsito intestinal, en especial, el estreñimiento, y el estado de nuestra microbiota, tanto a nivel intestinal como genital, pero también oral.

Otras estrategias que mencionaremos son la mejoría del vaciado vesical en personas que padecen una retención urinaria crónica como los pacientes con una hipertrofia (crecimiento) de la próstata, estenosis (estrechez) de la uretra, enfermedades neurológicas, prolapso (descenso) de órganos pélvicos, etcétera. También, revisaremos el importante papel que una correcta estática pélvica tiene en la salud urogenital: tratar una dismetría (desequilibrio) de las caderas, alteraciones de la columna o de otras articulaciones que puedan llevar a un mal funcionamiento de los músculos del suelo pélvico es fundamental, como explicaré con detalle más adelante. Veremos cómo la reeducación miccional por parte de especialistas es de suma importancia para que los pacientes orinen de manera correcta, pues muchas personas, por diversas razones, realizan lo que se llama una «micción no coordinada» que puede ser el origen de infecciones urinarias.

Pero antes de adentrarnos en repasar todas estas estrategias, tenemos que empezar por el principio. Primero necesitamos comprender bien cómo funciona nuestro sistema genitourinario, pues, si no, nada de lo explicado tendrá sentido. La estructura y el funcionamiento del sistema urinario son muy complejos. El objetivo de este libro es, por tanto, intentar explicar de una manera sencilla pero lógica todo lo que ocurre alrededor del sistema excretor y de la micción, para que el lector pueda comprender más tarde el porqué de todas esas recomendaciones y, con el empoderamiento que otorga este conocimiento, pueda hacer cambios en su vida que lo lleven a padecer menos a menudo las tan incómodas cistitis u otras infecciones urinarias más graves.

Aunque he intentado redactar este libro en un lenguaje comprensible, soy consciente de que ciertas partes pueden ser más densas o pesadas de leer que otras. Por ello, he decidido escribir aquellos párrafos que son más científicos y aburridos con una tipografía distinta y diferenciarlos en apartados que he llamado «Si quieres saber más...». De esta manera, podrás decidir si prefieres saltártelos o no, pues, aunque la información que doy en ellos puede ser muy interesante, no es indispensable para comprender los consejos y las explicaciones generales del libro.

Espero que todo lo que encuentres en estas páginas te sea de utilidad y te ayude a mejorar la salud de tu sistema urinario.

PRIMERA PARTE

POR QUÉ TIENES INFECCIONES DE ORINA

1

La estructura del sistema urinario

El sistema urinario se compone, por un lado, de los riñones, que son los órganos productores de la orina, y, por otro, de los órganos excretores de la orina: los cálices renales, la pelvis renal, los uréteres, la vejiga urinaria y la uretra, llamados en su conjunto el «sistema excretor», como puedes ver en la figura 1.1. La inmensa mayoría de las infecciones urinarias se asientan en el sistema excretor. Por ello, me centraré en estos órganos para hacer un pequeño resumen de su anatomía y su fisiología (manera de funcionar en condiciones normales), sin abordar la compleja estructura del interior del riñón, que para el tema que nos ocupa es poco relevante.

El sistema excretor urinario está formado por varias capas de tejido, tal y como se muestra en la figura 1.2 más adelante. De dentro afuera, y hablando de una manera muy simplificada, lo primero que encontramos es la mucosa, que es la capa de revestimiento interno de la pelvis renal, los uréteres, la vejiga y la uretra. Su función es la de servir de barrera impermeable al paso de la orina. Las células que tapizan esta mucosa, llamadas células uroteliales, tienen la particularidad de presentar en su superficie una serie de proteínas, las uroplaquinas, cuya función, entre otras, es proteger al sistema excretor de las infecciones. Sin embargo, algunos

Figura 1.1. El sistema excretor

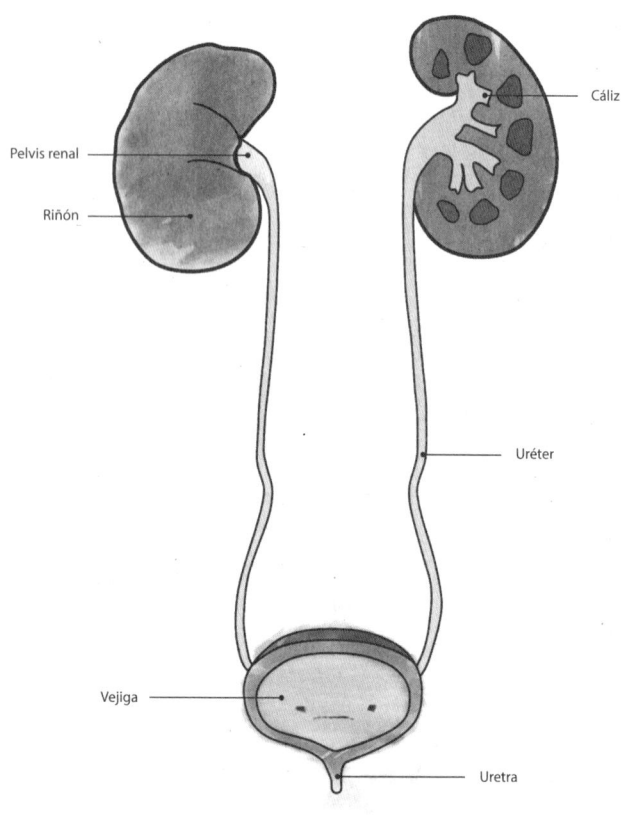

Fuente: Elaboración propia.

gérmenes como la bacteria *Escherichia coli* (o *E. coli*), causante habitual de las infecciones de orina, presentan en su superficie unos pelitos llamados fimbrias que les permiten adherirse precisamente a estos receptores (en especial, a la uroplaquina Ia) quedándose así pegadas a la mucosa, e incluso penetrar al interior de las células uroteliales. Profundizaré más adelante en este tema. La mucosa está además cubierta por una capa de moco, formada principalmente por unos azúcares complejos llamados glucosaminoglucanos (GAG), entre los que encontramos el ácido hialurónico y el condroitín sulfato, que le dan protección frente a agresiones físicas, químicas o biológicas y que favorecen su impermeabilidad.

Figura 1.2. Estructura de la mucosa del sistema excretor

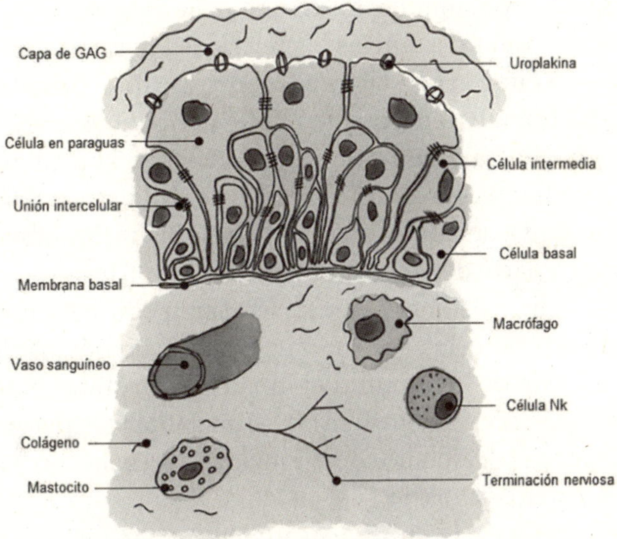

Capa de GAG
Uroplakina
Célula en paraguas
Célula intermedia
Unión intercelular
Célula basal
Membrana basal
Macrófago
Vaso sanguíneo
Célula Nk
Colágeno
Terminación nerviosa
Mastocito

Fuente: Elaboración propia.

Bajo la mucosa, y separada de ésta por una fina capa llamada membrana basal, sobre la que se apoyan las células uroteliales, encontramos la submucosa, o lámina propia, un tejido formado por diferentes tipos de fibras (colágeno, fibras elásticas, etcétera), vasos sanguíneos y linfáticos, terminaciones nerviosas, algunas células de soporte, como fibroblastos, miofibroblastos o adipocitos (células grasas), y células inmunitarias. La función de la submucosa es dar un apoyo estructural a la mucosa, así como proporcionar una defensa inmunitaria si es necesario, reforzando la capacidad de defensa que ya existe en el urotelio.

El sistema inmunitario de la vejiga consta principalmente de células de la inmunidad innata (células no especializadas, sin memoria inmunológica), sobre todo, mastocitos y macrófagos, así como algunas células *natural killer* (NK). Estas células, junto con la inmunoglobulina A secretora (los anticuerpos que residen habitualmente en las mucosas), las uroplaquinas, de las que ya he hablado, la capa de moco y algunas sustancias bactericidas liberadas en la orina desde ciertas células renales o vesicales (proteína de Tamm-Horsfall, β-defensina 1, NGAL, ribonucleasa 7, catelicidina, pentraxinas, etcétera), conforman la primera defensa ante infecciones. Si la respuesta de la inmunidad innata se activa debido a una infección, se liberarán citoquinas tanto por parte de las células inmunes como las uroteliales, que son unas sustancias que sirven para pedir refuerzos, reclutando otras células inmunitarias que ayudarán a reforzar la respuesta de la inmunidad innata (neutrófilos, más macrófagos, linfocitos, etcétera). Más adelante te explicaré con un poco más de detalle cómo funciona la respuesta defensiva del sistema urinario.

Después de la submucosa encontramos la muscular propia, una capa de fibras musculares dispuestas en diferentes direcciones que permiten crear movimientos en estos órganos, para que la orina pueda avanzar desde los riñones a la vejiga y ser posteriormente expulsada por ésta durante la micción. En la vejiga, este músculo toma el nombre de músculo detrusor. Su funcionamiento está dirigido por el sistema nervioso autónomo (sistemas simpático y parasimpático), del que luego hablaremos. La capa muscular, junto con la capa submucosa y sus fibras elásticas, permite dar a la vejiga una gran capacidad para almacenar alrededor de medio litro de orina sin que la presión en su interior aumente en situación de reposo. Este mecanismo, llamado acomodación vesical (o *compliance* en inglés) es muy importante para el buen funcionamiento de todo el sistema urinario, pues una sobrepresión dentro de la vejiga se podría transmitir de manera retrógrada a los riñones, lo que provocaría una disfunción de éstos (los riñones necesitan trabajar siempre a baja presión). Además de la acomodación, existe otro mecanismo que ayuda a proteger los riñones ante el aumento brusco de presión que se produce durante la micción: el sistema de válvula ureteral. Cuando el músculo detrusor se contrae para expulsar la orina, se provoca al mismo tiempo un colapso de la parte final de los uréteres en su desembocadura en la vejiga. Este cierre del uréter funciona como si se tratase de una válvula, de tal manera que se evita que la presión vesical se transmita a los riñones, como puedes ver en la figura 1.3. Si este mecanismo no funciona adecuadamente, se da una situación patológica conocida como «reflujo vesicoureteral».

Figura 1.3. Reflujo vesicoureteral

Uréter normal · Uréter dilatado · Detrusor · Meato normal · Meato dilatado · Trígono

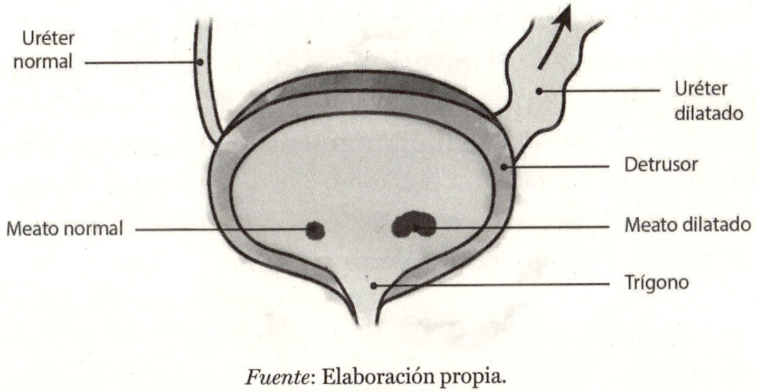

Fuente: Elaboración propia.

También hay que mencionar los músculos esfínteres de la vejiga y la uretra, es decir, los músculos que cierran el final del sistema excretor, como si fueran el diafragma de una cámara de fotos, y evitan que la orina se escape al exterior constantemente. Te los muestro en las figuras 1.4 y 1.5. Podemos considerar que existen dos esfínteres en la vejiga, el esfínter interno o cuello vesical y el esfínter externo o esfínter estriado. El esfínter interno no es más que la prolongación de las fibras musculares de la pared vesical que se vuelven circulares en el punto de transición entre la vejiga y la uretra. De esta manera, al contraerse, cierran la salida de la vejiga, mientras que, al abrirse, la vejiga toma la forma de un embudo y la orina puede pasar. El esfínter externo no forma parte estrictamente del sistema excretor urinario, pero está íntimamente ligado a éste. Se trata de un músculo circular que rodea a la uretra media en la mujer y a la uretra membranosa en el hombre (parte de la uretra que se encuentra justo debajo de la próstata). Este músculo forma parte de un grupo muscular llamado «suelo pélvico», del que probablemente ya hayas oído hablar, y cuya función es dar soporte anatómico y funcional a los órganos pélvicos. La contracción del esfínter externo permite estrangular la uretra para evitar el paso de la orina. De esta manera, junto con la ayuda del esfínter interno, se consigue una correcta continencia. La función del cuello vesical está regida por el sistema nervioso autónomo y por ello no podemos controlarlo voluntariamente. Sin embargo, el esfínter externo funciona por medio de fibras del nervio pudendo, perteneciente al sistema nervioso «voluntario» o «somático», como más adelante veremos.

Figura 1.4. Vejiga femenina

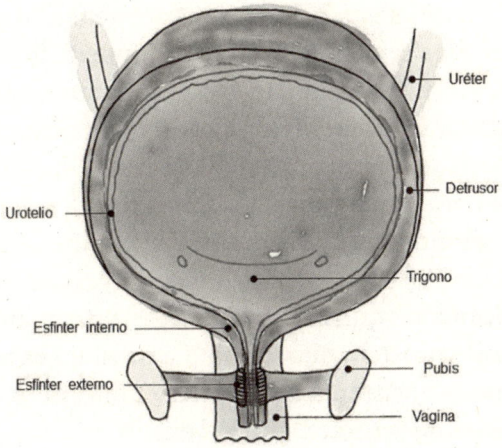

Fuente: Elaboración propia.

Figura 1.5. Vejiga masculina

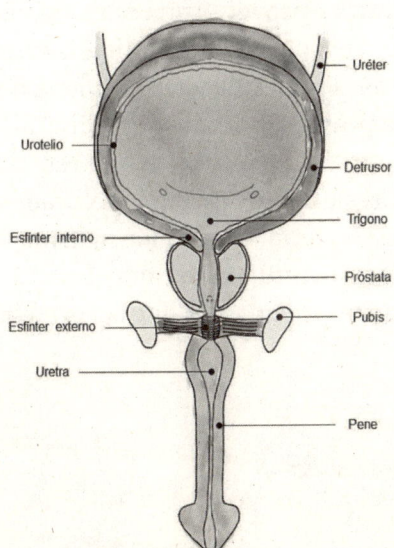

Fuente: Elaboración propia.

Siguiendo con la estructura en capas del sistema excretor, encontramos la capa más externa, denominada «serosa» y compuesta principalmente de tejido conectivo de soporte. Esta capa no tapiza toda la superficie exterior de los órganos. En las zonas del sistema excretor en las que no hay serosa se encuentra una capa de tejido conectivo laxo llamada adventicia. Tanto la serosa como la adventicia sirven para dar soporte a los órganos del sistema urinario, aportando numerosos vasos sanguíneos, linfáticos y nervios.

Por último, no quiero terminar el repaso anatómico sin mencionar la próstata masculina. La próstata es un órgano que pertenece al sistema genital masculino, pero que se sitúa alrededor de la uretra, entre el cuello vesical y el esfínter externo, como si fuera un collarín. Su función es producir parte del líquido seminal y favorecer la eyaculación y la reproducción. Cuando, por diversas razones (genética, epigenética, edad, etcétera), la próstata se agranda, ésta puede comprimir la uretra y provocar una obstrucción, dificultando el vaciado de la vejiga. Esta condición se llama «hipertrofia prostática». Puedes hacerte una idea de lo que es la hipertrofia de la próstata mirando la figura 1.6. A veces, este vaciado es incompleto y da lugar a una retención urinaria crónica con un residuo posmiccional elevado, que supone un factor de riesgo para las infecciones urinarias, ya que la orina estancada es un estupendo caldo de cultivo para el desarrollo de los microorganismos que las producen.

Figura 1.6. Hipertrofia prostática

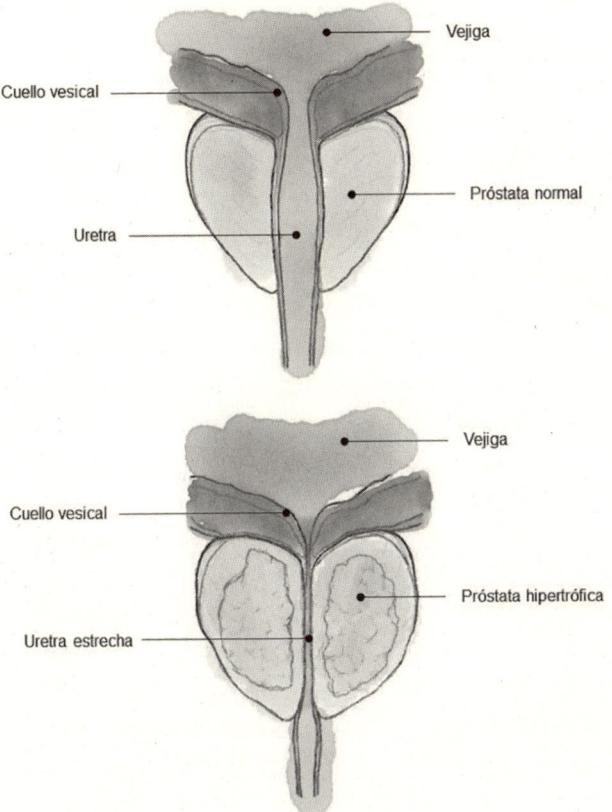

Vejiga

Cuello vesical

Próstata normal

Uretra

Vejiga

Cuello vesical

Próstata hipertrófica

Uretra estrecha

Fuente: Elaboración propia.

2

¿Cómo funciona el sistema urinario?

Una vez que la orina es producida en los riñones y recogida por los cálices y la pelvis renal, ésta desciende por los uréteres hasta la vejiga. Los uréteres son unos tubos muy finos, de unos cinco milímetros de diámetro, que tienen movimientos peristálticos (como los del intestino) que permiten a la orina avanzar más fácilmente. Una vez llega a la vejiga, la orina queda almacenada en ella hasta que es expulsada durante la micción.

El funcionamiento de la vejiga es muy complejo, pues depende de tres tipos de nervios diferentes: el nervio hipogástrico, perteneciente al sistema nervioso simpático; el nervio pélvico, perteneciente al parasimpático, y el nervio pudendo, perteneciente al sistema nervioso voluntario o somático. Los sistemas simpático y parasimpático conforman lo que se denomina el «sistema nervioso autónomo», que, tal y como su nombre indica, es un tejido nervioso que no está bajo nuestro control voluntario. No es el objetivo de este libro explicar detalladamente el complejo reflejo de la micción, de manera que únicamente destacaré que todos estos nervios parten de grupos de neuronas que se encuentran en la médula espinal (entre la T11 y la L2 para el nervio hipogástrico y entre la S2 y la S4 para el nervio pélvico y para el pudendo), que a su vez están regulados por estructuras cerebrales superiores, como puedes observar en la figura 2.1. Así, puedes imaginar que, cuando hay problemas en la columna vertebral (una hernia de disco, por ejemplo) o existe una enfermedad neurológica (como, por ejemplo, la enfermedad de Parkinson o la enfermedad de Alzheimer, la esclerosis múltiple o un ictus, entre otras muchas), el reflejo de la micción puede verse afectado.

Figura 2.1. Control nervioso de la vejiga

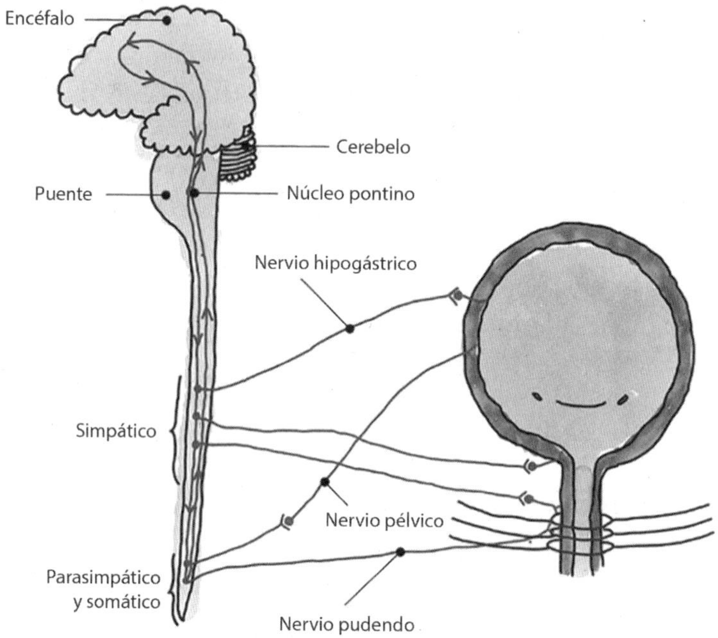

Encéfalo

Cerebelo

Puente

Núcleo pontino

Nervio hipogástrico

Simpático

Nervio pélvico

Parasimpático
y somático

Nervio pudendo

Fuente: Elaboración propia.

Si quieres saber más...

En condiciones normales, el trabajo coordinado de estos tres sistemas nerviosos es fundamental para que tanto la micción como la continencia ocurran de manera adecuada. Durante la micción, debe producirse una contracción del músculo detrusor de la vejiga gracias al impulso nervioso que recibe de las fibras parasimpáticas, al mismo tiempo que el cuello vesical (o esfínter interno) y el esfínter externo se relajan, el primero gobernado por las fibras simpáticas y el segundo por las fibras somáticas del nervio pudendo. Si esta coordinación no se produce adecuadamente, ocurrirá una micción disinérgica o micción no coordinada, con contracciones de uno o de los dos esfínteres durante el vaciado; un vaciado vesical incompleto, o las dos cosas a la vez.

Fuera de las micciones, el músculo detrusor está en reposo gracias a que existe un alto tono simpático y un bajo tono parasimpático que le permite relajar sus fibras y dar capacidad a la vejiga. Al mismo tiempo, el cuello vesical está contraído gracias al simpático también y el esfínter externo contraído gracias a la acción del nervio pudendo. Esta situación nos permite ser continentes y no perder la orina mientras la vejiga se está llenando.

Figura 2.2. Micción normal y micción no coordinada

Fase de llenado:
detrusor relajado
esfínteres contraídos

Micción normal:
detrusor contraído
esfínteres relajados

Micción no coordinada:
detrusor contraído
esfínteres contraídos

Fuente: Elaboración propia.

Habiendo visto esto, podemos comprender que cualquier obstrucción a la salida de la orina, ya sea de origen anatómico (hipertrofia de la próstata, estenosis cicatricial o congénita de la uretra) o de origen funcional por la cual no se relajan bien los esfínteres al orinar (micción no coordinada o disinergia de causa neurológica), puede favorecer la aparición de las infecciones de orina, al igual que cualquier enfermedad que provoque una debilidad del músculo de la vejiga que no permita que éste expulse correctamente la orina, aunque no haya ninguna obstrucción.

3

¿Qué es exactamente una infección de orina?

Las principales asociaciones de urología definen una infección de orina como un conjunto de síntomas inflamatorios agudos del tracto urinario (escozor o dolor miccional, dolor en el bajo vientre, necesidad de orinar frecuentemente, sensación de no haber vaciado correctamente, sangre en la orina, etcétera), acompañados de una prueba diagnóstica que confirme la presencia de una inflamación (tira reactiva y/o sedimento urinario) y, preferiblemente, un cultivo de orina u otro tipo de examen que confirme la presencia de gérmenes uropatógenos en cantidad suficiente. Así, aunque el cultivo de orina clásico es la prueba estándar para diagnosticar las infecciones urinarias, en ocasiones es preciso recurrir a medios de cultivo especiales o a técnicas de biología molecular para detectar ciertos gérmenes atípicos que no crecen en los medios de cultivo habituales (ciertas bacterias o algunos virus).

Por lo tanto, tienen que darse necesariamente los dos supuestos, es decir, un germen que ataque la pared del sistema excretor urinario y una respuesta del sistema inmunitario que provoque una inflamación aguda. Esta inflamación será la causante de los síntomas típicos de la infección urinaria. Es importante incidir en este punto, pues muchas personas padecen lo que se denomina una «bacteriuria asintomática». Se trata de personas que tienen bacterias de manera crónica en la orina, pero sin que estos gérmenes ataquen los tejidos y sin que ello provoque ningún tipo de reacción inflamatoria por parte del sistema inmunitario de la vejiga.

En la población anciana, la bacteriuria asintomática puede estar presente en más de la mitad de las personas. Suelen ser personas que se quejan de que su orina huele fuerte, sin presentar ningún síntoma. En estos casos, las guías de práctica clínica aconsejan no dar antibióticos de manera sistemática y reservarlos sólo para los casos en que se presenten síntomas de verdad. En algunos estudios se ha demostrado incluso que las personas que presentan una bacteriuria asintomática están en cierta manera protegidas por estas bacterias y tienen menos riesgo de desarrollar una infección urinaria sintomática. Se ha estudiado incluso el uso de cepas no uropatógenas de *Escherichia coli* como probióticos para su instilación intravesical. Desgraciadamente, a menudo los profesionales sanitarios desoyen estas recomendaciones y muchas personas reciben tratamientos antibióticos recurrentes por esta causa, lo que, además de ser inútil, favorece la aparición de resistencias por parte de las bacterias.

En cuanto a las infecciones de orina de repetición, como ya he comentado, se considera que una persona las padece cuando presenta al menos dos infecciones en un período de seis meses o tres infecciones en un año confirmadas por medio de cultivos de orina positivos o de otra técnica equiparable.

Quiero aclarar en este punto que la palabra «cistitis» no es equivalente a «infección de orina», aunque muchas personas, entre las que me incluyo, utilicemos ambas palabras de manera indistinta, pues mucha gente está más acostumbrada al término «cistitis» que al de «infección urinaria» (de ahí el título de este libro). En realidad, «cistitis» quiere decir «inflamación de la vejiga». Sin embargo, una infección de orina puede producirse tanto en la vejiga (que es lo más frecuente) como en otras partes del sistema excretor urinario (como el riñón —pielonefritis— o la uretra —uretritis—, por ejemplo) y seguir siendo una infección de orina, aunque no sea una cistitis. Además, hay que saber que la inflamación de la vejiga puede estar causada por gérmenes o por otros agentes no infecciosos (por ejemplo, una radioterapia, ciertos fármacos o reacciones de autoinmunidad). No debemos pues confundir una infección de orina baja o cistitis infecciosa con una cistitis no infecciosa. Las cistopatías no infecciosas, como la cistitis intersticial o la cistitis rádica, son inflamaciones crónicas de la vejiga donde no se ha podido confirmar la presencia de un patógeno infeccioso.

Si bien cada vez hay más sospechas de que gran parte de estas cistopatías crónicas pueden estar relacionadas con infecciones por gérmenes que no crecen en los cultivos clásicos o por gérmenes intracelulares, actualmente no hay suficiente evidencia científica. No es el objetivo de este manual hablar de este otro tipo de inflamaciones del sistema urinario y, aunque pienso que era importante hacer esta aclaración, a efectos prácticos, seguiremos hablando en el libro de «cistitis» como sinónimo de «infección de orina».

4

Gérmenes implicados en las infecciones urinarias

Aunque teóricamente cualquier microorganismo puede causar una infección de orina (bacterias, virus, hongos, parásitos, etcétera), en la práctica, la inmensa mayoría están causadas por bacterias que llamamos «uropatógenos», es decir, bacterias de origen intestinal principalmente que poseen ciertas características patológicas que les permiten colonizar fácilmente el sistema urinario.

Dentro de este grupo de uropatógenos, los gérmenes más frecuentes son los siguientes:

- *Escherichia coli*: se considera que provoca entre el 75 y el 80 por ciento de las infecciones de orina no complicadas. Como ya he mencionado, tiene la particularidad de poseer una especie de pelitos en su superficie llamados pili o fimbrias, que le permiten adherirse a las proteínas de la superficie de las células uroteliales, principalmente, a las uroplaquinas. Por esta razón, es la bacteria que con más facilidad coloniza el tracto urinario. Además, cada vez hay más evidencia de que esta bacteria es capaz de introducirse en el interior de las células uroteliales y quedarse ahí escondida, protegida de los antibióticos y del sistema inmunitario, reactivándose tiempo después para provocar una reinfección, lo que se conoce como QIR por sus siglas en inglés (*quiescent intracellular reservoirs*). Ésta es otra de las razones que le confieren una gran capacidad para provocar infecciones de orina de repetición. Hay que aclarar, sin embargo, que dentro del género *Escherichia coli* hay muchísimas cepas diferentes, de las cuales sólo algunas son uropatógenas, ya que la gran mayoría de ellas son inofensivas para el ser humano. Volviendo al caso de las personas que padecen una bacteriuria asintomática, cuyo germen más frecuentemente aislado es la *Escherichia coli*, hay que saber que la colonización de la vejiga por cepas no uropatógenas no sólo no es peligrosa, sino que puede en cierta medida proteger de la colonización por cepas más agresivas. En la figura 4.1 te presento a la *Escherichia coli*.

- *Klebsiella pneumoniae*: es la segunda más frecuente, aunque muy por detrás de *Escherichia coli*. Causa el 6 por ciento de las infecciones y también tiene fimbrias.
- *Staphylococcus saprophyticus*: junto con la *Klebsiella*, ocupa el segundo puesto en frecuencia, con otro 6 por ciento.
- *Enterococcus species*: el cuarto tipo más frecuente con un 5 por ciento.
- Otros gérmenes frecuentes son los siguientes: *Streptococcus grupo B, Proteus mirabilis, Pseudomona, Staphylococcus aureus, Candida species* o *Adenovirus tipo 11*.

Hay que tener en cuenta que, según la región del mundo donde nos encontremos, estos porcentajes pueden variar considerablemente, aunque, en la mayoría de los casos, la *Escherichia coli* sigue siendo el patógeno más frecuente. A efectos prácticos, como este libro trata de las infecciones urinarias de repetición que son producidas generalmente por bacterias uropatógenas, me centraré en éstas y no hablaré de otro tipo de patógenos por ser mucho menos frecuentes.

Figura 4.1. *Escherichia coli*

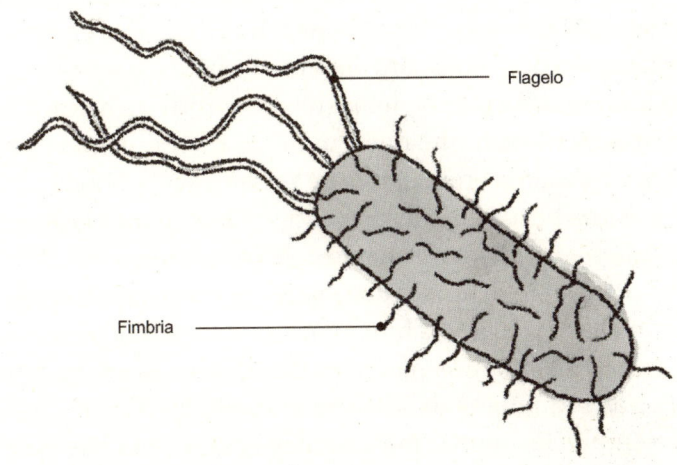

Fuente: Elaboración propia.

Antes de dar por concluido este breve capítulo sobre las bacterias más frecuentes, me gustaría dar una explicación somera sobre qué son los nitritos. Conozco a muchas personas que realizan por su cuenta autotest de orina (tiras reactivas) que se pueden adquirir sin receta en las farmacias. Esto puede ser peligroso si no se saben interpretar los resultados. A menudo, cuando hay bacterias en la orina, ya sea una infección o simplemente una bacteriuria asintomática, puede salir positivo el recuadro de los «nitritos» de la tira reactiva.

Pese a poder parecer pesada, tengo que insistir que este resultado no es equivalente a tener una infección de orina.

Tampoco un resultado negativo la excluiría. En realidad, los nitritos son una sustancia que algunas bacterias son capaces de producir a partir de un componente normal de la orina que son los nitratos, gracias a una enzima que se llama «nitrato reductasa». No todas las bacterias uropatógenas tienen esta enzima. Por ejemplo, la *Staphylococcus* y la *Enterococcus* no la tienen. Por lo tanto, una cistitis producida por una de estas dos bacterias dará negativo a nitritos en la tira de orina y no por ello dejará de ser una cistitis.

De la misma manera, un resultado positivo a nitritos no será igual a cistitis, sino que simplemente traducirá la presencia de bacterias reductoras de nitratos en la vejiga, aunque sea una bacteriuria asintomática como hemos visto antes. Además, la transformación de los nitratos a nitritos lleva unas cuantas horas (unas seis). Por eso, si la muestra de orina ha estado pocas horas en la vejiga, es posible que no nos salgan los nitritos positivos, aunque en la vejiga haya bacterias reductoras de nitratos como la *Escherichia coli*, por ejemplo. Es por ello por lo que se recomienda que la tira reactiva se realice, en la medida de lo posible, con una muestra de la primera orina de la mañana, que habrá pasado más tiempo en la vejiga. Y mi recomendación personal es que no las utilices a menos que sepas interpretarlas correctamente.

5

¿Qué es la microbiota genitourinaria?

La microbiota es el conjunto de microorganismos que habitan en todos los tejidos sanos de nuestro cuerpo. En 1891, Albert Döderlein describió por primera vez la microbiota vaginal llamándola «flora vaginal» o «flora de Döderlein». Esta microbiota estaba compuesta principalmente por bacterias del género *Lactobacillus*, productoras de ácido láctico, como las bacterias que encontramos en muchos productos fermentados como el yogur. Hoy en día, sabemos que todos nuestros tejidos y fluidos están habitados por microorganismos, incluso aquéllos que se consideraban estériles hasta hace poco, como la placenta, el líquido amniótico, la orina o el sistema nervioso. Así pues, hasta hace no mucho, se pensaba que la orina era estéril y que en el tracto urinario no existían bacterias ni otro tipo de gérmenes. Actualmente, gracias a las técnicas de biología molecular y amplificación genómica que nos permiten detectar microorganismos que no crecen en medios de cultivo convencionales, sabemos que existe una microbiota muy variada a nivel urinario y que no es la misma que la genital. Sin embargo, aunque los sistemas urinario y genital femeninos no compartan la misma microbiota, sí que la composición de una puede verse influenciada por la composición de la otra.

En el caso de la microbiota vaginal, se han descrito seis «vaginotipos», en función de la predominancia de unos microorganismos u otros. No profundizaré en lo que se refiere a la descripción detallada de estos vaginotipos. Si tienes interés en saber un poco más sobre esto, puedes encontrar algunos detalles en la tabla 5.1. Sin embargo, es importante destacar que, según el tipo de germen que predomine, el pH vaginal puede ser distinto. Esta regulación del pH vaginal, a su vez, facilitará o dificultará el que ciertos microorganismos se queden a vivir allí. Por ejemplo, cuantos más lactobacilos productores de ácido láctico haya, más acidez habrá en la vagina. Y, a mayor acidez, menor riesgo de colonización por gérmenes uropatógenos, que no soportan bien el pH muy bajo. Es por ello por lo que las mujeres con vaginotipo I, donde predomina la *Lactobacillus crispatus*, bacteria que presenta la mayor producción de ácido láctico y que, por tanto, genera el pH más ácido (aproximadamente, un pH de 4), es el grupo de mujeres que tiene la menor prevalencia de infecciones de orina y de enfermedades de transmisión sexual virales. En el lado opuesto encontramos el vaginotipo IVb, compuesto principalmente por bacterias no lactobacilares, y con un pH de alrededor de 5,3. Este pH más elevado predispone a las infecciones de orina, a las enfermedades de transmisión sexual y a las infecciones vaginales (vaginosis).

Aquí te dejo una tabla que explica cuáles son los diferentes vaginotipos.

Tabla 5.1. Vaginotipos

Vaginotipo	pH vaginal	Bacterias predominantes
I	4	*L. crispatus*
II	5	*L. gasseri*
III	4,4	*L. inners*
IVa	4,5	Multiespecie: *Lactobacillus* + *Streptococcus*, *Anaerococcus*, *Corynebacterium* y *Finegoldia*.
IVb	5,3	Anaerobios: *Atipobium*, *Gardnerella*.
V	4,7	*L. jensenii*

Fuente: Elaboración propia.

Hay que destacar además que la composición de la microbiota vaginal se modifica a lo largo de la vida, según los diferentes estados hormonales de la mujer. El grosor de la pared de la vagina, su contenido en glucógeno (azúcar) y los ciclos menstruales influyen en el tipo de gérmenes que predomina en cada momento. Esto es así porque los lactobacilos se alimentan de las células que se desprenden de la pared vaginal y del glucógeno que contienen, transformándolo en ácido. Es por ello por lo que la incidencia de las cistitis aumenta con la edad y, sobre todo, a partir de la menopausia, ya que en ese momento los estrógenos (hormonas femeninas) disminuyen considerablemente.

La ausencia del estímulo de los estrógenos adelgaza la pared vaginal y hace que las células estén menos cargadas de glucógeno. Al tener menos alimento, la concentración de lactobacilos disminuye y, por consiguiente, la producción de ácido láctico. Esto explica por qué la aplicación de geles hormonales en la vagina, que mejoran el estado de la pared, ha demostrado ser una medida eficaz contra las infecciones de orina en las mujeres posmenopáusicas. Además, esto permite comprender por qué algunas pacientes jóvenes suelen padecer infecciones en los días previos a la regla o la ovulación: en esos momentos se produce una caída brusca en los niveles de estrógenos en la sangre y, por ello, un adelgazamiento de la pared vaginal, con la consiguiente disminución de los lactobacilos vaginales. De esa manera, durante esos días, hay una menor protección frente a los gérmenes uropatógenos.

Además de los cambios hormonales y las modificaciones de la microbiota vaginal, existen otros factores que pueden alterar el pH vaginal y favorecer las infecciones de orina en la mujer: las relaciones sexuales y la excesiva higiene intravaginal, así como las duchas vaginales. Es muy frecuente encontrar pacientes que padecen infecciones de orina casi sistemáticamente tras las relaciones sexuales. Siempre se ha atribuido la culpa a la corta longitud de la uretra femenina y al frotamiento que se produce durante el coito. Sin embargo, lo que mucha gente desconoce es que el semen es mucho más alcalino que el interior de la vagina, con un pH de entre 7,2 y 8 generalmente, a veces incluso más alto. Debido a ello, una eyaculación intravaginal puede subir rápidamente el pH y favorecer de esta manera el desarrollo de bacterias uropatógenas. De la misma manera, aunque parezca paradójico, la utilización excesiva en la zona genital de jabones con pH alcalino (que son la mayoría) o las duchas vaginales pueden también alterar la acidez vaginal y causar un desequilibrio de la microbiota vaginal.

En cuanto a la microbiota urinaria, poco a poco se van teniendo conocimientos más extensos de ella. Se sabe, por ejemplo, que va cambiando con la edad en ambos sexos, al igual que en el caso de la vagina. Recientemente se han descrito siete «urotipos» de microbiota femenina, que se denominan según el género o familia dominante. A continuación, te dejo la tabla 5.2 por si quieres profundizar en el tema.

En ella se explica cuáles son los diferentes urotipos femeninos.

Tabla 5.2. Urotipos femeninos

Urotipo	Bacterias predominantes
I	*Prevotella*
II	*Escherichia, Shigella*
III	*Gardnerella*
IV	*Lactobacillus*
V	Variado
VI	*Streptococcus*
VII	*Veillonella*

Fuente: Elaboración propia.

En el caso del hombre, la microbiota genitourinaria ha sido mucho menos estudiada. Se conocen algunos microorganismos frecuentes, como *Lactobacillus, Sneathia, Veillonella, Corynebacterium, Prevotella, Streptococcus* y *Ureaplasma*. Estos microorganismos se encuentran tanto en la orina como en la uretra. Recientemente se han descrito seis urotipos en el hombre, como describo en la tabla 5.3. En el caso de la próstata, encontramos una microbiota algo diferente, con géneros como *Oceanobacillus, Paenibacillus, Streptococcus, Carnobacterium, Alkaliphilus, Cronobacter, Lactococcus, Enterococcus* o *Bacillus*.

En la tabla se explica cuáles son los diferentes urotipos masculinos.

Tabla 5.3. Urotipos masculinos

Urotipo	Bacterias predominantes
I	*Prevotella*
II	*Escherichia, Shigella*
III	*Streptococcus*
IV	*Veillonella*
V	Variado V 1: *Lactobacillus* V 2: *Gardnerella*
VI	Presente sólo en hombres VI 1: *Acinetobacter* VI 2: *Corynebacterium* VI 3: *Staphylococcus* VI 4: *Sphingomonas* VI 5: Otros

Fuente: Elaboración propia.

Aún tenemos pocos conocimientos sobre el papel de los diferentes microorganismos que componen la microbiota urinaria. Lo que hay que destacar, tanto en el hombre como en la mujer, es que muchos de los gérmenes que consideramos patógenos, como *Escherichia* o *Streptococcus*, pueden pertenecer de manera natural a la microbiota de una persona sin por ello causar enfermedad. De ahí la importancia, y no me cansaré de decirlo, de no tratar la bacteriuria asintomática.

6

El papel del intestino y su microbiota

El intestino y su microbiota juegan un papel fundamental en el mantenimiento de nuestra salud en general, incluida, por supuesto, nuestra salud genitourinaria. Si no comprendemos cómo funciona la relación entre nuestros bichitos intestinales y nuestras tripas, no podremos tratar de manera eficaz las infecciones de orina.

6.1. LA PARED INTESTINAL

La pared intestinal está formada por varias capas de tejidos y células especializadas. Está dispuesta en forma de pequeños pliegues llamados vellosidades intestinales, lo que aumenta muchísimo la superficie en contacto con los alimentos, facilitando la digestión y la absorción de nutrientes. De dentro afuera encontramos la mucosa, la submucosa, la capa muscular y la serosa más externa.

El epitelio de la mucosa intestinal se compone de una sola capa de células. Está recubierto de moco, una sustancia que le confiere protección y le permite albergar numerosas bacterias de la microbiota intestinal. Las células más numerosas son los enterocitos, unas células altas y estrechas que se ocupan de la absorción de los nutrientes. La superficie de los enterocitos que está en contacto con la luz intestinal y el moco no es lisa, sino que forma unas pequeñas protuberancias llamadas microvellosidades que le permiten aumentar la superficie de absorción de los nutrientes. Se le conoce también como «borde en cepillo». Además, estas microvellosidades contienen algunas enzimas digestivas como la lactasa (que nos permite digerir la lactosa de la leche), la maltasa (digiere un azúcar llamado maltosa), la sacarasa (digiere la sacarosa, más conocida como «azúcar de mesa») o la aminopeptidasa (que digiere pequeñas proteínas llamadas dipéptidos o tripéptidos, y los aminoácidos).

Entre los enterocitos se encuentran las células caliciformes, que se encargan de producir y secretar moco. También encontramos células endocrinas, que liberan hormonas como la secretina y la colecistoquinina, que controlan la secreción de enzimas digestivas por el páncreas y la vesícula biliar. En las criptas intestinales, es decir, la parte más profunda de las vellosidades, se sitúan las células madre, que se dividen y diferencian a medida que las células superficiales mueren. Estas células son responsables de la renovación y regeneración del epitelio intestinal. En la figura 6.1 puedes ver un esquema de la pared intestinal.

Bajo la mucosa encontramos la submucosa, que está formada por tejido conectivo y capilares sanguíneos, y se encarga de suministrar nutrientes y oxígeno a las células del intestino y también de recoger y transportar los productos de la digestión a través de la circulación sanguínea. La siguiente capa es la capa muscular y se divide en dos subcapas: la circular interna y la longitudinal externa. Estas capas están formadas por células musculares lisas, cuyo movimiento está gobernado por los nervios del sistema nervioso entérico (relacionado con el sistema nervioso autónomo simpático y parasimpático) y se encargan de los movimientos del intestino.

Estos movimientos involuntarios, como el peristaltismo, la segmentación, el complejo motor migratorio, la motilidad colónica o los reflejos, son los que nos permiten hacer una buena digestión, así como transportar los alimentos a lo largo del tracto gastrointestinal y eliminar los desechos por las heces. La capa más externa de la pared intestinal es la serosa, que está compuesta por tejido conectivo y células epiteliales. Contiene vasos sanguíneos y se encarga de proteger y sostener el intestino.

Figura 6.1. Pared intestinal

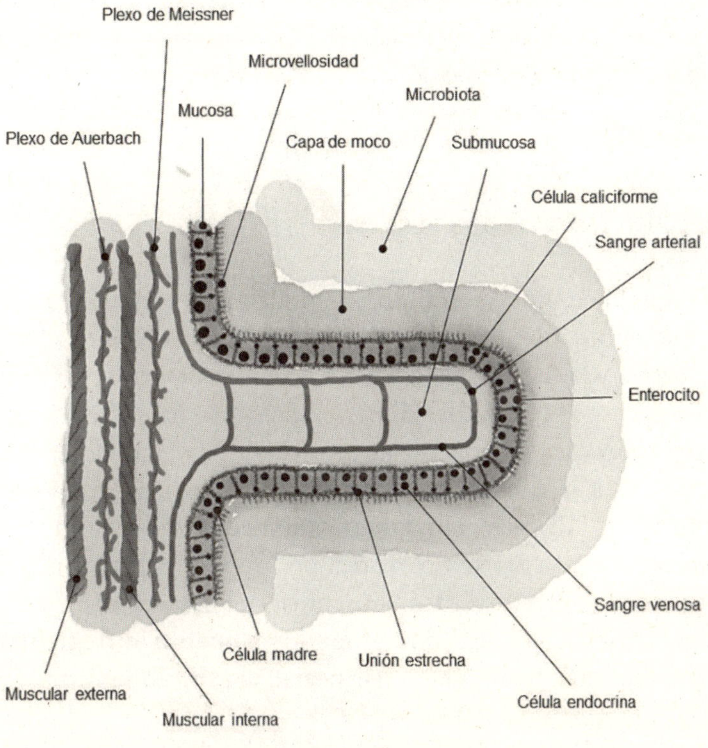

Fuente: Elaboración propia.

Si quieres saber más...

El intestino tiene su propio sistema nervioso, conocido como «sistema nervioso entérico». Está formado por entre unos ochenta a cien millones de neuronas, tantas como las que hay en la médula espinal. Tiene la capacidad de funcionar de manera independiente, pero también está conectado con el sistema nervioso central por medio del sistema nervioso autónomo (simpático y parasimpático). Tiene dos componentes principales: el plexo submucoso o de Meissner, situado por debajo de la submucosa y el plexo mientérico o de Auerbach, situado entre las capas musculares circular y longitudinal. El plexo de Meissner está más desarrollado en el intestino delgado y colon. Se ocupa principalmente de regular la digestión y la absorción a nivel de la mucosa y de los vasos sanguíneos, en función de la estimulación producida por los nutrientes. El plexo de Auerbach coordina la actividad de las capas musculares para permitir los movimientos intestinales que he nombrado antes.

6.2. EL TRÁNSITO INTESTINAL

Desde hace mucho tiempo, se conoce la relación entre los problemas intestinales, en especial, el estreñimiento y la diarrea, y la frecuencia de las infecciones de orina, tanto en niños como en adultos. Históricamente, se ha estimado que una sobrecarga de bacterias intestinales en el área perineal podría ser la causa, pues provoca una invasión de la vejiga por vecindad y las consiguientes infecciones urinarias. Sin embargo, esta teoría no explica por qué no todas las personas con problemas de tránsito intestinal presentan infecciones de orina, sobre todo, teniendo en cuenta lo frecuentes que son estas patologías, en especial, el estreñimiento.

Si quieres saber más...

Según los NIH (Institutos Nacionales de Salud del Gobierno de los Estados Unidos de América), el estreñimiento es una situación que se da cuando hay:

- Disminución en la frecuencia de la defecación (menos de tres veces por semana).
- Dificultad o dolor para evacuar las heces.
- Heces duras, secas o terrosas.
- Sensación de no haber evacuado todas las heces.
- Afecta al 15 por ciento de la población y, en especial, a la población mayor de sesenta años, donde su prevalencia es de una de cada tres personas. Se contemplan varias causas:
- Presencia de un tránsito lento, a menudo de origen dietético (por un bajo consumo de líquidos y/o de fibra alimentaria) o por falta de ejercicio físico, aunque también de manera natural por el envejecimiento.
- Un problema funcional a nivel del suelo pélvico (ausencia de relajación del esfínter anal durante la defecación que puede producir una dilatación retrógrada del intestino).
- Ciertas enfermedades como el intestino irritable, la diabetes o el hipotiroidismo, intolerancias o alergias alimentarias como la enfermedad celíaca, enfermedades neurológicas como la enfermedad de Parkinson, la enfermedad de Alzheimer o las lesiones medulares, problemas obstructivos anatómicos o tumorales, etcétera.
- La ingesta de ciertos fármacos: anticolinérgicos o antiespasmódicos, como los que se utilizan para tratar la vejiga hiperactiva o la diarrea; antiácidos que contengan aluminio y calcio; antihipertensivos bloqueantes de los canales de calcio o diuréticos; suplementos de hierro; tratamientos neurológicos para la enfermedad de Parkinson o la depresión, o analgésicos o antitusígenos opiáceos (morfina, tramadol, codeína, fentanilo, etcétera).
- Situaciones naturales como el embarazo que, debido a un aumento de los niveles sanguíneos de la hormona progesterona, ralentiza el tránsito intestinal al relajar el músculo liso del colon.

La consistencia y la forma de las heces se mide por una escala visual llamada «Escala de Bristol», que resulta muy útil para poder hacernos una idea concreta de las heces de un paciente, como puedes observar en la tabla 6.1.

Tabla 6.1. Escala de Bristol

	Tipo 1	Bolas duras y separadas (difíciles de expulsar)
	Tipo 2	Con forma de salchicha pero llena de bultos
	Tipo 3	Con forma de salchicha pero con grietas
	Tipo 4	Con forma de salchicha o de serpiente, lisa y suave
	Tipo 5	Trozos blandos con bordes bien definidos (fáciles de expulsar)
	Tipo 6	Trozos blandos con bordes irregulares, deposición blanda
	Tipo 7	Diarrea, sin trozos sólidos (completamente líquida)

Fuente: Elaboración propia.

6.3. EL EJE MICROBIOTA-INTESTINO-CEREBRO

El estudio de la microbiota intestinal es un campo en auge desde hace algunos años. Además de ayudar a una buena salud digestiva (mejores digestiones, mejor tránsito intestinal, menor riesgo de cáncer de colon, menos síntomas gastrointestinales como acidez, hinchazón, etcétera), la presencia de una microbiota intestinal sana se ha asociado con múltiples beneficios para la salud en general. Hoy en día, se habla a menudo del eje microbiota-intestino-cerebro y se considera que poseer una buena microbiota intestinal nos permite tener mejores funciones neurológicas, psicológicas, inmunológicas u hormonales, entre otras.

Como ya he comentado, en el intestino existe una gran red de terminaciones nerviosas que provienen del sistema nervioso autónomo simpático y parasimpático, en especial, del nervio vago y de los nervios de la médula espinal, así como una red neuronal intrínseca, llamada sistema nervioso entérico. Estas redes están interconectadas. El nervio vago es un nervio cerebral que desciende por el cuello y se extiende (o «vaga») prácticamente por todo el cuerpo, de ahí su nombre (no es que sea un nervio perezoso, como muchos piensan). Es el principal nervio del sistema parasimpático, del que ya he hablado. A nivel intestinal, estimula las secreciones de los órganos digestivos y los movimientos intestinales que favorecen la digestión y hacen avanzar el bolo alimenticio y las heces. Está formado por alrededor de un 20 por ciento de fibras eferentes (que llevan mensajes nerviosos del cerebro al intestino) y un 80 por ciento de fibras aferentes (que transmiten información del intestino al cerebro).

Gracias a este nervio, existe una constante comunicación bidireccional entre el cerebro y el intestino. Esta comunicación se realiza por medio de sustancias químicas

(neurotransmisores, ácidos grasos de cadena corta, péptidos, hormonas, citoquinas, etcétera) que el nervio vago libe-
ra en el intestino si se trata de una información eferente o
que el intestino transmite al nervio vago para que la información viaje hasta el cerebro, si se trata de un mensaje afe-
rente. Estas sustancias químicas pueden ser producidas
tanto por las terminaciones nerviosas, por las células intestinales o inmunitarias de la pared del intestino, como, en
gran medida, por la microbiota. Así pues, la microbiota juega un papel crucial en la comunicación intestino-cerebro.
La figura 6.2 muestra de manera esquemática cómo es la
inervación parasimpática del tubo digestivo.

Figura 6.2. Inervación parasimpática del tubo digestivo

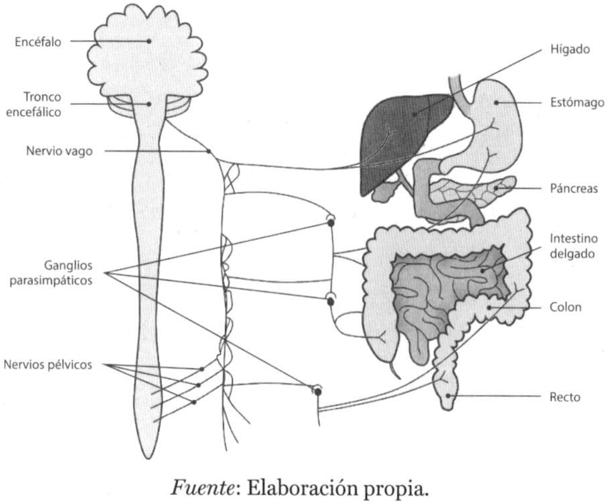

Fuente: Elaboración propia.

Quiero aclarar que el nervio vago, aun siendo la principal vía de comunicación entre el intestino y el cerebro, no es
ni mucho menos la única. Otra vía de comunicación importante es la vía sanguínea (hormonas, citoquinas u otras sustancias químicas producidas a nivel cerebral que viajan al

intestino por la sangre, y viceversa), tema que desarrollaré más adelante. No me adentraré mucho más en el apasionante mundo del eje intestino-cerebro, que daría para escribir varios libros, pero, a título de ejemplo, podría decir que está más que demostrado que las personas que padecen enfermedades psiquiátricas como la depresión o la ansiedad, enfermedades neurodegenerativas como la enfermedad de Alzheimer o la enfermedad de Parkinson o trastornos del neurodesarrollo como trastornos del espectro autista, por ejemplo, suelen tener una alteración profunda de su microbiota intestinal, lo que se conoce como «disbiosis».

En el intestino existe también un sistema inmunitario muy potente y especializado. Se cree que alrededor del 80 por ciento de las células inmunitarias de nuestro cuerpo residen aquí. Esto nos puede parecer exagerado, pero hay que comprender por qué. El tubo digestivo es una de las barreras que separan a nuestro cuerpo del mundo exterior, junto con los pulmones, la piel y otras mucosas como la oral o la vaginal. De todas esas barreras, es la que tiene una superficie mayor. Históricamente, se ha hablado de entre unos doscientos cincuenta a unos trescientos metros cuadrados de superficie de intercambio, es decir, el tamaño de una pista de tenis. Sin embargo, recientes publicaciones hablan de una superficie menor, pero, aun así, muy importante, de unos treinta y dos metros cuadrados, lo equivalente a media pista de bádminton. Por ello, podemos considerar que es la principal aduana de nuestro cuerpo. Cada día llegan al intestino millones de sustancias (moléculas de los alimentos, microorganismos, tóxicos, etcétera) y, con cada una de ellas, este órgano tiene que decidir si debe dejarlas pasar al interior del cuerpo o no. Para ello, además de la función de los enterocitos (las células que tapizan la pared intestinal), cuenta con la ayuda del sistema inmunitario, que hace de policía de aduanas y le va pidiendo el pasaporte a todo el mundo. La interacción entre la microbiota y las células inmunitarias intestinales desde los primeros días de vida es fundamental para que la inmunidad de una persona se desarrolle normalmente. El sistema inmunitario aprende así a tolerar aquellos microorganismos que forman parte de nuestra microbiota y que nos ayudan en múltiples funciones de nuestro cuerpo y a atacar a los microorganismos que son peligrosos para nuestra salud.

La microbiota intestinal, además, es nuestra gran aliada a la hora de digerir y asimilar correctamente muchos de los alimentos que comemos. Una parte de la digestión de ciertas moléculas que ingerimos en nuestra alimentación, sobre todo, los carbohidratos y algunas proteínas, se realiza por algunos microorganismos que forman parte de nuestra microbiota. Y lo que es más importante, estos microorganismos fabrican los llamados «ácidos grasos de cadena corta», «*short chain fatty acids*» (SCFA) en inglés. Se trata del butirato, el propionato y el acetato, a los cuales se les atribuyen numerosos efectos sobre nuestro organismo. De hecho, actualmente se piensa que los SCFA son capaces de regular entre el 5 y el 20 por ciento de nuestros genes, de manera que actúan en nuestro metabolismo, así como en la diferenciación y proliferación celular. También regulan la respuesta inmunitaria del intestino, la producción hormonal por parte de las células de la pared intestinal y su motilidad, favoreciendo el tránsito. Además, son una importante fuente de energía, en especial, para las células de nuestra pared intestinal. Los microorganismos de nuestra microbiota también fabrican neurotransmisores, como ya he comentado, y vitaminas (como la vitamina K o vitaminas del grupo B, B12 principalmente). Asimismo, los microorganismos buenos de la microbiota fabrican sustancias, como el agua oxigenada o la bacteriocina, que matan o inhiben el crecimiento de otros microorganismos malos o menos buenos. Teniendo en cuenta todo esto, puedes hacerte una idea de lo importante que es tener una microbiota sana, sin disbiosis.

Hay una cosa evidente y demostrada científicamente, y es que los alimentos que tomamos influyen en el tipo de microbiota intestinal que tenemos. Existe tanta literatura al respecto que sería imposible resumir todo en este libro. No se trata sólo de que ciertos microorganismos de nuestra microbiota tengan preferencia por un tipo de alimentos u otro y se desarrollen más según lo que comemos (efecto prebiótico de la comida). Es un mecanismo mucho más complejo en el que ciertos alimentos pueden provocar diferentes reacciones inflamatorias a nivel intestinal; ciertos gérmenes favorecen o inhiben el desarrollo de otros, o ciertos componentes de los alimentos (en especial, los aditivos), productos fitosanitarios y otros, pueden ser tóxicos para algunos microorganismos más que para otros. Hay que destacar también el uso de pesticidas, antibióticos y antifúngicos (antibióticos específicos para hongos y levaduras) en los alimentos, tanto en los alimentos administrados al ganado, a las aves o a los peces de piscifactoría, como directamente a los alimentos de cultivo destinados a los humanos para evitar plagas y mejorar su conservación.

El consumo frecuente de estos alimentos tratados con fitoquímicos favorece que se produzca una alteración rápida y duradera de la microbiota intestinal, pues viene a ser prácticamente lo mismo que estar tomando antibióticos por boca de manera continua. Además, al estar tan expuestos a estos productos con frecuencia, los microorganismos de nuestro intestino acaban desarrollando resistencias microbianas por selección natural, como cuando tomamos muchos antibióticos. Estos gérmenes multirresistentes tendrán más poder patogénico y provocarán infecciones más difíciles de tratar. Además, influirán de manera negativa en la flora vaginal y en la flora urogenital, pues, como sabes, todo está relacionado. Un ejemplo de ello es la posible relación existente entre el consumo de carne de pollos o cerdos tratados con antibióticos y las cistitis infecciosas.

Algunos artículos científicos han relacionado la presencia de cepas uropatógenas de la bacteria *Escherichia coli* en la carne de estos animales con un mayor riesgo de padecer infecciones urinarias de repetición, aunque existe cierta controversia al respecto. Se puede suponer que, además de actuar a nivel local, cuando ingerimos ciertas de estas sustancias antibióticas o similares, una parte de ellas será absorbida por el intestino, pasará a nuestro cuerpo y será eliminada, al menos en parte, por los riñones hacia la orina. Por ello, es probable que éste sea otro de los mecanismos por el cual la microbiota urinaria se ve alterada cuando este tipo de productos está presente en nuestros alimentos. De ahí la importancia de consumir, en la medida de lo posible, alimentos bío u orgánicos que (en teoría) están libres de estos tóxicos.

También hay que saber que, a su vez, la presencia de ciertos microorganismos puede desencadenar diferentes reacciones inmunológicas o neurohormonales que afecten al equilibrio neuro-inmumo-hormonal de nuestro cuerpo y, más especialmente, al de nuestro sistema urinario. Un estado de inflamación crónica de bajo grado provocado por el consumo de alimentos proinflamatorios (cereales, lácteos de vaca, productos que comporten sustancias tóxicas, etcétera) o por la presencia de ciertos microorganismos proinflamatorios puede generar una respuesta inmunitaria sistémica alterada, ya sea por exceso o por defecto; una alteración en los niveles de ciertas hormonas y neurotransmisores como el cortisol o la serotonina, y una propensión a las infecciones de orina u otras. De la misma manera, una producción poco abundante por parte de la microbiota de ciertos neurotransmisores relajantes como el GABA podría, teóricamente, generar un aumento del tono muscular del cuerpo, incluido el de los esfínteres, provocando una ausencia de relajación de estos músculos durante la micción. Esto favorecería la aparición o el empeoramiento de una micción no coordinada o de un estreñimiento.

La relación entre alimentación, microbiota intestinal y sistema urinario es, pues, muy compleja y estamos aún muy lejos de comprenderla bien. En los últimos años, se sospecha que existe un constante intercambio de información entre las microbiotas intestinal, urinaria y vaginal (en el caso femenino) o prostática (en el caso masculino). Esta conexión multidireccional es más compleja de lo que se suponía, hasta el punto de que la composición de una de las microbiotas puede influenciar a las otras, aun sin producirse un traspaso directo de microorganismos. Se necesitan aún muchos estudios para comprender a fondo estos mecanismos. Si te interesa este tema y quieres profundizar, te recomiendo que leas el libro de la doctora Sari Arponen, *¡Es la microbiota, idiota!*, un libro muy divertido y ameno, donde podrás aprender muchas cosas relacionadas con nuestro bichitos.

7

La digestión y la inflamación

Ahora toca hablar un poco de tripas. Aunque te parezca que me desvío del tema, te aseguro que el intestino juega un papel primordial en la salud vesical. Por ello, es importante que comprendas bien cómo funciona el tubo digestivo. En la figura 7.1 podrás ver un esquema de la función de cada uno de los órganos que lo componen.

Figura 7.1. Órganos del tubo digestivo y su función

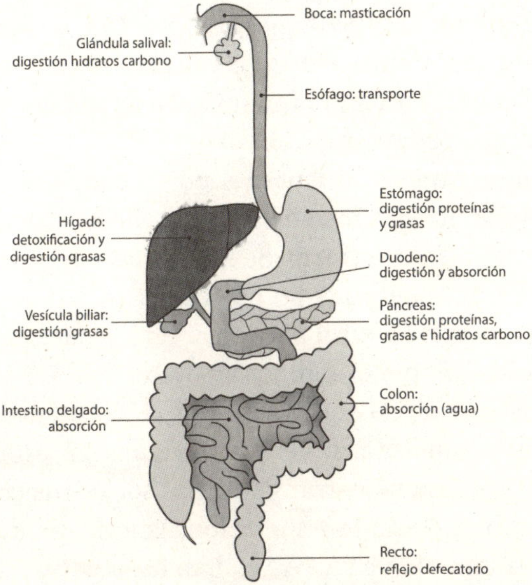

Boca: masticación

Glándula salival:
digestión hidratos carbono

Esófago: transporte

Estómago:
digestión proteínas
y grasas

Hígado:
detoxificación y
digestión grasas

Duodeno:
digestión y absorción

Vesícula biliar:
digestión grasas

Páncreas:
digestión proteínas,
grasas e hidratos carbono

Colon:
absorción (agua)

Intestino delgado:
absorción

Recto:
reflejo defecatorio

Fuente: Elaboración propia.

7.1. ALIMENTOS PROINFLAMATORIOS, ALERGIAS E INTOLERANCIAS ALIMENTARIAS

Algunos alimentos tienen de por sí el poder de inflamar la pared intestinal, pues el sistema inmunitario los reconoce como agentes extraños y evita que atraviesen la barrera intestinal, mientras que otros sólo inflaman el intestino si son mal digeridos. Como alimentos proinflamatorios podemos encontrar, entre otros, los cereales que contienen gluten u otro tipo de lectinas (de las que luego hablaremos); los lácteos, sobre todo, los de vaca; los alimentos que contienen ácidos grasos omega 6 (la mayoría de las semillas y sus aceites, los cereales, etcétera), y la carne de animales mamíferos consumida en grandes cantidades.

Cuando hablamos de una alergia alimentaria, nos referimos a una reacción inmunitaria inmediata producida por el contacto con ciertas sustancias presentes en un alimento, mediada directamente por las células del sistema inmunitario y por los anticuerpos tipo IgE. En esta reacción, se liberan citoquinas proinflamatorias y otras sustancias y se pone en marcha una verdadera inflamación aguda que puede llegar a ser muy peligrosa.

La intolerancia alimentaria, por el contrario, suele ser una reacción inespecífica del sistema digestivo, no iniciada por el sistema inmunitario. Se ha hablado de que la activación de los anticuerpos tipo IgG (diferentes de los IgE que causan la alergia) podría participar en la aparición de estas intolerancias. Por ello, algunos laboratorios de análisis clínicos han desarrollado «test IgG» que, supuestamente, detectan las intolerancias a alimentos. Sin embargo, esta hipótesis no se ha podido demostrar y muchas sociedades científicas de renombre, como la Asociación Americana de Alergia, Asma e Inmunología (AAAAI), han desmentido la utilidad de estos test y desaconsejan su uso. Lo que sí sabemos es que, a menudo, la causa de las intolerancias alimentarias es una digestión inadecuada de uno de los componentes del alimento en cuestión, ya sea por déficit de alguna enzima digestiva o por una alteración en la microbiota. Aunque en este caso no hay una activación directa del sistema inmunitario intestinal, la realidad es que la presencia de sustancias mal digeridas y una alteración de la microbiota local, en la práctica, acabará muy probablemente provocando un estado de inflamación a nivel intestinal.

La activación excesiva de las células inmunitarias intestinales va a hacer que éstas se pongan a fabricar de manera masiva citoquinas proinflamatorias, de las que ya he hablado, que se liberan en la circulación sanguínea y sirven para atraer a más células inmunitarias a la zona inflamada (es como si las células pidieran refuerzos a otras unidades del sistema inmunitario). Así, es fácil entrar en un círculo vicioso en el que las citoquinas servirán para aumentar la respuesta inflamatoria local y ésta, a su vez, fabricará más citoquinas. Si la exposición a la sustancia que ha provocado la inflamación persiste, por ejemplo, si comemos cada día un alimento que no toleramos bien, esta inflamación local puede hacerse crónica, aunque no se trate de una alergia. Así, con una pared intestinal inflamada, sus células, los enterocitos, no realizarán correctamente su función. Se puede ver afectado, como ya comenté, el procesamiento y la digestión de algunas sustancias como los azúcares (lactosa, maltosa, sacarosa) o algunas proteínas de pequeño tamaño y aminoácidos, que se realiza precisamente a nivel de la membrana de los enterocitos. También, la absorción desde el intestino de numerosas sustancias beneficiosas será menos eficiente y podrá dar lugar a algunos déficits nutricionales.

Hay que saber, además, que ciertas moléculas como el gluten o la caseína de la leche son muy similares a algunas moléculas de la superficie de nuestras células, como las células de la glándula tiroidea, por ejemplo. Así, si nuestro sistema inmunitario reacciona ante estas sustancias, se puede producir por error una reacción autoinmune hacia nuestras propias células y provocar enfermedades como la tiroiditis autoinmune de Hashimoto.

7.2. LA POROSIDAD INTESTINAL

Otra manera por la cual se favorece la inflamación intestinal y del resto del cuerpo es por la vía de la porosidad intestinal, y aquí volvemos a hablar de la barrera intestinal y los enterocitos. Como ya he comentado, la pared intestinal está tapizada por una única capa de células rectangulares. Estas células están unidas entre sí por unas proteínas llamadas «uniones estrechas», «*tight junctions*» en inglés, que se encuentran en sus paredes laterales. Las uniones estrechas son impermeables al paso de sustancias, a no ser que la célula autorice su apertura. Así, la mayoría de las sustancias que absorbemos están obligadas a atravesar los enterocitos para entrar en nuestro cuerpo, en lugar de pasar entre dos de ellos, lo cual permite un mejor control de lo que pasa y lo que no. Estas células además tienen un «borde en cepillo» en la parte superior (la parte que da hacia la luz intestinal), que son unos pelitos llamados microvellosidades que les permiten absorber numerosas sustancias de manera muy eficaz. En la figura 7.2 puedes ver la estructura de un enterocito.

También, en la superficie de las microvellosidades, se encuentran ciertas enzimas de las que ya te he hablado, que ayudan a terminar de digerir los alimentos cuya digestión empezó en la luz del estómago o del intestino gracias a los jugos gástricos o pancreáticos, que son unos líquidos cargados de enzimas digestivas que se liberan cuando comemos.

Figura 7.2. Órganos del tubo digestivo y su función

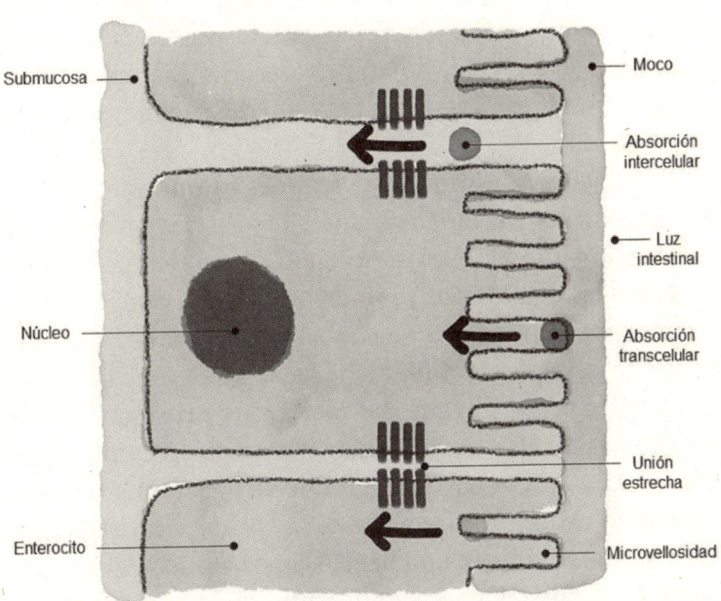

Fuente: Elaboración propia.

Un ejemplo de esto es la lactosa, el azúcar contenido en los productos lácteos. La lactosa se digiere en las microvellosidades intestinales gracias a una enzima llamada lactasa, cuyo déficit puede producir la famosa intolerancia a la lactosa. Cuando hay una inflamación crónica en la pared intestinal, los enterocitos pueden morir o perder las microvellosidades, y eso puede favorecer la malabsorción, las malas digestiones o incluso las intolerancias. Hay muchas personas que son intolerantes a la lactosa. Algunas de ellas lo son desde el nacimiento, porque les falta el gen que permite a sus células intestinales fabricar la lactasa. Sin embargo, muchas de las personas intolerantes a la lactosa lo son por un problema de excesiva inflamación intestinal crónica, que a la larga ha dañado sus enterocitos y ha hecho que éstos pierdan las microvellosidades, perdiendo al mismo tiempo la lactasa que tenían. Suelen ser personas que toleraban bien la leche de niños y adolescentes, pero, llegados a una cierta edad, dejan de tolerarla. Ejemplos como éste hay muchos, pero te he hablado de la leche porque es muy frecuente.

La inflamación intestinal es, pues, un problema serio que puede acarrear muchas consecuencias. En un estado de inflamación intestinal crónica, también se pueden abrir poros entre las células por pérdida o por mala función de las uniones estrechas, de las que hablé antes, de tal manera que se pierde la impermeabilidad de estas uniones. Esta condición se llama «síndrome del intestino poroso», o «*leaky gut*» en inglés. Hay incluso algunas moléculas, como la gliadina del gluten (su parte no soluble en agua), que tienen la capacidad de unirse directamente a las uniones estrechas y abrirlas, como si fuera una llave. De esta manera, aunque no existiera inflamación, estos alimentos podrían producir porosidad intestinal *per se* en cualquier persona, sea o no intolerante a ellos.

La porosidad intestinal permite que algunas sustancias, como los tóxicos o los trozos de la pared de algunas bacterias intestinales, llamados lipopolisacáridos, pasen la barrera intestinal sin ningún tipo de control por parte de los enterocitos. Estas moléculas normalmente deberían quedarse en la luz intestinal y no penetrar en nuestro organismo, pues son capaces de desencadenar directamente una reacción inflamatoria local o incluso de pasar a la sangre provocando una inflamación a distancia. Por ejemplo, los lipopolisacáridos pueden atravesar la barrera hematoencefálica, que es la barrera que aísla al cerebro del resto del organismo, para protegerlo. Al llegar al cerebro, provocan una neuroinflamación (inflamación del sistema nervioso central). Se cree que éste es uno de los mecanismos que favorecen la aparición de alteraciones del neurodesarrollo en los niños, como el autismo, por ejemplo, o de enfermedades neurodegenerativas como la enfermedad de Parkinson o la enfermedad de Alzheimer en los adultos.

7.3. La mala digestión y sus consecuencias

También hay que tener en cuenta otra manera con la que se puede favorecer la inflamación intestinal y la malabsorción de los nutrientes contenidos en los alimentos o incluso de los suplementos o fármacos que tomamos: la mala digestión.

Nuestro sistema digestivo ha evolucionado a lo largo de millones de años para permitirnos comer de casi todo y ser capaces de digerirlo sin dificultad. El *Homo sapiens* siempre ha sido un animal omnívoro y nosotros lo seguimos siendo. Sin embargo, nuestra manera actual de comer difiere mucho de la manera en la que se alimentaban nuestros ancestros y a la cual nuestros cuerpos están más adaptados. A lo largo de la evolución durante millones de años, hemos sido, sobre todo, cazadores recolectores. Así lo fuimos durante el Paleolítico, hasta que, hace de ocho mil a diez mil años, nos convertimos en cultivadores y ganaderos e iniciamos así una nueva etapa, el Neolítico. Sin embargo, tanto en una época como en la otra, no solíamos mezclar sistemáticamente diferentes grupos de alimentos en un mismo plato como hacemos ahora, es decir, antiguamente un humano de la Prehistoria comía principalmente plantas verdes, nueces, frutos salvajes y algunas veces también granos de cereal salvaje que iba recolectando. De vez en cuando, si tenía suerte y conseguía pescar o cazar un animal o llegaba a robar huevos de un nido, los comía sin acompañamiento de arroz o de patatas fritas como hacemos ahora. De esta manera, las comidas eran más monotemáticas y, por regla general, el organismo sólo tenía que digerir un tipo de alimento cada vez. Así, la digestión se producía sin problemas y los macro y micronutrientes de los alimentos se aprovechaban muy bien.

Hoy en día, por el contrario, mezclamos a menudo diferentes tipos de alimentos en una misma comida, lo cual dificulta nuestras digestiones. Esto es así porque, aunque nuestro sistema digestivo es capaz de digerir los diferentes macronutrientes sin problema, necesita adaptar la acidez del estómago según lo que comamos. También tiene que decidir qué enzimas digestivas liberar por parte del estómago y del páncreas, pues hay prácticamente una enzima para cada tipo de molécula. Por eso, si le damos una comida llena de muchos alimentos diferentes, el sistema digestivo tendrá que realizar un sobreesfuerzo para digerirlos. Para comprender mejor esto, voy a desarrollar cómo nuestro cuerpo realiza la digestión de los diferentes tipos de macronutrientes (hidratos de carbono, grasas y proteínas). No necesitas leerlo si no quieres, es sólo para aquellos lectores que estén interesados en profundizar más en el tema.

Si quieres saber más...

La digestión de los hidratos de carbono comienza en la boca, gracias a una enzima de la saliva llamada amilasa salival. Esta enzima empieza a cortar en trocitos las moléculas de almidón contenidas en los alimentos ricos en hidratos de carbono (cereales o harinas derivadas de los cereales, tubérculos como la patata o el boniato, leguminosas como los garbanzos o las judías, cuya digestión es compleja porque contienen además mucha proteína). La amilasa salival necesita que el pH sea neutro o relativamente alcalino (superior a 7). Funciona de manera óptima con un pH de entre 6,5 y 8. Si el pH está entre 6,5 y 5, su actividad disminuye considerablemente y se inactiva totalmente si el medio es muy ácido, por debajo de un pH de 5.

Al llegar el bolo alimenticio al estómago, éste regulará su acidez en función de lo que hayamos comido, es decir, si hemos ingerido una comida muy rica en hidratos de carbono y pobre en proteína y grasa, el estómago fabricará poco ácido. Sin embargo, si hemos comido alimentos con alto contenido en proteína y/o grasa, nuestro estómago dará la prioridad a éstos y producirá mucho ácido clorhídrico, que es el ácido estomacal, para bajar el pH. En este caso, la digestión de los hidratos de carbono se frenará, pues la amilasa salival se inactivará.

En cuanto a las proteínas y las grasas, éstas no empiezan a digerirse en la boca, sino directamente en el estómago, pues para su digestión se necesita el ácido, al contrario que lo que ocurre con los carbohidratos. La primera enzima que actúa en la digestión de las proteínas es la pepsina, que corta las proteínas grandes en trozos más pequeños para que luego éstos puedan terminar de ser digeridos por las enzimas pancreáticas cuando la comida sale del estómago y pasa al duodeno. El pepsinógeno, que es la forma inactiva de la pepsina, es secretado por las células de la pared gástrica y se activa transformándose en pepsina sólo cuando hay mucho ácido (cuando el pH está entre 1,8 y 4,4). El ácido estomacal, además, sirve para desdoblar las proteínas (que suelen estar como «engurruñadas») y exponerlas más fácilmente a la acción de la pepsina. La lipasa gástrica, otra enzima producida por el estómago que sirve para digerir las grasas, necesita también un pH ácido para poder actuar, aunque es más flexible que la pepsina, pues es estable en un rango de pH de entre 2 y 8, con un funcionamiento óptimo entre 4,5 y 6. Puede que esta explicación te parezca un poco farragosa. Te dejo un esquema más sencillo y comprensible en la figura 7.3.

Figura 7.3. Órganos del tubo digestivo y su función

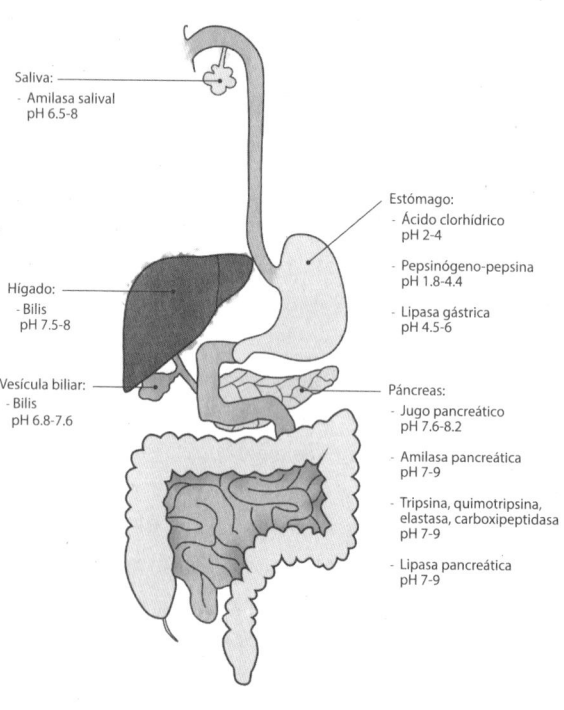

Saliva:
- Amilasa salival
  pH 6.5-8

Estómago:
- Ácido clorhídrico
  pH 2-4
- Pepsinógeno-pepsina
  pH 1.8-4.4
- Lipasa gástrica
  pH 4.5-6

Hígado:
- Bilis
  pH 7.5-8

Vesícula biliar:
- Bilis
  pH 6.8-7.6

Páncreas:
- Jugo pancreático
  pH 7.6-8.2
- Amilasa pancreática
  pH 7-9
- Tripsina, quimotripsina,
  elastasa, carboxipeptidasa
  pH 7-9
- Lipasa pancreática
  pH 7-9

Fuente: Elaboración propia.

Por lo tanto, si en una misma comida ingerimos muchos hidratos de carbono y, a la vez, mucha proteína y grasa, estamos obligando a nuestro estómago a decidir si da la prioridad a la digestión de la proteína y la grasa o a la digestión del hidrato de carbono, pues digerir de manera óptima todos los macronutrientes es incompatible con nuestra fisiología. Por ejemplo, ¿qué ocurre si comemos salmón a la plancha acompañado de arroz integral que, *a priori*, es un plato con alimentos sanos? Pues que estamos obligando a nuestro estómago a decidir.

Si da la prioridad a la digestión de la proteína y la grasa del salmón, tendrá que producir más ácido para que baje el pH. Esto inactivará por completo la amilasa salival (la enzima que comienza a digerir los almidones) y el almidón del arroz se digerirá peor.

Si el estómago prefiere digerir el almidón del arroz primero, el pH tendrá que ser menos ácido, pues, si no, la amilasa se desactivará con la acidez, pero esta falta de acidez impedirá que el pepsinógeno se transforme correctamente en pepsina (la enzima que rompe las proteínas) y que la lipasa gástrica (la enzima que digiere las grasas) funcione bien y que pueda comenzar una buena digestión de las proteínas y las grasas.

En general, ante una situación como la del salmón con arroz, suele ocurrir lo intermedio, con lo cual, ni se digieren correctamente las proteínas y las grasas, ni los hidratos de carbono. Lo mismo ocurre si tomamos fármacos o sustancias contra la acidez (bicarbonato, antiácidos, inhibidores de la bomba de protones como el omeprazol) o si tomamos demasiada agua durante las comidas, pues las enzimas digestivas se diluyen y son menos eficaces.

Siguiendo con la digestión, una vez salido del estómago, el alimento pasará al duodeno, que es la primera porción del intestino delgado. Allí es donde el páncreas segrega los jugos pancreáticos y el hígado segrega la bilis por medio de la vesícula biliar. Los jugos pancreáticos están cargados de bicarbonato para contrarrestar la acidez del estómago. También comportan muchas enzimas que ayudan a digerir tanto los hidratos de carbono (amilasa pancreática) como las proteínas (tripsina, quimotripsina, elastasa y carboxipeptidasa) o los lípidos (lipasa pancreática). Todas estas enzimas actúan con un pH alcalino (entre 7 y 9). A su vez, las sales biliares, que también son alcalinas y contribuyen a disminuir la acidez del bolo alimenticio, son como una especie de jabón que sirve para hacer que las grasas sean más solubles en el agua. De esta manera, serán más fácilmente absorbibles por nuestro tubo digestivo.

Así pues, el duodeno toma el relevo y la digestión continúa. Pero si el alimento sale poco digerido del estómago porque el pH no se ha regulado bien y la amilasa salival y la pepsina no han podido actuar como debieran, el páncreas y el hígado van a tener que realizar un sobreesfuerzo para poder terminar de digerir el alimento. Además, al llegar al duodeno trozos de proteína o de carbohidrato más grandes, las enzimas del páncreas van a tener más dificultad para penetrar en la comida y recortar las moléculas en trozos más pequeños.

Esto es un problema, sobre todo, en el caso de las proteínas, pues la pepsina del estómago es la que se encarga de empezar a digerir las proteínas más grandes, mientras que la tripsina, la quimotripsina y la aminopeptidasa pancreáticas actúan mejor si la proteína ya está digerida parcialmente. Además, los trocitos pequeños de proteína digerida en el estómago, que no los grandes, al pasar al duodeno, favorecen la liberación de colecistoquinina, una hormona que estimula la secreción de los jugos pancreáticos y biliares, favoreciendo así la digestión. Si no hay suficiente colecistoquinina, no habrá suficientes jugos pancreáticos y biliares y la digestión continuará de una manera menos eficaz. Como verás, es un círculo vicioso.

Por lo tanto, la situación ideal sería que las proteínas ya vinieran predigeridas desde el estómago, para que los jugos pancreáticos y biliares sean más abundantes en el duodeno y la acción de las enzimas pancreáticas sea más eficaz.

Aunque no hayas tenido la paciencia de leerte la explicación sobre el proceso digestivo, cosa que entiendo, porque es un poco lío, lo único que necesitas saber es lo siguiente: una comida con mucha mezcla de alimentos será siempre más difícil o pesada de digerir (aunque no imposible) que una comida más simple. Esta situación se hará más problemática cuanto más mayores seamos, pues la capacidad de trabajo de nuestros órganos digestivos disminuye con la edad.

Imaginemos ahora qué ocurre si, debido a una mala digestión inicial, algunas proteínas y algunos carbohidratos avanzan por el intestino en trozos grandes. Estas sustancias no podrán ser absorbidas correctamente, pues la última etapa de la digestión, realizada por las enzimas de la pared de los enterocitos (que sólo digieren moléculas muy pequeñas), necesita que las anteriores etapas se hayan dado de forma correcta. Además de no nutrirnos a nosotros, estas sustancias servirán de alimento a ciertas bacterias y levaduras del intestino que no nos interesa alimentar mucho.

Entre estos bichitos encontramos las *Candidas*, unas levaduras que forman parte de nuestra flora intestinal comensal en pequeño número y se alimentan exclusivamente de azúcares. Si nosotros no absorbemos bien los hidratos de carbono, ellas los fermentarán generando productos tóxicos que sí pasarán a nuestro cuerpo. Así, las *Candidas* pueden presentar un gran sobrecrecimiento si el intestino recibe muchos hidratos de carbono mal digeridos o muchos azúcares simples directamente (si comemos muchas cosas dulces, por ejemplo). Estas levaduras son especialmente tóxicas y difíciles de eliminar cuando crecen mucho y pueden favorecer la aparición de enfermedades autoinmunes e incluso problemas psicológicos, pues sus productos tóxicos son capaces de viajar hasta el cerebro.

Por otro lado, otros microorganismos llamados proteolíticos se encargarán de digerir los restos de proteína y provocarán su putrefacción, generando a su vez más productos tóxicos, que se introducirán en nuestro cuerpo. Entre otras cosas, estos mecanismos de putrefacción y de fermentación (sobre todo, este último) favorecerán la emisión de ciertos gases en el intestino que provocarán distensión, malestar abdominal y flatulencias. Uno de estos gases, el metano, tiene la capacidad de ralentizar el tránsito intestinal, favoreciendo el estreñimiento y haciendo que los alimentos y los productos tóxicos permanezcan aún más tiempo en el intestino. Este enlentecimiento del tránsito, a su vez, aumentará la probabilidad de que estos microorganismos sigan creciendo, en una especie de círculo vicioso. De la misma manera, la liberación de estos productos tóxicos, así como el sobrecrecimiento de bacterias y otros microorganismos que se alimentan de los restos de comida mal digerida, pondrán en alerta al sistema inmunitario de la pared intestinal, provocando inflamación. Así pues, una simple mala combinación de alimentos puede fácilmente generar muchos problemas: una mala digestión, una mala asimilación de los macro y micronutrientes, alteración de la microbiota intestinal y sobrecrecimiento de microorganismos potencialmente peligrosos, una inflamación intestinal, la absorción de sustancias tóxicas y una alteración del tránsito intestinal, y todo al mismo tiempo. Por ello, es importante saber combinar los alimentos, como luego veremos.

Otra práctica poco saludable para nuestra digestión y nuestro intestino es comer muy a menudo o picar entre comidas. Por un lado, si comemos mientras nuestro estómago está digiriendo la comida anterior, se mezclarán alimentos más y menos digeridos. Esto puede favorecer el paso al duodeno de alimentos más enteros, sobrecargando el páncreas y el hígado, y haciendo que la digestión sea incompleta. Como acabamos de ver, de esta manera corremos el riesgo de favorecer el sobrecrecimiento de microorganismos poco saludables y sus consecuencias.

Por otro lado, la ingesta frecuente de alimento inhibe la aparición del llamado «complejo motor migratorio» (CMM). El CMM son unos movimientos del intestino que se producen una vez la digestión ha finalizado, durante el período de ayuno, cuando el estómago y las primeras porciones del intestino delgado están libres de alimentos, mientras que desaparecen cuando ingerimos de nuevo. Son los famosos ruidos de tripas de cuando sentimos hambre. Estos movimientos sirven para eliminar los desechos de la digestión y trasladarlos al colon, para que posteriormente sean aprovechados por nuestras bacterias del intestino grueso y que, lo que sobre, sea eliminado por las heces.

Si no permitimos a nuestro intestino que ponga en marcha a menudo el CMM porque no le damos períodos de reposo, estaremos favoreciendo la acumulación de productos de desecho, el sobrecrecimiento bacteriano y la consiguiente inflamación. En el intestino delgado, en teoría, debería haber un número limitado de microorganismos. El sobre-crecimiento bacteriano a este nivel, llamado SIBO por sus siglas en inglés (*small intestine bacterial overgrowth*), es un problema muy frecuente y difícil de tratar. Es por ello por lo que muchas personas que empiezan a realizar períodos de ayuno intermitente o de ayuno más prolongado comentan que una de las primeras cosas que han notado es una mejo-ría a nivel digestivo (menos sensación de hinchazón, por ejemplo). Esta mejoría también se debe en parte al simple hecho de que ayunar permite un reposo a nuestro tubo di-gestivo y favorece la reparación de la pared intestinal daña-da por el gran número de agresores.

En cuanto a la digestión, otro problema que encontra-mos a menudo es la producción insuficiente de ácido por parte del estómago. Esto puede ser simplemente un factor ligado al envejecimiento o un problema provocado por fac-tores externos como la toma de medicamentos antiácidos, el estrés o la falta de sueño.

El funcionamiento del sistema nervioso autónomo (sim-pático y parasimpático), del que ya hemos hablado, puede alterarse por diversas razones. El estrés emocional, nuestro estado hormonal, la presencia de neuroinflamación (activa-ción de las células inflamatorias del sistema nervioso por parte de las citoquinas y los productos tóxicos) y la calidad y cantidad del sueño modifican el funcionamiento del nervio vago. Este nervio es el responsable de activar las glándulas de la pared de nuestro estómago para que fabriquen ácido. Así, cualquier factor que altere la producción del ácido gás-trico provocará un aumento del pH del estómago, razón por la que el inicio de la digestión no será adecuado y por la que el resto de los procesos que se producen no se desencadena-rán de manera correcta.

Además, sabemos que el cuerpo utiliza la acidez gástri-ca a modo de desinfectante de la comida. Cada vez que comemos, pasan a nuestro estómago millones de microorganismos procedentes de la boca y de la superficie de los alimentos. Dentro de estos microorganismos, hay muchos que pueden resultar patógenos, pero la mayoría de ellos no sobreviven a la importante acidez del estómago. Por eso, una menor acidez gástrica será menos útil a la hora de eliminar a estos microorganismos y favorecerá su sobrecrecimiento a nivel del intestino delgado.

En conclusión, hay que decir, pues, que para gozar de buenas digestiones es muy importante dormir bien y encontrar estrategias para controlar el estrés. En cuanto a los medicamentos antiácidos, su uso está totalmente justificado en algunos casos, como, por ejemplo, las personas que tienen una hernia de hiato con reflujo gastroesofágico severo y que corren el riesgo de desarrollar un cáncer de esófago. Sin embargo, sabemos que estos fármacos se utilizan a menudo de manera indiscriminada y sin un criterio claro. Con esto no estoy diciendo que nadie se deje la medicación sin más, pero creo que es importante acudir al médico que haya recetado dichos fármacos para asegurarse de que su uso es verdaderamente necesario, sobre todo, si se padecen problemas digestivos.

7.4. LOS ANTINUTRIENTES

Antes de terminar este largo capítulo, y después de haber mencionado unas cuantas causas de mala digestión y de inflamación intestinal, tengo que hablarte sobre las razones por las cuales nuestra dieta moderna nos inflama de manera directa. Como ya he comentado, los seres humanos hemos sido animales omnívoros desde hace mucho tiempo. A lo largo de la evolución, nuestro sistema digestivo se ha especializado en digerir y asimilar muchas plantas verdes, frutos salvajes (bayas y frutos secos, sobre todo) y productos de origen animal (carne, huevos y pescado), pues estos alimentos eran lo que principalmente podíamos recolectar o cazar. Durante millones de años, nuestro sistema digestivo ha tenido muy poco contacto con los cereales o las plantas leguminosas. Si bien a veces encontrábamos cereales o legumbres salvajes que comíamos, no eran, ni de lejos, nuestra principal fuente de alimento. Sin embargo, llegada la revolución neolítica, donde el hombre aprendió a cultivar la tierra y a domesticar animales, nuestro estilo de alimentación cambió por completo. De esto hace de unos ocho mil a diez mil años, más o menos. A partir de ese momento, el consumo de cereales y de harinas de cereales se incrementó de manera drástica y, en menor medida, el de las legumbres. Esto es debido a que eran alimentos que, tras su colecta, podían conservarse durante mucho tiempo, a diferencia de las frutas, las verduras o los productos animales. Y, desde entonces, esto no ha hecho más que aumentar. Nuestro sistema digestivo, a pesar de su capacidad de adaptación y su flexibilidad, no ha tenido la posibilidad de adaptarse a un cambio tan drástico en tan poco tiempo (sí, sí, diez mil años es muy poco tiempo en la historia de la evolución). Por ello, el consumo excesivo de estos alimentos ha supuesto un estrés para nuestro intestino y sus guardianes, las células del sistema inmunitario.

Una de las razones por la que los cereales y las legumbres favorecen la inflamación es que contienen unas sustancias llamadas «lectinas». Las lectinas son unas proteínas presentes en muchas plantas. La mayoría de los cereales salvo el arroz, el mijo, el teff y alguno más las contienen. De hecho, el gluten es un tipo de lectina, aunque otros cereales sin gluten, como el maíz y la avena, contienen otros tipos de lectinas similares. Todas las legumbres, así como las plantas solanáceas como el tomate, la patata y la berenjena, también las contienen.

Las lectinas son unas sustancias químicas que permiten a las plantas defenderse de sus depredadores, pues éstas no tienen garras ni dientes como los animales, ni pueden huir cuando son atacadas. Por un lado, producen cierta toxicidad y provocan inflamación intestinal, por lo que muchos animales e insectos evitan comerlas. Por otro lado, las lectinas permiten a las plantas sobrevivir, pues favorecen la expansión de sus semillas, ya que a menudo el intestino animal no tiene mecanismos para digerirlas. Así, la semilla ingerida por un animal atravesará su tubo digestivo y saldrá intacta por las heces unas horas más tarde, cuando el animal ya se haya desplazado a otro lugar. De esta manera, la semilla será plantada en ese otro lugar, rodeada de un estupendo fertilizante que son las heces. Las lectinas son, por lo tanto, una forma de defensa muy astuta y eficaz por parte de las plantas. En pequeñas dosis, no suponen ningún peligro para nuestro organismo, pues nuestro tubo digestivo puede tolerarlas. El problema viene cuando ingerimos demasiadas. Y esto es lo que ha ocurrido cada vez más.

Desde la invención de la agricultura hasta nuestros días, el consumo de alimentos cargados de lectinas ha aumentado mucho y, en especial, desde mediados del siglo XX. No hay que olvidar que, allá por los años sesenta y setenta, las autoridades sanitarias comenzaron a recomendar el consumo de cereales, leche, queso, margarina y patatas como base de nuestra alimentación. Estas recomendaciones se transformaron más tarde en la famosa «pirámide nutricional», aparecida inicialmente en Suecia en 1974 y exportada posteriormente al resto del mundo, que recomendaba el porcentaje de cada tipo de alimento que debíamos ingerir para gozar de una buena salud.

Según esta pirámide nutricional, que no variaba mucho de país a país, en la base de nuestra alimentación debían figurar productos como los cereales, el pan, el arroz, la pasta o los productos lácteos. Hoy en día, estas recomendaciones han sido más que contestadas por muchos científicos, incluso se ha demostrado el efecto nocivo para la salud del alto consumo de hidratos de carbono y su relación con múltiples enfermedades crónicas como la diabetes o la enfermedad cardiovascular. Sin embargo, esta manera de alimentarse se ha instaurado en las sociedades occidentales y la mayoría de la gente sigue pensando hoy que una alimentación sana consiste en comer así.

Con esto no quiero decir que no haya que ingerir estos alimentos, pero se debe hacer con moderación y, preferiblemente, sabiendo cómo prepararlos para poder inactivar parte del efecto de sus antinutrientes, como veremos en la segunda parte del libro. Además, los cereales que consumimos hoy en día llevan muchas más lectinas que hace unos años. Puesto que las lectinas son unas sustancias que protegen naturalmente a las plantas del ataque de sus depredadores, la industria alimentaria, consciente de ello, ha favorecido el desarrollo de especies de plantas que contienen más lectinas. Sin duda, es un método muy eficaz para disminuir las plagas que pueden acabar con cultivos enteros, pero, en este afán por aumentar la productividad, la industria ha ignorado, no sé si consciente o inconscientemente, el efecto perjudicial que el aumento de las lectinas podría tener en nuestra dieta.

7.5. LOS ÁCIDOS GRASOS POLIINSATURADOS (OMEGA 3 Y OMEGA 6)

Otro de los problemas ligados al actual sobreconsumo de cereales y semillas en general es la presencia en estos alimentos de abundantes ácidos grasos omega 6. Los omega 6 son un tipo de grasa poliinsaturada que, aunque son importantes para nuestro cuerpo en pequeña cantidad, tienen carácter proinflamatorio si se consumen en grandes cantidades. Por otro lado, tenemos los ácidos grasos omega 3, de los que seguramente ya has oído hablar, presentes principalmente en el pescado (sobre todo, el pescado azul) y otros animales marinos, en algunas algas, así como en ciertas semillas como el lino, la chía o las nueces. Estos ácidos grasos son otro tipo de grasa poliinsaturada y son esenciales para nuestro organismo, pues no somos capaces de fabricarlos por nosotros mismos, por lo que tenemos que ingerirlos en la dieta. Tienen un gran poder antiinflamatorio y contrarrestan el efecto de los omega 6, además de otras muchas funciones, como mejorar nuestra capacidad cognitiva porque actúan positivamente en nuestro sistema nervioso central.

Existe la llamada «ratio omega 3-omega 6», que es la relación entre los ácidos grasos omega 3 y omega 6 que ingerimos. Normalmente, la relación debería ser de 1:1 o poco más, siendo aceptable una relación de hasta 1:5 más o menos (ingerir cinco veces más de omega 6 que de omega 3). Ésta es la ratio que solían tener nuestros antepasados. Sin embargo, hoy en día, debido a nuestra alimentación moderna, esta ratio es habitualmente de 1:15 o incluso de 1:20 (ingerimos hasta veinte veces más de omega 6 que de omega 3). De esta manera, los omega 3 no tienen la suficiente capacidad de contrarrestar el efecto de los omega 6 y la balanza de la inflamación se inclina hacia un estado proinflamatorio de nuestro organismo.

Además, existe el agravante de la industrialización de la alimentación moderna. Cada vez comemos más comida procesada, que es muy rica en omega 6. Los aceites utilizados para cocinar todos estos procesados suelen ser aceites de semillas, como el aceite de girasol, cuyo contenido en omega 6 es altísimo comparado con aceites mucho más sanos como el aceite de oliva, el de aguacate o el de coco, que contienen poco. El problema es difícil de solucionar, pues sucede a varios niveles. Por un lado, está la cuestión del precio, generalmente relacionada con el tipo de procesamiento que se utiliza para la extracción del aceite. Los aceites de semillas suelen ser más baratos, sobre todo, si se obtienen por métodos de extracción por calor, que permiten obtener mucha más cantidad de aceite que el prensado en frío. Por el contrario, el método de extracción del aceite de oliva virgen es casi siempre por prensado en frío, lo que encarece mucho el producto. Esto hace que la industria alimentaria no se plantee ni de lejos utilizar aceites de mejor calidad en sus productos, pues los encarecería mucho y los haría mucho menos competitivos. Ocurre lo mismo en nuestros hogares, ya que mucha gente utiliza este tipo de aceites, por ser más baratos, a pesar de que recientemente el aceite de girasol se ha encarecido bastante.

Por otro lado, además del alto contenido en omega 6 que estos aceites tienen, con gran poder proinflamatorio, hay que sumar el efecto aún más nocivo para nuestra salud que tiene el propio proceso de extracción por calor y la utilización de estos aceites a alta temperatura (en bollería, por ejemplo), pues los ácidos grasos poliinsaturados (omega 3 y omega 6) son muy sensibles al calor. Cuando se calientan, la estructura tridimensional de estas grasas cambia. Pasan de ser grasas «cis» a grasas «trans», como si la molécula se torsionase con el calor. Fíjate en la figura 7.4.

Figura 7.4. Grasas cis o grasas trans

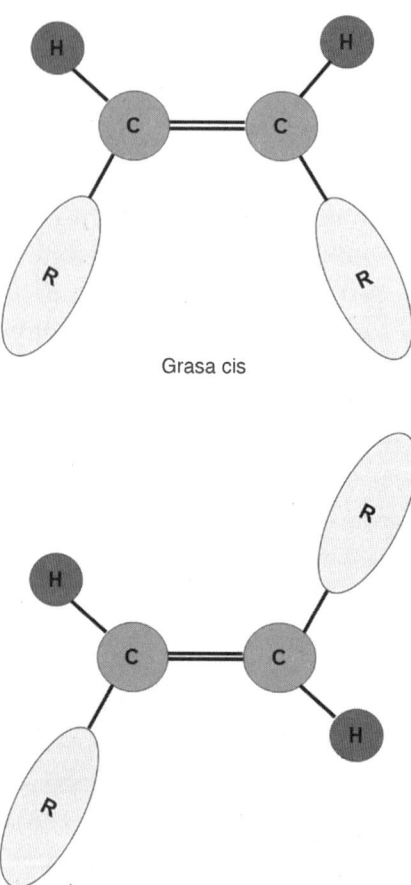

Grasa cis

Grasa trans

Fuente: Elaboración propia.

Las grasas que se han convertido en trans por el calor tienen mucho más poder proinflamatorio y prooxidante que las grasas cis y favorecen el aumento del colesterol LDL y VLDL (o colesterol «malo»). Así, aunque se trate de una semilla con alto contenido en omega 3, como puede ser el lino, el método de extracción por calor puede alterar estos ácidos grasos y hacerlos mucho menos sanos de lo que pensamos. Por ello, desde el punto de vista de nuestra salud, no es lo mismo tomar semillas de lino enteras o molidas que utilizar aceite de lino para cocinar, por ejemplo. Además, durante el cocinado, exponemos de nuevo a estas grasas al efecto del calor. Y, si a esto le sumamos una mala conservación (pues estos aceites deben protegerse de la luz y preferiblemente mantenerse en nevera, cosa que casi nunca hacemos), la alteración de las grasas poliinsaturadas que contienen está garantizada y, por ende, la inflamación.

Antes de terminar este apartado, quiero aclarar la diferencia que existe entre los ácidos grasos omega 3 de origen vegetal (ALA) y los de origen animal (EPA y DHA). Éstos últimos son los realmente útiles para nuestro organismo, pues son los que verdaderamente tienen un efecto inmunorregulador y antiinflamatorio. Una vez ingerido, ALA debe transformarse en nuestro cuerpo en EPA y posteriormente en DHA para su utilización. La tasa de conversión varía de persona a persona, según su genética, pero en general no supera el 10 por ciento. Por ello, gran parte de los omega 3 vegetales que ingerimos no llegan nunca a convertirse en moléculas activas en nuestro organismo. Así, una persona que sólo consuma productos de origen vegetal, aunque tenga una ingesta elevada de alimentos ricos en omega 3 ALA, probablemente no llegue a alcanzar las cantidades mínimas de DHA y EPA que nuestro cuerpo requiere. Es por esta razón que la suplementación en EPA y DHA es muy recomendable para personas que siguen este tipo de dietas.

7.6. LOS ALIMENTOS DE ORIGEN ANIMAL

Por último, y para finalizar este capítulo, te hablaré de algunos alimentos de origen animal. Hay que destacar dos de ellos especialmente proinflamatorios: los productos lácteos de vaca y la carne de animales mamíferos. La leche de vaca contiene una proteína llamada caseína. Existen dos tipos de caseína: la A1 y la A2. La caseína A1 tiene efecto proinflamatorio, mientras que la A2 no tanto. La leche de animales pequeños, como la oveja o la cabra, sólo contiene caseína del tipo A2. La leche de vaca, por el contrario, puede contener de los dos tipos.

Hoy en día, por una cuestión económica, predomina la leche de vaca con caseína A1. Esto es así porque las vacas «A1», como la raza Holstein, que es la típica vaca lechera blancas de manchas negras, dan mucha más cantidad de leche que las vacas «A2». Por ello, al ser mucho más rentables, la industria alimentaria ha favorecido la crianza de estas razas A1. Recientemente se está comercializando la leche de vaca A2, aunque es difícil encontrarla aún. Es probable que en unos años la podamos encontrar fácilmente en los supermercados. Hasta entonces, para evitar la inflamación, te recomiendo que no consumas muchos productos lácteos de vaca y que elijas los de cabra u oveja, como nuestro maravilloso queso manchego.

En cuanto a la carne de animales mamíferos, ésta contiene un azúcar llamado Neu5Gc que los seres humanos no somos capaces de metabolizar correctamente y que puede también activar a nuestro sistema inmunitario. La carne de ave no lo contiene, sin embargo. Algunas bacterias de nuestro intestino pueden ayudarnos a descomponerlo. Pero, por regla general, te recomiendo que no consumas muy a menudo carne de mamíferos (ternera, buey, cordero, cerdo, caballo, etcétera) para evitar un exceso de inflamación.

8

¿Por qué nos afectan los tóxicos?

El mundo de los tóxicos y su relación con nuestra salud es muy amplio y complejo. El ser humano ha vivido durante millones de años en un planeta no contaminado, donde los únicos tóxicos a los que se veía expuesto eran los tóxicos naturales, como los emitidos por la tierra o las radiaciones solares, los tóxicos de ciertas plantas o de animales venenosos que comía o los tóxicos que terminaban rozándole o penetrándole al ser atacado por esas plantas o esos animales venenosos (mordeduras, roce de las plantas con la piel). Además de estos tóxicos externos, también existían los tóxicos internos, los producidos por el propio metabolismo (productos de desecho que el cuerpo tiene que eliminar) o por la microbiota, principalmente, a nivel intestinal. Así, durante años, nuestro organismo ha sido capaz de gestionar correctamente la exposición a estos tóxicos que le son familiares, pues la evolución durante milenios y milenios le ha permitido adaptarse.

La detoxificación se produce principalmente por la noche, gracias a la función del hígado. Por eso, un buen descanso nocturno es fundamental para eliminar sustancias nocivas. Esta detoxificación se realiza por medio de ciertas reacciones químicas que permiten que las sustancias tóxicas se vuelvan más solubles en agua (para ser posteriormente eliminadas por la orina o por el sudor) o más solubles en grasas (para ser eliminadas por la bilis hacia las heces). Esta transformación hepática de los tóxicos se produce en dos fases, llamadas fase I y fase II de conjugación.

Pero ¿qué pasa si de repente nuestro cuerpo se ve expuesto a miles de sustancias tóxicas nuevas que no sabe cómo tratar? Lo más probable es que los mecanismos de detoxificación se saturen. Eso es exactamente lo que ha ocurrido en los últimos años. El problema empezó en la revolución industrial, pero se extendió a gran escala con el desarrollo de la industria petrolífera y química, ya en el siglo xx. Desde entonces, nuestro planeta y nuestros cuerpos se han visto cada vez más invadidos por numerosas sustancias que alteran su funcionamiento. Cuando los mecanismos de detoxificación se saturan, los tóxicos se acumulan en el cuerpo. Estas sustancias acumuladas se almacenan principalmente en el tejido graso y en el cerebro, provocando inflamación a este nivel y un mal funcionamiento de diferentes órganos. También mimetizan o bloquean la acción de algunas hormonas o producen alteraciones en el sistema inmunitario. Además, como ya he explicado, muchos tóxicos se eliminan por las heces o por la orina, razón de más para considerarlos peligrosos para nuestra vejiga. Asimismo, pueden estar implicados en las disfunciones vesicales de manera indirecta, al tener un efecto nocivo sobre el sistema nervioso o endocrino.

Como ves, existen numerosos mecanismos de acción de los tóxicos en nuestro organismo. No puedo describir todos y cada uno de ellos en este libro, pero daré unas pequeñas pinceladas de cómo actúan algunos en nuestro sistema urinario, favoreciendo el desarrollo de patologías y, sobre todo, de infecciones o de inflamación.

8.1. Los disruptores endocrinos

Son sustancias que pueden mimetizar la acción de alguna de nuestras hormonas o que, por el contrario, pueden bloquear su efecto. Algunos ejemplos de hormonas son la insulina, la testosterona, los estrógenos, la hormona tiroidea y la cortisona. Las hormonas son moléculas producidas por diferentes glándulas o tejido endocrino de nuestro cuerpo (páncreas, ovarios, testículos, glándula suprarrenal y tiroides, por ejemplo) y que circulan por la sangre para actuar a distancia sobre otros órganos. Sirven para desencadenar mecanismos bioquímicos en las células diana, como, por ejemplo, aumentar o disminuir la producción de una molécula en concreto, modificar su metabolismo y hacerlas más o menos sensibles a otras sustancias. Por ejemplo, las hormonas sexuales son las responsables de los ciclos menstruales en la mujer y los cambios que se producen en nuestro cuerpo durante la maduración sexual, así como de la fertilidad. Las hormonas tiroideas son indispensables para el control de nuestro metabolismo y para el desarrollo del cerebro del feto durante el embarazo.

Otra particularidad de la acción hormonal es que no es siempre dosis-dependiente, es decir, el efecto de una hormona no siempre es proporcional a su concentración en la sangre. Algunas hormonas sí que actúan más si están más presentes, pero otras hacen el efecto contrario, disminuyendo su acción a mayor concentración. Otras pueden tener un pico de acción a concentración baja y un pico de bloqueo a concentración un poco más alta. Y otras sólo actúan si su concentración va fluctuando durante el día o la semana y bloquean su mecanismo de acción si su concentración permanece estable en la sangre. En fin, no es algo simple. En la figura 8.1 he representado las fluctuaciones de las hormonas sexuales que se producen durante el ciclo menstrual femenino, para que te hagas una idea de lo complicado que es todo.

Figura 8.1. Fluctuaciones de las hormonas sexuales durante el ciclo menstrual

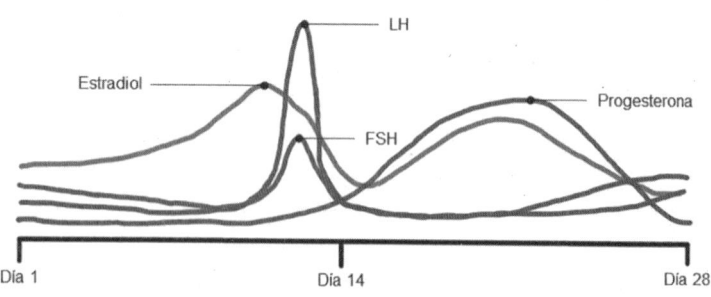

Fuente: Elaboración propia.

Como ves, comprender el mecanismo de acción de las hormonas es realmente muy complejo. Sin embargo, lo que sí que debemos saber es que prácticamente todas las células de nuestro cuerpo tienen receptores para diferentes tipos de hormonas. Por ello, cualquier sustancia externa que pueda actuar imitando o bloqueando el efecto de una hormona podrá potencialmente provocar o bloquear reacciones químicas en casi todo nuestro organismo.

Es posible que hayas oído hablar del bisfenol A. Esta sustancia presente en muchos plásticos es un claro ejemplo de disruptor endocrino. Interfiere con las hormonas sexuales y la insulina principalmente. El bisfenol A ha sido eliminado por ley de algunos productos como el plástico utilizado en los biberones de los bebés, pero sigue presente en muchos de los productos que utilizamos a diario, como las botellas de plástico de bebidas, los envases para almacenar comida y los tiques del supermercado, y se transmite a nuestros alimentos y bebidas continuamente. Hay numerosos estudios científicos que han demostrado que prácticamente todos los seres humanos eliminamos estos disruptores endocrinos por la orina, también los niños pequeños.

El bisfenol A no es el único disruptor endocrino presente en los plásticos. Otro ejemplo son los ftalatos, que también interfieren con la insulina y el metabolismo de la glucosa. Están presentes en los plásticos y también en productos cosméticos, pues sirven para que las fragancias de estos productos duren más. Hay que saber que los productos cosméticos contienen numerosas sustancias que actúan como disruptor endocrino, no sólo los ftalatos. Otro ejemplo serían los parabenos, que son unos productos conservantes que, además de usarse en cosmética, también se utilizan como conservantes de alimentos. Tienen poder estrogénico, pues actúan como una hormona femenina.

Algunos pesticidas también poseen un efecto disruptor endocrino, como el clorpirifos y el metoxicloro, así como el tristemente famoso DDT, prohibido hace años pero que sigue acumulado en los suelos. Su efecto suele ser a nivel de las hormonas sexuales y, en el caso de los compuestos clorados, también alteran el funcionamiento del sistema inmunitario.

En el caso de la vejiga, hay que saber que sus células presentan numerosos receptores hormonales y son especialmente sensibles a los estrógenos. Por ello, es fácil imaginar que no es una buena idea estar intoxicados de disruptores endocrinos si queremos tener una buena salud vesical. Si además alteran al sistema inmunitario, el caldo de cultivo para la cistitis está servido. Además, como ya he explicado, el efecto sobre nuestro cuerpo no es dosis-dependiente, por lo que la exposición a pequeñas cantidades de estas sustancias puede ser suficiente para provocar efectos importantes en el funcionamiento de nuestros órganos. Y tampoco debemos olvidar el efecto cóctel, pues se cree que la combinación de varios de estos compuestos puede tener efectos diferentes a los que tiene cada uno por separado. Teniendo en cuenta que todos nosotros estamos expuestos a muchos de estos tóxicos y que, además, se acumulan durante años en nuestro cuerpo y en los suelos y las aguas, nos podemos hacer una idea de la importancia del problema.

Otro tipo de disruptor endocrino muy presente en nuestro entorno son las sustancias perfluoradas. Puede que hayas oído hablar del ácido perfluorooctanoico (PFOA), conocido por utilizarse en la fabricación del teflón. Estas sustancias se desprenden de la superficie antiadherente de sartenes y ollas y pasan directamente a nuestra comida. También encontramos compuestos perfluorados en los productos de limpieza, barnices, pinturas o moquetas. Además, se usan como impermeabilizantes de tejidos. Estos productos interfieren en el metabolismo de los lípidos y en la tolerancia a la glucosa, de manera que actúan como obesógenos (sí, sí, algunas sartenes te pueden hacer engordar... y no precisamente por lo que hayas cocinado en ella).

Por otro lado, encontramos los retardantes de llama bromados. Son sustancias que poseen un gran poder ignífugo. Por ello, con el objetivo de disminuir el riesgo de incendio en los hogares o puestos de trabajo, se utilizan de manera habitual en la producción de aparatos electrónicos, cableado eléctrico, mobiliario o artículos de decoración. Estas sustancias actúan a nivel de las hormonas tiroideas. El «polvillo» que sueltan por abajo los sofás o sillones, por ejemplo, está cargado de estos compuestos. Para quitarlo, es mejor aspirarlo que barrerlo, pues barriendo se levanta una nube de polvo tóxico que respiras luego. También, los aparatos electrónicos encendidos desprenden estas sustancias. Por eso, es importante no dejarlos en *stand by* si no los estás utilizando y apagarlos por completo. Igualmente, es importante ventilar la casa o la oficina regularmente.

También hay unos aparatos que purifican el aire y ayudan a eliminar estos productos del ambiente.

Existen otros muchos disruptores endocrinos. No me extenderé más, pues no es el objetivo de este libro, y tampoco soy ninguna experta en ello. Sin embargo, por último, me gustaría mencionar al triclosán, del que hablaré de manera más detallada un poco más adelante. Es un compuesto que se usa como desinfectante (bactericida) en muchos productos cosméticos, principalmente, en pastas de dientes y colutorios, jabones y geles, desodorantes, maquillajes, etcétera. Actúa como disruptor endocrino tiroideo. Además, tiene otro inconveniente y es que, usado en productos de higiene bucal, por su efecto bactericida, puede alterar la microbiota de la boca. Hoy en día, sabemos que la microbiota bucal es importantísima para nuestra salud. Alteraciones de esta microbiota se han visto relacionadas con patologías cardiovasculares o problemas en el embarazo, entre otros muchos.

8.2. LOS METALES PESADOS

Los principales son el mercurio, el cadmio, el plomo y el arsénico. Son sustancias que se utilizan de manera habitual en la industria y que actualmente contaminan nuestros suelos y nuestras aguas (dulces y saladas). Veamos someramente uno a uno.

8.2.1. Mercurio

El mercurio (Hg) es conocido por su presencia en las aguas marinas. Mucha gente evita comer pescado por el miedo a la contaminación por este metal. Es cierto. El mercurio se acumula en nuestro tejido graso, incluido el cerebro, e interfiere con la función neurológica, en especial, con la del sistema nervioso autónomo del cual ya hemos hablado y que es tan importante para regular el funcionamiento de la vejiga.

Sin embargo, tenemos que saber que el contenido en mercurio de los animales marinos varía en función de su porcentaje de grasa y de su nivel en la cadena alimentaria. Así, el pescado blanco, menos graso, contiene menos que el azul. Y los peces de pequeño tamaño o herbívoros, menos que los peces depredadores de mayor tamaño. Esto es así porque los peces más grandes acumulan su propio mercurio más el que obtienen ingiriendo peces que también llevan mercurio.

En cualquier caso, no debemos ser alarmistas, pues nuestro cuerpo es capaz de eliminar estas sustancias si se ingieren en cantidades seguras. Lo interesante es conocer que existen y, sobre todo, conocer algunas estrategias para disminuir nuestra exposición. En el caso del pescado, no recomiendo dejar de tomar pescado azul y limitarse al blanco, pues el contenido de ácidos grasos omega 3, tan beneficiosos para nuestra salud, es mucho más elevado en los pescados azules. Además, el pescado contiene bastante selenio, que contrarresta el efecto tóxico del mercurio. Lo que sí recomiendo es evitar el pescado azul de mayor tamaño (atún, sobre todo, el atún rojo, pez espada, cazón, rape). Es mejor priorizar la ingesta de pescados pequeños como sardinas, arenques, caballa, boquerones, cuyo contenido en omega 3 es muy alto, pero el contenido en mercurio es bajo. El salmón también contiene poco mercurio.

Una nota importante: a la hora de elegir el origen del pescado que compramos, siempre es preferible que lleve el sello MSC, pues, además de garantizar una pesca respetuosa, nos aseguramos de estar comiendo animales salvajes (no de piscifactoría), que se han alimentado de forma natural y no con soja o cereales, como es habitual en el pescado de producción industrial.

Otra fuente de mercurio son las amalgamas dentales. Actualmente no se utilizan, pero mucha gente las lleva aún. Pueden ser una fuente de exposición crónica al mercurio que a menudo no se tiene en cuenta. Es importante decir que, si se opta por retirarlas, es preciso contactar con un odontólogo que realice un protocolo de extracción segura de estas amalgamas, como el protocolo «SMART» de la International Academy of Oral Medicine and Toxicology (IAOMT). Una amalgama de mercurio retirada sin un protocolo de seguridad puede provocar una intoxicación por este metal, con efectos graves en la salud.

8.2.2. Cadmio

El cadmio (Cd) es un metal pesado que procede de la actividad industrial. Se encuentra en los alimentos, pero una de las principales fuentes de exposición es el humo del tabaco. Es especialmente problemático, pues nuestro cuerpo no dispone de mecanismos de detoxificación que lo hagan menos tóxico y, por ello, tarda mucho en ser eliminado. Puede provocar estrés oxidativo y daños en la reparación del ADN, además de interferir en la acción de minerales importantes como el zinc y el magnesio. Por ello, se considera un agente cancerígeno. Se ha asociado con tumores urogenitales (riñón, vejiga, próstata). Aunque es un metal muy ubicuo y es difícil evitar la exposición ambiental, sí que hay una cosa que podemos hacer para exponernos menos, y es ir pensando en dejar de fumar...

8.2.3. Plomo

El plomo (Pb) es un contaminante medioambiental muy frecuente. Hasta hace unos años, se encontraba en los combustibles. Desde la prohibición del plomo en la gasolina, sus niveles han descendido, pero seguimos estando muy expuestos. Se ha asociado con trastornos del neurodesarrollo en niños, y lo que más nos interesa a nosotros: produce alteraciones en el sistema nervioso autónomo y en el funcionamiento del sistema inmunitario, afectando tanto a la respuesta humoral como a nuestras células, de las que luego hablaremos. Así, una exposición frecuente al plomo puede amenazar la salud de nuestra vejiga. Aunque es difícil protegerse de este metal, hay que saber que podemos estar expuestos sin ser conscientes, si las tuberías de nuestro hogar o lugar de trabajo están hechas de plomo o si las pinturas de nuestra casa o juguetes infantiles lo llevan. Es importante informarse de esto para poder remediarlo. Si las tuberías de tu hogar están hechas de plomo, puede ser interesante que instales un filtro para el agua que bebes o que consumas agua mineral (en botella de vidrio a ser posible).

8.2.4. Arsénico

El arsénico (As) se puede encontrar en numerosos alimentos, a menudo por la contaminación de las aguas y los suelos de cultivo, así como de las aguas potables de algunos países no europeos. Se ha relacionado con el desarrollo de algunos cánceres, entre otros, el de vejiga. También puede afectar al corazón, al sistema nervioso central y al metabolismo de la glucosa, favoreciendo la aparición de diabetes. Se asocia con el retraso psicomotor y con alteraciones del funcionamiento del hipotálamo (la región del cerebro que se encarga de regular muchas de nuestras hormonas y otros procesos fisiológicos). También con alteraciones en la producción de espermatozoides.

Se habla mucho del arsénico en el arroz. Es cierto que es una fuente importante de exposición, pero también lo son otros cereales como el trigo. Los cereales acumulan arsénico en su cáscara. Aunque siempre se recomienda tomar cereales integrales, pues su fibra se encuentra en gran medida en la cáscara, en el caso del arroz y del trigo esta recomendación sería controvertida. Si bien en términos absolutos el trigo comporta menos arsénico que el arroz, no deja de ser una fuente no desdeñable de exposición, pues en los países occidentales solemos consumir bastante más trigo que arroz. De hecho, se considera que probablemente es la principal fuente de exposición en occidente, junto con los productos lácteos (en niños, sobre todo). Una razón más para evitar estos dos alimentos en la medida de lo posible. En el caso del arroz, sería preferible utilizar arroz semiintegral o arroz blanco, y de origen europeo. En Europa, los suelos y las aguas están mucho menos contaminados que en Asia (India, China y Bangladés tienen altos niveles de arsénico). El arroz producido en la península ibérica contiene cantidades más bajas. Un truco para eliminar parte de su arsénico sería lavarlo bien antes de consumirlo. Incluso dejarlo en remojo unas horas, como las legumbres.

En cuanto al pescado y otros animales, si bien contienen arsénico, éste se encuentra en forma orgánica, mucho menos tóxica que la forma inorgánica presente en las aguas y las plantas. Por ello, su contaminación es menos preocupante.

8.2.5. Aluminio

Por último, me gustaría hablar del aluminio (Al). Aunque no es un metal pesado (es tan sólo un metal), es uno de los metales que con más frecuencia nos contaminan. Se encuentra en el aire respirado; en los alimentos, tanto por contaminación directa (cuidado con la soja, el té y el tomillo) como por el contacto con los utensilios de cocina que a menudo son de este material (sartenes, ollas, etcétera); también en el papel de aluminio, las cápsulas de café o las latas de conserva, y en muchas vacunas y otros medicamentos como algunos antiácidos. También se encuentra en muchos productos de higiene personal, en especial, en los desodorantes y las pastas de dientes.

Aunque su absorción a nivel intestinal es baja, al ser un metal muy ubicuo, tiene muchos riesgos para la salud. Es neurotóxico y se ha asociado con el desarrollo de enfermedades neurodegenerativas como la enfermedad de Alzheimer y con trastornos del neurodesarrollo en niños, como el autismo. Las neuronas del hipocampo, responsables de la memoria, son muy sensibles a este metal. En particular, las neuronas que funcionan con el neurotransmisor acetilcolina, que además de existir en el hipocampo, resulta que es el principal neurotransmisor utilizado por el sistema nervioso parasimpático (el nervio vago, ¿te acuerdas?). Por ello, podemos hipotetizar que altera probablemente la función vesical, aunque no hay estudios concluyentes. Además, sabemos que el 95 por ciento del aluminio es eliminado por la orina, con lo cual nuestra vejiga está en contacto con este metal de manera permanente.

También se asocia con el cáncer y, en especial, el cáncer de mama, aunque también se sospecha que produce cáncer de vejiga y pulmón en personas altamente expuestas. Aunque en la segunda parte del libro hablaremos de pautas generales para disminuir nuestra exposición a tóxicos, quiero recalcar que el caso del aluminio es un ejemplo donde, desde nuestros hogares, podemos hacer mucho. Podemos intentar evitar este material en la cocina (cocinar con utensilios de acero inoxidable o hierro fundido, evitar las latas de conserva y las cápsulas de café, etcétera). También en nuestra alimentación, podemos dejar de comer productos derivados de la soja en exceso o añadir unas gotas de leche de oveja o cabra preferiblemente a nuestros tés e infusiones, pues la leche disminuye su absorción a nivel intestinal. En cuanto a los productos de higiene personal, se puede evitar utilizar aquéllos que lo contengan o, lo que es mejor, fabricarse sus propios cosméticos caseros.

Antes de acabar este apartado, quiero hacer un pequeño apunte en relación con la exposición a metales, en especial, a metales pesados. Cada vez se sospecha más la relación entre el daño que producen las ondas electromagnéticas (wifi, antenas 4G y 5G, microondas, cableados eléctricos), en las que profundizaremos más adelante, y la sobrecarga de metales pesados. Las personas con hipersensibilidad electromagnética padecen a menudo alguna intoxicación por metales pesados. No voy a adentrarme en este tema, pero sí recomiendo tener cuidado con la exposición a estas ondas. Apagar el wifi o el móvil en casa por la noche o desenchufar los aparatos eléctricos y los cables en general cuando no los utilizamos son un gesto sencillo que nuestra salud agradecerá.

En conclusión, tenemos que saber que todos nosotros estamos expuestos a los metales tóxicos, que se encuentran en nuestro entorno y son difíciles de eliminar. La mayoría de las veces esta exposición es poco dañina, pero puede tener efectos sobre nuestra vejiga, ya sea por un efecto neurotóxico con alteración del sistema nervioso autónomo que controla este órgano, ya sea por una alteración del sistema inmunitario que lo protege de las infecciones o también por daño directo. Así, tal y como veremos en la segunda parte, donde os indico algunos consejos para disminuir nuestra exposición, podemos hacer mucho bien a nuestra vejiga evitando estos metales.

8.3. Las sustancias con efecto antimicrobiano

La mayoría de nosotros está en contacto cotidianamente con sustancias antimicrobianas, a menudo sin saberlo. Somos conscientes de que usamos algunos productos como los geles hidroalcohólicos, tan frecuentemente utilizados desde la pandemia de la COVID-19, o muchos productos de limpieza que llevan alcohol u otros desinfectantes para limpiar las superficies de nuestros hogares o lugares de trabajo. Estos productos pueden dañarnos, principalmente por alterar la microbiota de nuestra piel, que es un mecanismo de protección muy importante. Sin embargo, no son ni de lejos nuestra principal fuente de exposición a productos antimicrobianos. Y es que, sin ser conscientes, cada día nuestro cuerpo entra en contacto y asimila numerosas sustancias con efecto antibiótico que repercuten negativamente en nuestra microbiota y nuestra salud.

Para empezar, como ya comenté anteriormente, están los pesticidas antimicrobianos, presentes en los vegetales que comemos, ya sea por contacto directo o por contaminación de los suelos y las aguas de regadío. Por otro lado, tenemos los antibióticos y antifúngicos (productos para tratar hongos y levaduras) que se administran a los animales de ganadería y piscifactoría, para tratar enfermedades infecciosas o para prevenirlas. En Europa Occidental, el uso de antibióticos para el ganado está más regulado que en otros países, pero sigue sin ser anodino. Por si fuera poco, algunos de estos animales también ingieren productos antimicrobianos con la comida, pues los cereales, la soja u otros alimentos que se les da pueden haber sido tratados previamente para garantizar su conservación.

Estas sustancias, además de acumularse en el organismo de los animales y pasar al nuestro cuando nos alimentamos de ellos, también pasan a los suelos y las aguas al ser eliminadas por sur orina o por sus heces, si éstas son utilizadas posteriormente como fertilizante. Así que, de nuevo, nuestros suelos se contaminan con estos productos y posteriormente nos contaminan a nosotros, independientemente de que tengamos una dieta omnívora o vegana.

Existen numerosos estudios que analizan la prevalencia de cepas de microbios resistentes a múltiples antibióticos. Se piensa que el origen de este tipo de bacterias multirresistentes sería principalmente la microbiota de nuestros suelos. Por todo ello, aunque no podemos protegernos al cien por cien, sí que podemos disminuir nuestra exposición a este tipo de sustancias consumiendo productos ecológicos, que no habrán sido tratados con pesticidas, y evitando el consumo de peces de piscifactoría y de animales de la ganadería intensiva. Los animales criados en libertad, como los pollos ecológicos y las reses de pasto, están menos expuestos a estos productos, pues el uso de antibióticos de manera preventiva está prohibido. Además, no reciben tantos tratamientos antibióticos como los animales de la ganadería intensiva. Si bien se permite en algunos casos tratar con antibióticos si existe una enfermedad infecciosa, debemos saber que estos animales enferman menos a menudo, pues gozan de mucha mejor salud gracias a sus mejores condiciones de vida. Y dentro de este tipo de carne, si es posible, te recomiendo que consumas aquélla que sea producida en la Unión Europea, ya que es la región del mundo que tiene la regulación más estricta al respecto. No basta con que sea de «origen» europeo, pues puede ser que se haya producido en otro lugar y posteriormente se haya embalado o manufacturado en Europa. Debes asegurarte de que se trate de carne producida en Europa.

Otra fuente de exposición inadvertida a productos antimicrobianos son los agentes conservantes de alimentos y productos cosméticos, en especial, dos de ellos: los parabenos y el triclosán. La industria utiliza estas sustancias precisamente por su poder antiinfeccioso.

Los parabenos son un grupo de productos químicos que se emplean como conservantes de alimentos y también como conservantes de productos cosméticos y de higiene personal, así como biocidas en textiles y en papel. Inhiben el crecimiento de bacterias, hongos y virus. Además de su efecto antibiótico, también muestran un efecto disruptor endocrino de tipo estrogénico y se han relacionado con algunos tumores, en especial, con el cáncer de mama. Podemos encontrarlos en la mayoría de los productos cosméticos que no lleven una etiqueta «libre de parabenos»: esmaltes de uñas, cremas hidratantes, desodorantes, champús, productos para la higiene facial, lociones para después del afeitado, filtros solares, máscaras de pestañas, sombras de ojos, maquillajes o pintalabios, entre otros.

En la alimentación se utilizan para conservar bebidas (cervezas, refrescos), siropes, salsas, postres o helados, productos de pastelería, vegetales procesados, aceites y fiambre, entre muchos otros. Algunas frutas como los arándanos pueden contener parabenos de manera natural. Cuando los ingerimos, son metabolizados por el hígado y el riñón y eliminados por la bilis (heces) y, sobre todo, por la orina. Es por ello por lo que, a menudo, los estudios científicos sobre exposición a disruptores endocrinos miden estos compuestos en orina. Por esta rápida metabolización, se cree que son menos peligrosos cuando son ingeridos que cuando se aplican sobre la piel y son absorbidos por ésta, como es el caso de los cosméticos y productos de higiene personal, pues en este caso el parabeno no llega directamente al hígado para ser detoxificado. De las dos maneras, ingesta o aplicación cutánea, lo que sí que es cierto es que la vía principal de eliminación será la urinaria. Por ello, debemos preguntarnos si estos productos pueden ser una causa de alteración de la microbiota urinaria, así como de alteración de la pared vesical, teniendo en cuenta su efecto estrogénico y la importante densidad de receptores de estrógenos con que cuenta nuestra vejiga.

Si consideramos que las mujeres consumen muchos más cosméticos que los hombres por lo general, tengo la sospecha de que estas sustancias podrían tener una influencia en la fisiopatología de las infecciones urinarias. Desgraciadamente, no existe literatura científica al respecto, por lo que, actualmente, no puedo validar mi hipótesis.

Si quieres saber más...

Los parabenos más utilizados en cosmética son metilparabeno, propilparabeno, butilparabeno y etilparabeno; mientras que en los alimentos los encontramos escondidos detrás de un código E: E-214 y E-215 (etilparabenos) y E-218 y E-219 (metilparabenos). El Comité Científico de Seguridad de los Consumidores de la Unión Europea (SCCS) prohibió en 2014 el uso de parabenos de cadena larga: isopropylparaben, isobutylparaben, phenylparaben, benzylparaben y pentylparaben. Además, los E-216 (propylparaben) y E-217 (natriumpropylparaben) están prohibidos en alimentos y el E-216 también en productos para niños menores de tres años en la zona del pañal.

En cuanto al triclosán, no está admitido su uso en alimentos, pero se utiliza ampliamente en los productos de higiene personal y cosméticos y como conservante de algunos fármacos. Está muy presente en el medio ambiente.

Además de su poder antimicrobiano, también se ha detectado que posee un efecto disruptor endocrino a nivel de las hormonas tiroideas. La Unión Europea permite su uso en una concentración máxima del 0,2 por ciento en los enjuagues bucales y del 0,3 por ciento en jabones y geles, pastas de dientes, desodorantes y maquillajes.

Su modo de acción se asemeja al de los antibióticos y se sospecha que puede ser otro de los agentes causantes de la aparición de microorganismos resistentes en nuestro medio. De hecho, se ha estudiado como posible agente protector frente a las infecciones urinarias en las personas portadoras de una sonda permanente, utilizándolo a modo de recubrimiento de los catéteres urinarios. Estos estudios no han sido concluyentes precisamente porque se observó la aparición de bacterias resistentes (*Escherichia coli*, *Proteus*) al poco tiempo de usarlo, así como resistencia cruzada con algunos antibióticos.

Además, se ha visto que el triclosán no es efectivo contra algunas bacterias como la *Pseudomona aeruginosa* o ciertas cepas de *Proteus*, ambas muy frecuentemente implicadas en la colonización y la incrustación de las sondas urinarias. Debido a su ubicuidad, a esta capacidad de favorecer las resistencias microbianas y a sus efectos directos sobre nuestra salud como disruptor endocrino, cada vez hay más preocupación al respecto.

En cuanto a la vejiga, se estima que el 75 por ciento de los adultos eliminamos triclosán por la orina, según algunos estudios. Con este dato, podemos imaginar que este agente químico, de la misma manera que los parabenos, podría tener una implicación en las infecciones de orina de repetición al alterar la microbiota vesical y favorecer la aparición de cepas microbianas multirresistentes. Desgraciadamente, no existe literatura científica al respecto, pero es una hipótesis que valdría la pena confirmar.

Existen otros muchos aditivos alimentarios, en especial, conservantes, con efectos nocivos sobre nuestro organismo y nuestra microbiota. No es el objetivo de este libro hablar de todos ellos. Sea como fuere, debemos ser conscientes de que estamos rodeados cotidianamente de la mayoría de estos tóxicos y, aunque no es posible evitarlos por completo, sí podemos intentar minimizar nuestra exposición (elaborar comidas caseras a partir de alimentos no procesados y de origen ecológico si es posible, comprar pocos alimentos industriales, utilizar cosméticos o productos de higiene personal sin parabenos o incluso caseros fabricados por nosotros mismos, etcétera). Evidentemente, supone un esfuerzo económico y personal, pero nuestra salud nos lo agradecerá.

Si quieres saber más...

Si quieres más información al respecto, lo más fácil es realizar una búsqueda en internet, donde puedes encontrar muchas webs que te hablan de los conservantes «E» más frecuentes de la comida o te dan listas de todos los aditivos «E» y el grado de seguridad que tienen. Una buena fuente de información actualizada la encontramos en la propia web de la Unión Europea, donde encontrarás todos los datos sobre aditivos y su normativa.

Por último, antes de cerrar este apartado, me gustaría hablar de la higiene. La higiene es muy importante, pues es una de las cosas que nos ha permitido progresar como sociedad al evitar numerosas enfermedades transmisibles. Sin embargo, actualmente vivimos un período de fobia a los microbios, donde muchas personas creen que hay que hacer la guerra contra cualquier microorganismo de nuestro entorno. Este punto de vista es peligroso, pues hay mucha evidencia científica aplastante que confirma la importancia de tener una buena microbiota en todo nuestro cuerpo y su relación con la salud, como ya hemos comentado.

Desde la llegada de la COVID-19 hace ahora ya varios años, nos hemos acostumbrado a sobredesinfectar nuestros hogares o lugares de trabajo y a sobredesinfectarnos nosotros mismos. Si a esto le sumamos el efecto de los tóxicos antimicrobianos que nos rodean y la utilización indiscriminada de los antibióticos por parte de muchos profesionales sanitarios, por ejemplo, para tratar la bacteriuria asintomática de la que ya he hablado, el caldo de cultivo para que desarrollemos infecciones cada vez más virulentas está servido.

En el caso de las infecciones de orina, la prevalencia de gérmenes multirresistentes está aumentando. Es por ello por lo que, si bien recomiendo tener una rutina de higiene normal y cotidiana, desaconsejo la «sobrehigiene» en el área genital, pues se puede alterar la microbiota local. Tampoco suelo recomendar a mis pacientes el uso de jabones íntimos ni las duchas vaginales, por mucho que sean de farmacia. Los genitales externos, basta con lavarlos con un poquito de espuma de jabón natural sin aditivos (jabón de Alepo, por ejemplo). La microbiota, si es la correcta, hará el resto.

8.4. EL ALCOHOL Y EL TABACO

No voy a extenderme en este tema, pues todos sabemos el efecto nocivo que estos dos tóxicos tienen sobre nuestra salud. Se sabe que son la causa directa de muchos cánceres, entre los que destacan desde el punto de vista urológico el cáncer de vejiga y de riñón, y también se cree que pueden alterar la pared vesical y la microbiota, incluida la urinaria.

En el caso de la vejiga, hay controversias en este punto. Varios estudios donde se analizó la microbiota urinaria de pacientes fumadores con y sin cáncer de vejiga mostraron diferencias en cuanto a su composición. Sin embargo, otro estudio que analizó la microbiota de pacientes con cáncer de vejiga, fumadores y no fumadores, no encontró diferencias importantes.

El tabaco y el alcohol también alteran la inmunidad, nos hacen consumir vitaminas y oligoelementos por aumentar nuestros requerimientos y disminuyen el poder antioxidante y detoxificante del hígado. Así, de una manera directa o indirecta estas dos sustancias tienen un efecto final en nuestra susceptibilidad a infecciones, aunque no haya estudios publicados que relacionen directamente estos tóxicos con las infecciones urinarias de repetición. La buena noticia es que se trata, probablemente, de los tóxicos más fácilmente evitables.

Si quieres saber más...

La lista de tóxicos que pueden afectar a nuestra salud es interminable. Aquí he hablado de manera somera de algunos, en especial, de aquéllos que más pueden influir en nuestra salud vesical. Si quieres profundizar en este tema, te recomiendo el libro *Libérate de tóxicos* del doctor Nicolás Olea, que aborda este tema con detalle, pero de forma amena y con un lenguaje sencillo.

8.5. Las radiaciones electromagnéticas

Aunque no se trata de sustancias químicas ni de radiaciones ionizantes (como los rayos X), las radiaciones electromagnéticas, conocidas como *electrosmog* en inglés, pueden resultar también muy tóxicas para nuestro organismo. Cuando hablamos de radiaciones electromagnéticas solemos pensar en las torres 4G o 5G de telefonía móvil o en el wifi, pero son más que eso. En nuestro día a día estamos constantemente sometidos a este tipo de radiación, empezando por la radiación que emite la Tierra de manera natural y la radiación solar. En casa o en el trabajo, cualquier aparato eléctrico o electrónico que tengas enchufado o encendido emitirá una pequeña dosis de radiación (televisor, ordenador, teléfono móvil, nevera, microondas y wifi, por supuesto).

Los circuitos eléctricos de los edificios también la emiten, así como los cables que estén enchufados a una toma eléctrica, como, por ejemplo, el cable de una lámpara, aunque esté apagada. Y, en el exterior, además de las ondas de telefonía móvil, existen las ondas de radio, de televisión y cualquier radiación producida por centrales eléctricas, líneas de alta tensión, líneas de tren, etcétera. Casi siempre estamos expuestos a varios tipos de radiaciones al mismo tiempo. No podemos evitar estar expuestos a ellas, pero sí podemos disminuir su efecto dañino comprendiendo cómo funcionan.

El funcionamiento de nuestras células, nuestros tejidos y nuestros órganos es muy complejo. Simplificando, te diré que, a menudo, los mecanismos intracelulares se activan o se inhiben gracias a un intercambio de iones (sodio, calcio, potasio, etcétera) entre el exterior y el interior de la célula. Este intercambio se produce gracias al funcionamiento de unas proteínas situadas en la pared de las células llamadas canales iónicos. Son como unas puertas que se abren y seleccionan el tipo de moléculas que deben entrar o salir. Pues bien, las radiaciones pueden alterar el intercambio de iones entre nuestras células y el exterior, en especial, el intercambio de calcio. También parecen aumentar el estrés oxidativo, alterar el funcionamiento de las mitocondrias (las centrales energéticas de nuestras células) y modificar la estructura del agua intracelular. Aunque todas las células del organismo notan los efectos de las radiaciones, parece que las neuronas son especialmente sensibles. En cuanto a la vejiga, no se ha estudiado específicamente su efecto nocivo, aunque sí se han utilizado como tratamiento para diversas patologías urinarias.

En cualquier caso, los efectos dañinos que tengan en nuestro cuerpo dependen de muchas cosas, por eso hay gente más sensible que otra. Es lo que se conoce como «hipersensibilidad electromagnética». Por ejemplo, si los mecanismos antioxidantes del cuerpo de una persona son menos eficaces o sus vías de detoxificación funcionan peor, por muchas razones, es posible que esa persona presente mayor sensibilidad a las radiaciones. De la misma manera, si alguien es portador de un nivel de metales pesados elevado, también es probable que sea más sensible, pues los metales interaccionan más con las radiaciones (imagina el efecto que tiene un imán sobre el metal). En fin, es un campo de estudio muy amplio sobre el que los organismos oficiales no se ponen de acuerdo. Aunque no me quiero poner alarmista, hay suficiente evidencia científica para confirmar que pueden ser dañinas. Sin embargo, también tienen su parte positiva, además de lo que ha supuesto el desarrollo de la tecnología y de internet en nuestras vidas, pues se pueden usar con fines médicos. Así, ya que tenemos que vivir con ellas, lo mejor que podemos hacer es adoptar estrategias para que nos afecten lo menos posible. En la segunda parte del libro te expongo algunas de ellas.

9

El sistema inmunitario y su importancia en las infecciones de orina

El sistema inmunitario es un conjunto de órganos, células y moléculas que se encuentran repartidos por todo el cuerpo. Su función más conocida es la de protegernos frente a infecciones producidas por virus, bacterias, hongos, parásitos u otros. Sin embargo, el sistema inmunitario tiene otras muchas funciones muy importantes para nuestro organismo.

Por un lado, es el responsable de la inmunovigilancia, es decir, la capacidad de detectar y eliminar células que han sufrido una transformación maligna. Y si el cáncer ya se ha producido, ayuda a combatirlo. También se encarga de eliminar productos de desecho o tóxicos de nuestro cuerpo y, por medio de la inflamación, participa en labores de reparación de los tejidos dañados tras una enfermedad o un traumatismo. Es además el encargado de vigilar las fronteras de nuestro cuerpo, incluida la barrera hematoencefálica, que separa el sistema nervioso central del resto de nuestro organismo. A nivel de estas barreras y, sobre todo, de la intestinal, analiza cada sustancia que atraviesa para decidir si ésta es admitida al interior del cuerpo o no.

Participa asimismo en el desarrollo de todos nuestros órganos, desde la etapa fetal hasta nuestra vejez. Esto es especialmente importante en el cerebro, donde las células del sistema inmunitario (residentes y migradas), ayudadas por otras células locales llamadas células gliales, se encargan en gran medida de la plasticidad neuronal. Esta plasticidad es el mecanismo por el cual nuestro cerebro se va adaptando a nuestro ambiente, las situaciones vividas, los requerimientos varios y el desarrollo natural del cuerpo. Gracias a la acción del conjunto de estas células, las conexiones entre neuronas se modifican y especializan y se eliminan las conexiones o células que no son útiles.

Por último, tiene también un papel muy importante como sistema de comunicación en nuestro organismo. Debido a su ubicuidad y a su interacción constante con el medio externo y, en especial, con nuestra microbiota, el sistema inmunitario es capaz de estar al corriente de todo lo que ocurre dentro y fuera de nosotros. Así, mediante la fabricación de diferentes sustancias (citoquinas proinflamatorias y antiinflamatorias, péptidos, aminas y otros) y su liberación al líquido extracelular, a la sangre o a la linfa, es capaz de transmitir esa información a otras partes del cuerpo, en especial, al sistema nervioso central. Mantiene, pues, una constante comunicación con nuestro cerebro, pero también con nuestro sistema endocrino, y se ve influenciado por los niveles hormonales.

Las hormonas sexuales, el cortisol (hormona del estrés) y las hormonas tiroideas, entre otras, son capaces de regular la actividad del sistema inmunitario. Es por ello por lo que todos los tóxicos disruptores endocrinos, de los que hemos hablado anteriormente, pueden tener un papel crucial en el funcionamiento de nuestro sistema inmunitario también, así como en el desarrollo de infecciones urinarias, que es el tema que nos ocupa.

También la microbiota es capaz de regular su función. Así, las situaciones de disbiosis pueden alterar profundamente nuestra salud y nuestra defensa frente a infecciones, además de todas las otras funciones de este sistema tan importante.

Otros mecanismos por los cuales la actividad de nuestro sistema inmunitario puede verse afectada son el sueño, el estrés emocional o físico, el ejercicio físico y la dieta, en especial, si existe un déficit de ciertas vitaminas, oligoelementos u otros nutrientes como la vitamina C, vitamina D, vitamina E, vitamina B12, zinc, magnesio, selenio, cobre, hierro, ácidos grasos omega 3, etcétera.

Si quieres saber más...

Como ya he comentado, el sistema inmunitario no se limita a un órgano en particular, sino que se localiza de manera ubicua por todo el organismo. Se compone de moléculas solubles, extendidas por todos los líquidos orgánicos (sangre, linfa, líquido extracelular, etcétera):

- Las proteínas del complemento.
- Los anticuerpos.
- Los péptidos antimicrobianos.
- Las citoquinas.
- Las aminas como la histamina.
- Etcétera.

Otro de sus componentes son las células inmunitarias, como:

- Neutrófilos.
- Linfocitos B y T.
- Eosinófilos y basófilos.
- Mastocitos.
- Monocitos y macrófagos.
- Células dendríticas.
- Células *natural killer*.
- Células de la microglía.

Estas células, además de encontrarse en algunos tejidos y órganos linfoides como el bazo, el timo, los ganglios linfáticos, la médula ósea o el tejido linfoide asociado a mucosas (MALT), también se encuentran por todos nuestros fluidos, tejidos y órganos, donde realizan todas las funciones ya mencionadas. No daré muchos detalles sobre el funcionamiento del sistema inmunitario ante una infección, pero podemos decir que la respuesta inmunitaria frente a la agresión de un microorganismo se divide en respuesta inmunitaria innata y respuesta inmunitaria adaptativa.

La primera es una respuesta mediada por la mayoría de las células inmunitarias, a excepción de los linfocitos, que destruyen a los microorganismos invasores por diferentes mecanismos, aunque a su paso dejan una importante reacción inflamatoria que causa daños colaterales en los tejidos. La segunda es una respuesta inmunitaria mucho más específica y que tiene memoria. Si nuestro organismo ya se ha visto atacado por un microorganismo, los linfocitos habrán tomado nota de qué germen se trataba y habrán producido anticuerpos específicos. La primera vez les llevará algo de tiempo, pero, ante una nueva exposición, estos anticuerpos reconocerán inmediatamente al agente agresor y desencadenarán una respuesta mucho más específica y eficaz de entrada.

En el caso de la vejiga, los mecanismos de defensa frente a infecciones son muy complejos e implican al sistema inmunitario y a otros sistemas. Aunque no se conocen todos estos mecanismos con exactitud, se sabe que, frente a una infección bacteriana en el sistema urinario, se pueden llegar a activar hasta mil genes diferentes que participan en su defensa. Si quieres conocer con más detalle cómo funciona la respuesta defensiva de la vejiga, a continuación te lo explico a grandes rasgos.

Si quieres saber más...

La primera línea de resistencia frente a una infección activa se da en la mucosa vesical, gracias al diseño anatómico de ésta y a las sustancias antimicrobianas secretadas por el urotelio. Como ya he comentado, las células uroteliales están cubiertas por una capa de moco y presentan en su membrana unas proteínas de defensa llamadas uroplaquinas. Estos dos mecanismos sirven para evitar la adherencia de algunas bacterias a su superficie, aunque otras, como las cepas uropatógenas de la *Escherichia coli*, son capaces de utilizar precisamente estas moléculas para penetrar en las células vesicales. De hecho, la *Escherichia coli*, además de tener la capacidad de multiplicarse rápidamente en la orina, posee muchos mecanismos para eludir las defensas naturales de la vejiga, de las que ahora hablaremos.

Además de las uroplaquinas, los numerosos receptores bacterianos que se encuentran en la superficie del urotelio, llamados receptores de reconocimiento de patrones (PRR, por sus siglas en inglés), le permiten reconocer diferentes tipos de bacterias y producir inmediatamente algunas citoquinas proinflamatorias, como la interleucina-6, la interleucina-8 o la interleucina-1β. Estas citoquinas alertan y atraen a las células inmunitarias hacia el urotelio.

Por otro lado, las propias células epiteliales son capaces de producir directamente algunas sustancias antimicrobianas, llamadas péptidos antimicrobianos, como la catelicidina LL-37, que se empieza a secretar tan sólo cinco minutos después del inicio de la infección, y también la β-defensina, la ribonucleasa 7, la lipocalina 2, la lactoferrina o la pentraxina.

Otra manera que tiene la mucosa vesical para combatir la infección es hacer que las células uroteliales más superficiales mueran y se desprendan hacia la orina. Esto permite eliminar un gran número de bacterias intracelulares y las adheridas a la superficie. Entonces, las células del urotelio basal, donde se encuentran las células madre, comienzan a multiplicarse rápidamente para poder reemplazar las células descamadas. De esta manera se evita que las células subyacentes queden mucho tiempo expuestas a la agresión de la orina y a las bacterias aún presentes. Además, la inflamación activará el reflejo de la micción, favoreciendo el vaciado frecuente de la vejiga y, con ello, la eliminación de gérmenes y células infectadas.

Tras la acción de la primera línea de defensa urotelial, el sistema inmunitario innato se pone en marcha para defender la vejiga. Las primeras

células inmunitarias que actúan en la respuesta inflamatoria son los neutrófilos, que salen de los vasos sanguíneos y atraviesan múltiples capas
celulares y de tejido hasta llegar a la luz vesical para combatir la infección. Allí, con la ayuda del péptido antimicrobiano pentraxina, atraerán
las bacterias y se las comerán por un proceso llamado fagocitosis. El problema es que, cuando los neutrófilos se trasladan hasta la luz vesical, van
segregando una serie de sustancias tóxicas. Una de estas sustancias son
las llamadas especies reactivas de oxígeno o ROS, por sus siglas en inglés, un producto muy dañino que provoca mucho daño tisular a su paso.

Otro tipo de célula inmunitaria muy importante en la defensa de la
vejiga son los mastocitos. Estas células residen en la vejiga, sobre todo,
en la lámina propia como ya comenté antes, pero también en el músculo
detrusor. Pueden multiplicarse y trasladarse allí donde haya una infección.
Acuden rápidamente, en general, en la primera hora tras la infección. Tienen unos gránulos en su interior que están cargados de moléculas proinflamatorias, sobre todo, de la histamina, y que pueden descargar una vez
se activan. Los mastocitos regulan la actividad de los neutrófilos. Además
de su papel en el inicio de la inflamación durante la infección, también
parecen ser importantes en el restablecimiento de la homeostasis y la
recuperación de los tejidos cuando la infección remite, por medio de la secreción de citoquinas antiinflamatorias como la interleucina-10. En algunos casos, si los mastocitos ponen en marcha este mecanismo de reso-
lución de la inflamación de manera demasiado temprana, se puede dar
una disminución prematura e incompleta de la respuesta inflamatoria, sin
la erradicación completa de las bacterias, de manera que queden bacterias residuales.

Un tercer tipo de célula importante en la inmunidad vesical son los
macrófagos. Estas células residen en la lámina propia de la vejiga. Cuando la respuesta inflamatoria se pone en marcha, reclutan a otros macrófagos extravesicales. Entre los dos tipos de macrófagos, vesicales y extravesicales, se establece una colaboración mediante la secreción de
diferentes citoquinas, que finalmente da como resultado la activación
de los neutrófilos y el paso de éstos hacia la luz vesical. Además, se encargan de limpiar los desechos celulares que quedan tras la batalla, favo-

reciendo así la recuperación tisular tras la inflamación. De la misma manera que los mastocitos, los macrófagos son capaces de poner fin a la respuesta inflamatoria, pero, si lo hacen antes de lo que debieran, se puede favorecer la persistencia de algunas bacterias en la vejiga.

Por último, otras células que participan en la respuesta inflamatoria innata de la vejiga son las células *natural killer*, que son también indispensables para poner en marcha la respuesta inflamatoria, principalmente, reclutando neutrófilos, aunque no se conoce con exactitud cuál es su papel. La figura 9.1 muestra un esquema del sistema inmunitario de la vejiga.

Figura 9.1. Sistema inmunitario de la vejiga

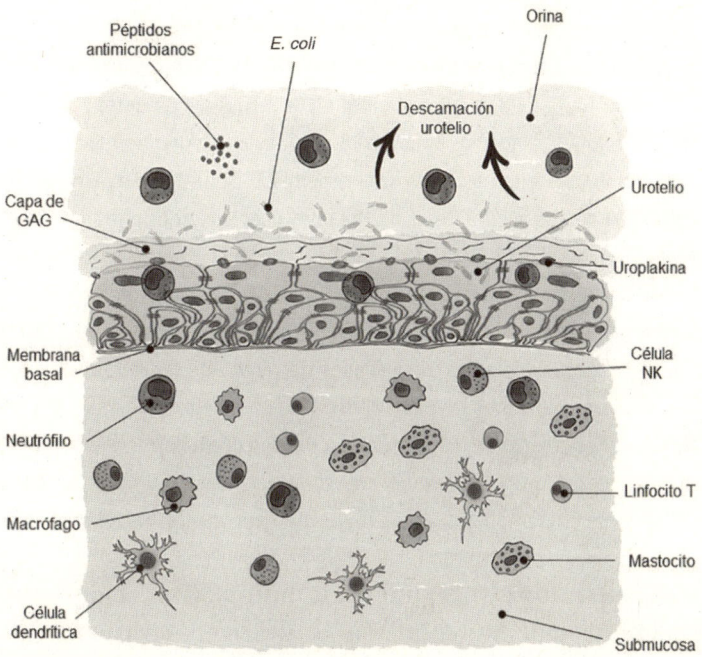

Fuente: Elaboración propia.

En cuanto a la respuesta inmunitaria adaptativa, se sabe muy poco de su papel en las infecciones de orina. La respuesta adaptativa es aquélla que se produce cuando las células inmunitarias del sistema innato presentan antígenos a los linfocitos para que estos últimos se activen y respondan de una manera más específica a la infección. Los antígenos son ciertas proteínas de las bacterias invasoras que las células presentadoras de antígenos (células dendríticas y macrófagos, principalmente) recogen del campo de batalla y llevan hasta los ganglios linfáticos pélvicos para enseñárselos a los linfocitos que se encuentran allí. Entonces, los linfocitos se activan, se desplazan a la vejiga y se especializan en combatir específicamente ese germen en concreto.

Esta respuesta, aunque más lenta que la respuesta innata, es mucho más precisa y, además, permite crear memoria inmunológica. Así, gracias a esta memoria, la próxima vez que el microorganismo en cuestión ataque la vejiga, la respuesta adaptativa se activará mucho antes y permitirá eliminar la infección de manera más rápida y eficiente.

Esto es la teoría, pero, en el caso de la vejiga, se cree que los linfocitos no juegan un papel tan fundamental en la respuesta de defensa frente a las infecciones, sino más bien en la respuesta inmunomoduladora y de reparación tisular, en especial, los linfocitos T. De hecho, se piensa que la actuación de estos linfocitos T podría favorecer las infecciones de orina de repetición, pues estas células darían prioridad a la reparación del urotelio frente a la eliminación completa de las bacterias, para evitar que las células uroteliales profundas estén demasiado tiempo en contacto con las sustancias tóxicas de la orina tras la descamación de las células superficiales.

Estos mecanismos favorecerían pues la persistencia de algunas bacterias intracelulares llamadas «quiescent intracelular reservoirs» (QIR), que se quedarían dormidas dentro de las células uroteliales y podrían reactivarse un tiempo después, provocando una nueva infección de orina.

En definitiva, la respuesta inmunitaria vesical frente a una infección es muy compleja y se desarrolla a varios niveles:

1. La mucosa vesical, con las células uroteliales principalmente y sus péptidos antimicrobianos, así como la descamación y la activación del reflejo de la micción para eliminar los microorganismos.

2. La respuesta inmunitaria innata, con la activación de los neutrófilos, macrófagos, mastocitos y células *natural killer*, donde los neutrófilos son las células que se encargan principalmente de destruir a las bacterias, y los macrófagos, mastocitos y células *natural killer* se ocupan, sobre todo, de activar a estos primeros, de regular su acción y de poner fin a la respuesta inflamatoria y reparar el daño tisular tras la infección.

3. La respuesta inmunitaria adaptativa, con la activación de los linfocitos T principalmente tras la presentación de antígenos por parte de las células dendríticas y los macrófagos, con un papel poco claro donde parece predominar la actividad antiinflamatoria y reparadora de las células T.

Teniendo en cuenta la existencia de todos estos mecanismos de defensa, cabría preguntarse cómo es posible que las bacterias uropatógenas sean tan a menudo capaces de vencerlos y de producir tan fácilmente las infecciones de orina y, en especial, las infecciones de orina de repetición. Además de la influencia negativa de muchas de las causas externas que hemos visto, como el surgimiento de bacterias cada vez más resistentes o virulentas, los tóxicos, los déficits nutricionales por una mala alimentación, el estrés, etcétera, hay que saber que la susceptibilidad individual también es un factor de riesgo para padecer estas infecciones.

Existen muchos polimorfismos genéticos (personas que tienen diferentes variantes de un mismo gen), que, aunque no provoquen déficits inmunitarios severos, sí que pueden alterar ciertas etapas del desencadenamiento de la respuesta inmunitaria. Algunos de los más conocidos son los que se producen en los PRR (receptores de reconocimiento de patrones), de los que ya hemos hablado y, en especial, en uno de ellos llamado TLR4. Estas mutaciones dan una desventaja a las personas que las padecen, pues una menor activación de estos receptores desencadena una respuesta inmunitaria mucho más discreta.

Además, desde hace tiempo se conoce la relación que existe entre los diferentes grupos sanguíneos (ABO y también los grupos de Lewis, menos conocidos) y el riesgo aumentado de padecer infecciones urinarias de repetición. Las personas que no tienen un grupo 0 serían más susceptibles.

Otro factor de susceptibilidad sería la edad, pues se sabe bien que con el tiempo se da un fenómeno llamado inmunosenescencia (envejecimiento del sistema inmune), que disminuye la eficacia de la respuesta inmunitaria ante las agresiones. Entre otras cosas, la actividad bactericida y la capacidad de migración de los neutrófilos, tan importante para combatir las infecciones bacterianas en la vejiga, se ve disminuida.

La actividad de las hormonas sexuales también está relacionada con la respuesta a las infecciones. Ya he hablado del efecto que los estrógenos producen en la mucosa vaginal, favoreciendo el desarrollo de una microbiota sana, compuesta principalmente de lactobacilos, pero, además de esto, sabemos que en la vejiga los estrógenos actúan directamente a nivel local, por medio de unos receptores que presentan las células uroteliales. Estas hormonas son capaces de regular la descamación del urotelio cuando hay una infección y también la magnitud de la respuesta inflamatoria. En pacientes posmenopáusicas se sabe que la descamación urotelial es menor y la respuesta inflamatoria más exagerada. También presentan una carga bacteriana mayor durante las infecciones y más dificultad para eliminar las bacterias. En cuanto a la testosterona, algunos estudios sugieren que podría tener un efecto deletéreo sobre la respuesta inmunitaria innata. Así, aunque las infecciones urinarias sean mucho más frecuentes en las mujeres por factores anatómicos principalmente, la mayor exposición masculina a la testosterona puede tener un papel en la gravedad de las infecciones en los hombres y, en especial, en las pielonefritis (infecciones del riñón).

Como ves, la complejidad aumenta a medida que vamos analizando más factores relacionados con las infecciones de orina. En concreto, la respuesta inmunitaria vesical y la interacción con las bacterias uropatógenas, así como sus mecanismos de virulencia y la susceptibilidad individual siguen siendo hoy en día un enigma para los científicos. Además de los mecanismos genéticos implicados, sobre los que poco se puede actuar, se están desarrollando nuevos fármacos basados en los péptidos antimicrobianos secretados por las células uroteliales, de los que luego hablaremos. Estos fármacos servirían para modular la respuesta antiinfecciosa y podrían ser una alternativa a los tratamientos antibióticos, en especial, en los casos de bacterias multirresistentes.

10

El famoso suelo pélvico

El suelo pélvico es un conjunto de músculos, ligamentos y fascias (una especie de fundas que recubren a los músculos) que se sitúan en la parte inferior del tronco, anclados a los huesos pélvicos, a modo de hamaca. Aunque durante mucho tiempo se pensó que su única función era la de sostener las vísceras pélvicas (vejiga, útero y recto en la mujer; vejiga, próstata y recto en los hombres), hoy se sabe que cumple otras muchas tareas. Participan en la estabilización de la postura, el equilibrio y la marcha, así como en la respiración, mediante una acción coordinada con los músculos abdominales, en especial, los profundos, y los glúteos. También colaboran en las funciones fisiológicas de los órganos pélvicos y, en particular, en la coordinación de la micción y la defecación. Asimismo, en la mujer, el suelo pélvico juega un papel muy importante durante las relaciones sexuales y el parto. En el caso del hombre, colabora en la erección y la eyaculación.

La estructura y la función del suelo pélvico es muy compleja, por lo que prefiero no entrar en detalles. En la figura 10.1 tienes un esquema sencillo.

Figura 10.1. Esquema del suelo pélvico

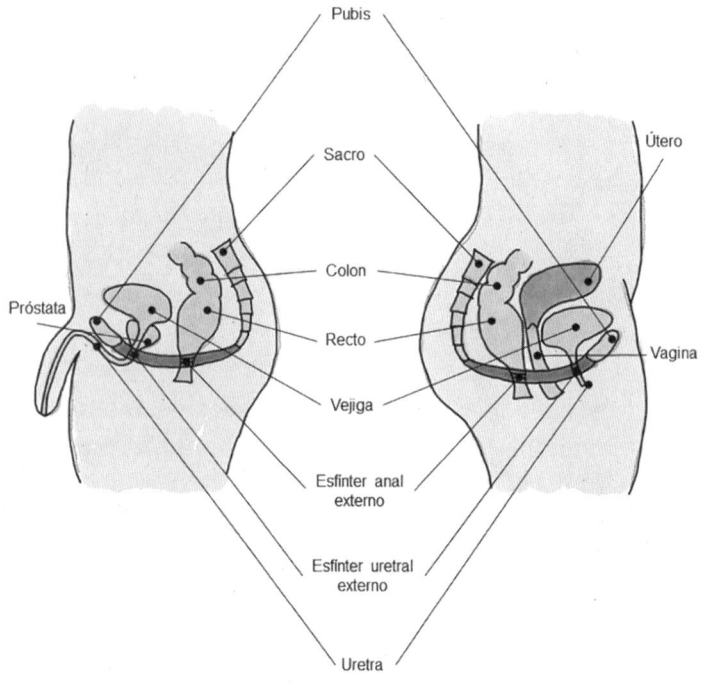

Fuente: Elaboración propia.

Actualmente, aún hay una gran discrepancia entre autores. Existen varias nomenclaturas y teorías en cuanto a la micción y los mecanismos de continencia. Por ello, no me atreveré a dar más detalles al respecto, ya que habría que dedicarle varios cientos de páginas. Me centraré en la función que realiza en la micción, que es, desde el punto de vista de las infecciones de orina, lo que nos importa en este libro, pero antes de adentrarme en ese tema, quiero hacer una puntualización sobre la diferencia que existe entre los términos «suelo pélvico» y «periné», pues, aunque se emplean a menudo de manera indistinta, tienen un significado diferente.

El periné es la región anatómica que cierra la parte inferior de la pelvis, mientras que el suelo pélvico es un conjunto de músculos, ligamentos y fascias, como ya he comentado, situado en la pelvis. Una parte del suelo pélvico se encuentra en el periné. Es como imaginar que el suelo pélvico es la puerta de la casa y el periné es la fachada de esa casa. La puerta está integrada en la fachada, pero no es lo mismo puerta que fachada. Así pues, no es lo mismo suelo pélvico que periné. Sin embargo, a efectos prácticos, se suelen utilizar estos dos términos de manera indistinta y en este libro lo haremos así.

Como ya hemos visto en el capítulo 2, la vejiga funciona en dos fases: micción y reposo. También podríamos llamarlas fase «*on*» (micción) y fase «*off*» (reposo). Durante la fase *off*, el músculo detrusor de la pared vesical está relajado, de tal manera que la vejiga puede llenarse de orina sin dificultad. Al mismo tiempo, el esfínter interno (que se encuentra en el cuello vesical) y el externo (que forma parte del suelo pélvico) están contraídos. Hay que saber que el funcionamiento del esfínter interno no depende de nuestro control voluntario, sino del sistema nervioso autónomo y, en especial, del sistema nervioso simpático (el opuesto al parasimpático). De esta manera, no podemos pedirle sin más a nuestro esfínter interno que se contraiga más o menos. Este mecanismo dependerá de ciertos reflejos y se verá afectado por algunas patologías que afecten al sistema nervioso autónomo (enfermedades neurológicas centrales o medulares, como, por ejemplo, la enfermedad de Parkinson o una paraplejia por lesión medular, el estrés, etcétera). También, situaciones que estimulen la producción de más células musculares a ese nivel, como en el caso de la hipertrofia de la próstata, pueden alterar el funcionamiento del esfínter interno.

Los hombres que tienen una próstata aumentada de tamaño (hipertrofia), patología muy frecuente a partir de los cincuenta a sesenta años, tienen a menudo un esfínter interno que es también hipertrófico. Así, a la dificultad para vaciar la vejiga debido a la obstrucción que produce la próstata agrandada se suele sumar la hiperactividad de este músculo. Los fármacos alfa-bloqueantes sirven para bloquear a los receptores alfa-adrenérgicos del sistema nervioso simpático presentes en este músculo, relajándolo. Por eso, estos fármacos suelen ser la primera línea de tratamiento para la hipertrofia prostática.

Pero volviendo al suelo pélvico, a diferencia del esfínter interno de control involuntario, este conjunto muscular y, en especial, el esfínter externo de la vejiga, sí que puede ser controlado voluntariamente por nuestro cerebro, por medio del nervio pudendo. Cuando tenemos ganas de orinar y no encontramos un baño, podemos contraer voluntariamente este músculo para evitar una pérdida de orina, aunque nuestra vejiga esté empujando para vaciarse. Lo mismo ocurre si realizamos un esfuerzo, tosemos, nos reímos, etcétera. El esfínter externo no funciona en modo *on* y *off* como la vejiga, sino que en realidad tiene tres posiciones. En condiciones normales, está en un estado de contracción tónica suave. Esto le permite evitar las pérdidas de orina cuando la vejiga se está llenando y la presión dentro del abdomen no es muy elevada. Pero, si la presión aumenta por algún esfuerzo, el esfínter externo puede contraerse mucho más para evitar que haya una incontinencia en ese momento. Por otro lado, cuando decidimos vaciar nuestra vejiga, el esfínter tiene que relajarse completamente.

Hay que saber además que, aunque es un músculo de control voluntario, su control se automatiza en la infancia. Así, cuando vamos a estornudar, no tenemos que pensar «tengo que contraer mi esfínter», sino que ese acto se realiza de manera automática. De la misma manera, si queremos orinar, nuestro esfínter debería poder relajarse sin tener que pensar en ello activamente. La figura 10.2 resume este proceso.

Figura 10.2. Las tres posiciones del esfínter uretral externo

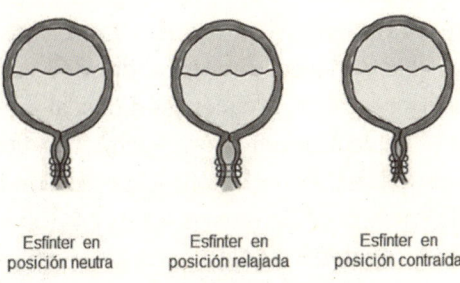

| Esfínter en posición neutra | Esfínter en posición relajada | Esfínter en posición contraída |

Fuente: Elaboración propia.

El problema es que muchas personas no adquieren correctamente estos reflejos y de ahí derivan muchos problemas urinarios. A esta patología se la conoce como «micción no coordinada» o «*dysfunctional voiding*» en inglés. No se debe confundir con la disinergia (disinergia detrusor-esfinteriana), que es una patología de origen neurológico, donde el esfínter externo está constantemente contraído, no por un automatismo mal adquirido, sino por un problema nervioso de base (enfermedad de Parkinson, lesión medular, hernia discal, diabetes con neuropatía periférica, etcétera). Aunque el resultado es el mismo, pues la vejiga tiene que vaciarse teniendo la puerta cerrada, el tratamiento es muy diferente. No voy a desarrollar el tema de la disinergia, pues se da con patologías muy complejas que no son el objetivo de este libro. Me centraré en explicar la disfunción miccional de origen no neurológico, que es muy frecuente y es una de las principales causas de infecciones urinarias en niños y adultos.

La micción no coordinada es, en palabras más llanas, «hacer pipí apretando el culete». Se ha estudiado mucho en los niños, y mucho menos en adultos. Se sabe que es una causa muy frecuente de infecciones de orina, síntomas de hiperactividad vesical, incontinencia diurna o enuresis nocturna (mojar la cama). También puede originar dolor uretral o pélvico en algunos casos.

Se puede diagnosticar por varios métodos. Aunque el más fiable es el estudio urodinámico, donde se utilizan unas sondas vesical y rectal para hacer medidas, al ser un método invasivo, no se suele practicar como primer test diagnóstico. A menudo, lo que se hace es una flujometría con EMG (electromiografía) perineal. Esto es un examen donde se pide al paciente que orine dentro de un aparato que parece un inodoro mientras que el ordenador conectado al aparato forma un gráfico, midiendo el tiempo y la fuerza del flujo de orina. En la figura 10.3 tienes una imagen del aparato que utilizo en mi consulta para realizar las flujometrías.

Figura 10.3. Flujómetro y medición ecográfica
del residuo posmiccional

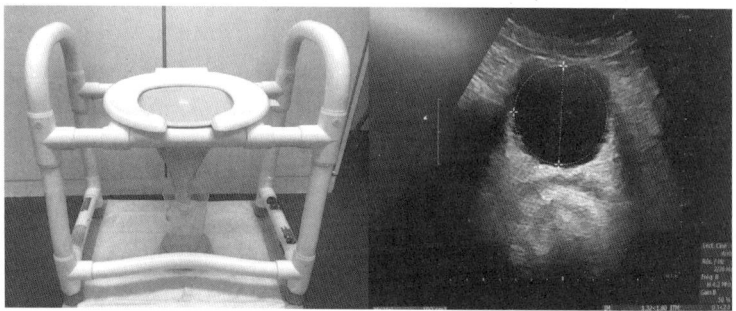

Fuente: Elaboración propia.

Previamente, antes de que el paciente orine, se le colocan en el periné unos electrodos de medición de la actividad muscular (EMG), que nos servirán para saber si los músculos están relajados o contraídos durante la micción. Es una técnica sencilla y no invasiva que nos da mucha información, aunque no será muy precisa. De hecho, yo la utilizo todos los días en mi práctica clínica. Lo que suelo encontrar, sobre todo, en las mujeres, donde no está la próstata como factor de confusión, son varios patrones miccionales, como puedes ver en la figura 10.4:

- Las pacientes con una micción «normal» donde vemos una curva en forma de campana y un suelo pélvico bien relajado.
- Las pacientes con una micción en *stacatto*, donde vemos una curva en dientes de sierra y un suelo pélvico que realiza contracciones fásicas potentes mientras la paciente orina.
- Las pacientes con una micción fluctuante o con flujo disminuido y un suelo pélvico con una contracción tónica que no se modifica ni antes, ni durante, ni tras la micción.

Figura 10.4. Patrones flujométricos más frecuentes

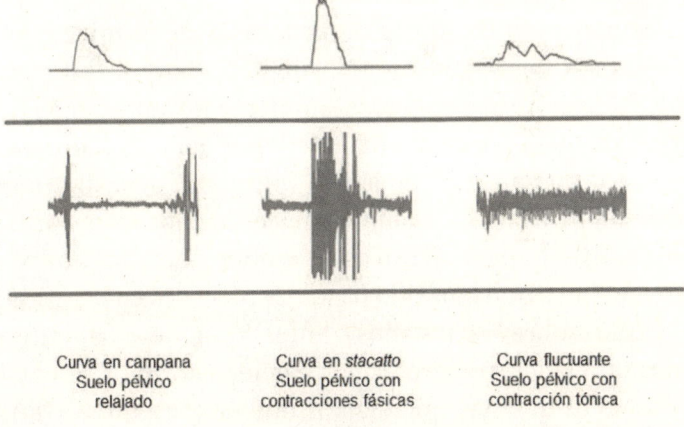

Curva en campana
Suelo pélvico
relajado

Curva en *stacatto*
Suelo pélvico con
contracciones fásicas

Curva fluctuante
Suelo pélvico con
contracción tónica

Fuente: Elaboración propia.

El segundo y tercer caso son, en realidad, momentos evolutivos diferentes de un mismo problema, desde mi punto de vista. Al principio, cuando se produce la micción no coordinada, encontramos el segundo patrón. La vejiga tiene fuerza para empujar mucho, aunque el suelo pélvico haga contracciones fásicas y, normalmente, consigue vaciarse del todo o casi del todo. El tercer patrón es un estado evolutivo más avanzado donde, después de años de tener que esforzarse para vaciarse, el músculo detrusor de la vejiga termina por debilitarse, lo mismo que ocurre en los hombres que padecen una hipertrofia de próstata durante mucho tiempo. Al final, la vejiga pierde su fuerza y la micción es lenta y poco potente y, a menudo, incompleta. También, el suelo pélvico, tras años de contracción excesiva, pierde sus facultades, sobre todo, a la hora de relajarse, y se mantiene en un estado de contracción tónica permanente. Cuando realizamos una reeducación miccional para enseñar a los pacientes a relajar el suelo pélvico, en general suele ocurrir lo contrario. Los que tienen el tercer patrón en la flujometría pasan a tener el segundo al cabo de unos meses y, posteriormente, pasan del segundo al primero. Esto es porque los músculos recuperan poco a poco su función.

Vamos a hablar ahora de las causas de la micción no coordinada de origen no neurológico. Este problema es multifactorial. Puede deberse simplemente a un reflejo mal adquirido en el momento de la retirada del pañal, donde el niño no automatiza la relajación voluntaria del esfínter externo mientras orina y tiende a hacer lo contrario, contrayendo el suelo pélvico durante la micción. A menudo, se trata de niños que han sido bastante precoces en la retirada del pañal (sobre los dos años o antes) y que se acostumbran a apretar el vientre para orinar. Suelen ser niños retencionistas, a los que hay que insistir mucho para que vayan al baño y que frecuentemente asocian un estreñimiento, por el mismo mecanismo (no saben relajar bien el esfínter anal durante la defecación). Puede que tengan una buena continencia diurna y nocturna o que tengan buena continencia diurna pero que hagan pipí en la cama. A veces también presentan síntomas de vejiga hiperactiva (pequeñas pérdidas de orina durante el día acompañadas de una sensación urgente de tener que orinar, niños que cruzan las piernas a menudo para no orinarse encima o episodios de *jiggle incontinence* o incontinencia de la risa).

En estos niños no suele encontrarse una causa orgánica y se sabe que el tratamiento más eficaz es la reeducación miccional por parte de un fisioterapeuta o enfermero experto, con un programa que se llama «*biofeedback*» del que hablaremos en la segunda parte del libro. Con este programa, que también puede utilizarse en adultos, se consigue modificar el automatismo y hacer que el paciente relaje el esfínter correctamente durante la micción. Es importante tratar a los niños con este problema, pues se sabe que, si no han recibido un tratamiento, el riesgo de tener trastornos miccionales en la edad adulta es muy elevado. De hecho, yo siempre pregunto a los pacientes que consultan por infecciones de orina si han tenido problemas miccionales en la infancia o la adolescencia y a menudo me dicen que han tenido infecciones o que se hacían pipí en la cama, pero que nunca se trató. También muchos refieren un estreñimiento crónico «desde siempre».

Otra causa para presentar una micción no coordinada es el retencionismo, ya sea voluntario (personas que posponen ir al baño porque están ocupadas o porque les repugna utilizar los aseos públicos, por ejemplo) o por causas laborales, pues ciertos puestos de trabajo no permiten tener la libertad de ir al baño cuando se necesita. Estas personas suelen tener una capacidad vesical enorme y pueden almacenar más de medio litro de orina sin apenas tener ganas de orinar.

Acostumbran a contraer voluntariamente el esfínter para «aguantarse las ganas», y esto termina volviéndose un reflejo. Después, cuando tienen que relajarlo para orinar, no lo consiguen y, a menudo, aprietan voluntaria o involuntariamente el vientre para orinar, lo que provoca a su vez una mayor contracción del esfínter. A veces, se quejan de pequeñas pérdidas de orina paradójicas. Esto es porque, al estar constantemente contraído, el esfínter pierde la capacidad de realizar una contracción máxima cuando aumenta la presión abdominal, como te expliqué antes (las tres posiciones del esfínter ¿recuerdas?). Por eso, cuando hacen un esfuerzo, tosen o se ríen, pierden un poco de orina a pesar de tener un esfínter muy fuerte.

Esto es un problema, pues muchas mujeres con una micción no coordinada que no se acompaña de infecciones sino de pérdidas urinarias consultan al ginecólogo o al urólogo por esta razón. Si no se sospecha de una micción no coordinada y no se les realiza una flujometría EMG o un estudio urodinámico, es probable que terminen siendo operadas sin necesidad (poniendo un cabestrillo suburetral), cuando el problema no es un déficit de tono muscular del suelo pélvico, sino más bien lo contrario. Estas pacientes no suelen mejorar tras la cirugía, o mejoran, pero años más tarde la incontinencia reaparece acompañada de otros problemas como infecciones, dolor o retención urinaria.

Una pérdida de la estática pélvica también puede originar una micción disfuncional. Hay que saber que la estática pélvica, es decir, un buen equilibrio de todas las estructuras que se encuentran en nuestro suelo pélvico, depende del estado de los músculos pélvicos, pero también de los abdominales, los lumbares, los glúteos y del diafragma, así como del equilibrio de la parte ósea y, en especial, de la pelvis y las caderas. Cualquier problema que desestabilice esto puede generar una disfunción de los músculos del suelo pélvico.

Algunos ejemplos serían los partos o las cirugías pélvicas o abdominales (por abordaje vaginal, perineal o abdominal), la hiperpresión abdominal provocada por la tos crónica o el ejercicio físico muy intenso, así como las alteraciones esqueléticas o motoras de los miembros inferiores.

Cuando una persona tiene un dolor osteoarticular en la cadera, la rodilla, el pie, etcétera, a menudo adopta lo que llamamos una «postura antiálgica» para evitar tener dolor al apoyar esa extremidad. Lo mismo ocurre si de manera natural o tras un traumatismo o una cirugía, uno de los dos miembros inferiores queda más corto que el otro. En todos estos casos, la pelvis dejará de estar horizontal y se inclinará para uno de los dos lados, rompiendo el equilibrio y la estática pélvica (esto se llama dismetría de caderas). He tenido muchos pacientes que han empezado a padecer infecciones de orina, incontinencia, retención urinaria o fecal inmediatamente después de tener un problema así y han mejorado mucho al realizar una fisioterapia para sus dolores o al utilizar una plantilla ortopédica para reequilibrar la cadera.

Me gustaría mencionar otras causas de micción no coordinada como son el dolor o los problemas psíquicos. Se trata de pacientes que han padecido algún problema local (infección fuerte, cirugía dolorosa, traumatismo, agresión sexual u otros) y que, por persistencia del dolor o como mecanismo de defensa, han desarrollado una hipertonía de los músculos del suelo pélvico. Es un cuadro complicado, pues aquí, además del problema muscular y de coordinación, intervienen factores psicológicos que sobrecargan mucho a los pacientes y que hay que tratar al mismo tiempo, pues, si no, no habrá mejoría. Quiero aclarar que el estrés emocional puede ser una causa importante de micción no coordinada, que actúa a nivel de los dos esfínteres.

Como sabes, el esfínter interno está controlado por los receptores alfa-adrenérgicos del cuello vesical. Estos receptores nerviosos responden a las órdenes que les llegan del sistema simpático por medio del neurotransmisor noradrenalina (un primo de la adrenalina). El sistema simpático es la parte del sistema nervioso autónomo que se activa en situaciones de estrés y alerta. Así, en una situación de estrés crónico, nuestro sistema simpático estará constantemente hiperactivado y enviará mucha noradrenalina a nuestro esfínter interno, evitando que se relaje.

Esto es lógico si pensamos para qué sirve la respuesta simpática de manera evolutiva, pues cuando éramos homínidos prehistóricos, esta respuesta se activaba cuando nos sentíamos amenazados por un peligro como el ataque de un animal salvaje, por ejemplo. En ese momento, no había lugar para ponerse a orinar, lógicamente. Así, nuestro sistema simpático nos hacía retener la orina (y también las heces, por cierto) para que en ese momento nos dedicásemos a huir o a luchar y no a hacer nuestras necesidades. El problema es que el estrés crónico de hoy en día hiperactiva nuestro sistema simpático y provoca una cierta hipertonía crónica del esfínter vesical interno. El esfínter externo también se ve afectado por esta respuesta, pues, aunque su control depende del nervio pudendo y no del sistema simpático, se sabe que algunas de las fibras musculares de ambos esfínteres están entremezcladas y suelen actuar conjuntamente.

Por último, no puedo terminar este capítulo sin hablar de la taza del váter. Sí, sí, el váter, el inodoro. Resulta que, desde mi punto de vista, una causa muy importante para padecer infecciones de orina es la utilización de los inodoros de asiento (vamos, los váteres normales). Esto está relacionado de nuevo con la estática del suelo pélvico, la relajación muscular y la alineación de la uretra. Hay que saber que nuestra manera natural de orinar, sobre todo, en el caso de las mujeres, es a cuclillas. Esta posición favorece la relajación del suelo pélvico y la alineación del cuello vesical con la uretra. Si embargo, si nos sentamos en ángulo recto y, sobre todo, si nuestras rodillas quedan por debajo de las caderas (lo que es la posición más habitual cuando nos sentamos en el váter), esta relajación y alineación no se producirán y es probable que la micción se realice de manera disfuncional. Es por ello por lo que los inodoros de tipo turco, ésos que no son más que una especie de agujero en el suelo, aunque parezcan una asquerosidad, permiten una manera mucho más fisiológica de orinar.

Como sé que la mayoría de la gente no tiene este tipo de inodoro en casa ni en el trabajo, y no es plan de llamar al fontanero para que lo instale, en la segunda parte del libro te daré unos cuantos consejos útiles para adoptar una posición correcta sin tener que cambiar de váter.

Te preguntarás por qué la micción no coordinada provoca infecciones de orina. Es obvio que, si debido a esta disfunción miccional, una persona no consigue vaciar correctamente su vejiga y siempre le queda orina retenida dentro, tendrá más riesgo de padecer infecciones, pues la orina estará cargada de bacterias que no se eliminan con cada micción. Pero ¿qué pasa con todas aquellas personas, en especial, mujeres, que tienen una micción no coordinada, pero que sí que consiguen vaciar totalmente la vejiga? Éstas son, de hecho, la mayoría. ¿Y aquéllas que tienen una micción no coordinada, pero que no tienen infecciones? Pues el mecanismo es fácil de comprender. Cuando la orina pasa por la uretra durante la micción, si se produce simultáneamente una contracción del esfínter, la uretra va a quedar estrangulada y la orina, al pasar por ella, va a hacer movimientos de subir y bajar, un poco como en un cuentagotas. Así, las últimas gotas llegarán a la vagina, donde se contaminarán con los microorganismos locales y después serán absorbidas al interior de la vejiga, llevándose consigo estos gérmenes. Si la microbiota vaginal está compuesta de lactobacilos protectores, no se producirá infección de orina, aunque haya una micción no coordinada. Pero si la vagina contiene bacterias uropatógenas, éstas pasarán a la vejiga por este fenómeno del cuentagotas y probablemente provocarán una infección. Por lo tanto, para que se produzca una infección de orina en estos casos tienen que darse dos circunstancias al mismo tiempo: que exista una micción no coordinada y que haya disbiosis vaginal.

En conclusión, la micción no coordinada (de origen no neurológico) es una patología extremadamente frecuente. A menudo comienza en la infancia o la adolescencia, pero, si no da síntomas, pasa completamente desapercibida hasta la edad adulta o la vejez, cuando empieza a causar problemas. En mi práctica clínica realizo sistemáticamente una flujometría EMG a las personas que consultan por infecciones de orina y alrededor de nueve de cada diez presentan una micción no coordinada. En la segunda parte del libro dedico un capítulo al tratamiento de este problema tan frecuente.

ESTRATEGIAS PARA EVITAR LAS INFECCIONES DE ORINA

Después de haber comprendido cómo funciona el sistema urinario y qué factores pueden favorecer la aparición de infecciones de orina, estoy segura de que ya has imaginado algunas estrategias para prevenirlas, pues, en realidad, muchas son de pura lógica.

Podemos actuar a nivel de la estática pélvica para mejorar la micción. También podemos realizar cambios en nuestra alimentación que nos ayuden a prevenir las infecciones. Otra estrategia sería actuar a nivel de la microbiota intestinal y genitourinaria, para evitar la proliferación de bacterias uropatógenas y favorecer la de bacterias protectoras. Asimismo, la utilización de suplementos específicos y de fitoterapia puede ayudarnos a mejorar nuestra salud en general y nuestra salud genitourinaria en particular. Existen también muchas estrategias para cuidar de nuestro sistema inmunitario.

En cuanto a los tóxicos que pueden alterar nuestra microbiota y a la estructura y la capacidad de defensa del urotelio, hay también maneras de evitarlos o de disminuir nuestra exposición a ellos. En esta segunda parte del libro repasaremos, pues, todos estos temas.

Cómo mejorar la estática pélvica, la relajación muscular y la coordinación miccional

11.1. EVALUACIÓN Y CORRECCIÓN DE LA ESTÁTICA PÉLVICA

Cuando trato en mi consulta a pacientes con infecciones de orina de repetición, lo primero que hago es observar su manera de andar y el estado de su pelvis, pues un mal equilibrio en esos ámbitos puede muy fácilmente producir alteraciones en la función del suelo pélvico. Si detecto una alteración esquelética, redirijo al paciente al especialista correspondiente.

Por ejemplo, en el caso en el que se aprecie una dismetría de caderas, donde una pierna puede ser más corta que la otra, les propongo que consulten a un médico rehabilitador o que visiten una ortopedia, pues a veces una corrección con ejercicios o con plantillas puede mejorar mucho los síntomas miccionales. En algunos de estos casos o si lo que se detecta es una rotación pélvica, suelo también recomendar una evaluación por un osteópata que, por medio de algunas manipulaciones, consigue reequilibrar la pelvis mejorando mucho los problemas de los pacientes. Si se aprecian problemas articulares (cadera, rodilla, tobillo) como causa de cojera o de dismetría, recomiendo un estudio por un traumatólogo-ortopeda. Y si son problemas de espalda, como hernia de disco, dolor de espalda crónico, escoliosis, etcétera, intento remitir a un médico rehabilitador, a un traumatólogo o a un neurocirujano especializado en raquis.

En ocasiones, el tratamiento por un fisioterapeuta que ayude al paciente a reforzar su musculatura de miembros inferiores y dorsolumbar mejora la estática pélvica y, de manera secundaria, los problemas miccionales. La orientación del paciente depende, pues, de lo que pueda parecer el origen del desequilibrio pélvico, pero lo importante es no olvidarse de evaluar la estática pélvica en cada paciente (a veces basta con observarlos andar o cuando están de pie), pues, a menudo, un problema no tratado al respecto, puede hacer que el resto del abordaje terapéutico fracase.

Aprovecho que estamos tratando este tema para hacer un pequeño inciso sobre el calzado. Son muchas las personas que utilizan siempre el mismo tipo de calzado. Por ejemplo, en la consulta veo a menudo pacientes femeninas, con una cierta edad, que llevan siempre zapato de tacón. Cuando les pregunto si no se han planteado utilizar otro tipo de calzado, me dicen que es lo que han usado toda la vida y que no saben andar con zapatos de otro tipo. De hecho, en su casa muchas tienen incluso pantuflas con suela de cuña. Hay que tener en cuenta que la posición natural de la pelvis se modifica cuando sobreelevamos los talones, balanceándose ésta hacia delante. De esta manera, la estática pélvica se modifica.

Cada vez hay más evidencia científica a favor del calzado minimalista, también llamado calzado «barefoot». Se trata de zapatos y zapatillas que intentan simular el hecho de andar descalzos, evitando la compresión lateral del pie para que los dedos tengan una buena movilidad y disminuyendo la altura del tacón a menos de un centímetro en general, para que el pie quede prácticamente llano. El uso de este tipo de calzado ha demostrado mejorar la actividad de los músculos del suelo pélvico, incluso en personas no entrenadas para ello. No todo el mundo llega a acostumbrarse a usar calzado *barefoot*, sobre todo, durante la práctica deportiva y la carrera en especial, donde se requiere un tiempo de adaptación, pues puede haber riesgo de lesiones, ya que con este calzado hay que modificar la pisada con respecto a las zapatillas de deporte estándar. Por ello no lo recomiendo sistemáticamente a todo el mundo, pero sí que suelo proponer a mis pacientes que no utilicen todo el tiempo calzado con un tacón alto y, sobre todo, que intenten andar descalzos cuando están en casa, pues esto ayuda a reequilibrar la pelvis y mejorar la función muscular.

11.2. ENTRENAMIENTO DE LOS MÚSCULOS PÉLVICOS Y ABDOMINALES Y REEDUCACIÓN MICCIONAL

Otra parte fundamental del examen físico de mis pacientes es la evaluación del estado de los músculos abdominales y del suelo pélvico por medio de la escala de Oxford, explicada en la tabla 11.1. Así puedo ver si el paciente tiene una buena coordinación y propiocepción (consciencia y control voluntario de sus músculos). Para ello, les pido que contraigan el suelo pélvico y examino no sólo la contracción, que es lo que se mide con la escala de Oxford, sino también si hay prensa abdominal simultánea o no (maniobra de Valsalva), pues esto es el reflejo de una posible micción no coordinada, ya que la prensa abdominal dificulta la función de los músculos pélvicos y hace que las vísceras se desplacen hacia abajo, con la consiguiente pérdida de la anatomía pélvica.

Además de este examen físico, siempre verifico la manera de hacer pipí de mis pacientes. Para ello, como ya he ex-

plicado anteriormente, efectuamos un test llamado «flujometría con EMG perineal». En esta prueba, el paciente
orina en una especie de inodoro conectado a un ordenador,
que mide la fuerza de salida del chorro de orina con respecto
al tiempo (en mililitros por segundo) y, gracias a unos electrodos, la actividad eléctrica del periné, que es el reflejo de la
actividad muscular de los músculos del suelo pélvico.

Tabla 11.1. Escala de Oxford

Oxford 0	Contracción ausente
Oxford 1	Contracción muy débil
Oxford 2	Contracción débil
Oxford 3	Contracción moderada
Oxford 4	Contracción buena
Oxford 5	Contracción fuerte
Oxford invertido	La paciente realiza una maniobra de Valsalva cuando se le pide que contraiga el suelo pélvico

Fuente: Elaboración propia.

Aunque no ocurre en todos los casos, lo más probable es
que existan alteraciones en la flujometría. Ya he explicado
los tres posibles patrones que podemos encontrar. En general, los niños y las personas jóvenes presentan una micción
en *stacatto*, pues el músculo de la vejiga aún no ha perdido
su fuerza y el suelo pélvico hace contracciones fásicas con
pequeñas relajaciones entre medias, mientras que las personas con mayor edad presentan un patrón de micción fluctuante o con flujo disminuido, pues el músculo vesical está
debilitado y el suelo pélvico ha perdido casi totalmente su
capacidad de relajación, manteniéndose en una contracción
tónica. Cuando la flujometría EMG es patológica (es decir,

casi siempre), propongo a los pacientes comenzar un programa de reeducación miccional. Este programa es una verdadera toma de consciencia de nuestra manera de orinar, e incluye la realización de ejercicios del suelo pélvico, también conocidos como «ejercicios de Kegel», de «*biofeedback*» y de un aprendizaje miccional.

Mucha gente piensa que los ejercicios de Kegel sólo sirven para fortalecer el suelo pélvico tras los partos, pero la realidad es que son muy útiles también para favorecer la relajación y la coordinación muscular, que es precisamente lo que buscamos en este caso. Hay que saber que la relajación muscular no es un acto pasivo, como si soltásemos un elástico que vuelve a su posición inicial, sino que necesita energía. Cuando una persona tiene una excesiva tendencia a contraer sus músculos, a éstos les cuesta mucho relajarse posteriormente, pues la contracción muscular dificulta la circulación de la sangre en el interior del músculo, con la consiguiente disminución de oxígeno y de nutrientes y, por lo tanto, de energía. Además, la mala circulación sanguínea favorecerá la acumulación de productos tóxicos. En esta situación, cuando el músculo tiene que relajarse, dispondrá de menos energía y la relajación será menos eficaz, con lo cual la sangre seguirá sin circular adecuadamente, hasta que en algunos casos esto se convierta en un círculo vicioso. Un ejemplo de esto sería cuando una persona ha tenido que sujetar un objeto pesado durante mucho tiempo, en una posición mantenida sin poder casi moverse. Cuando esa persona suelta el objeto, notará que los músculos de su brazo no responden. Y eso es exactamente lo que ocurre en el suelo pélvico si hay una contracción mantenida. De ahí que los ejercicios de Kegel, que consisten principalmente en hacer contracciones y relajaciones rápidas y lentas del suelo pélvico, permitan a la sangre recircular correctamente cortando ese círculo vicioso y favoreciendo la relajación muscular. Esto, por supuesto, no es algo que ocurra de la noche a la mañana. Se requieren semanas de ejercicio para que el músculo permanezca relajado, pues al principio la tendencia será a que el músculo se contraiga rápidamente de nuevo.

En cuanto al *biofeedback*, se trata de una técnica de aprendizaje para mejorar la propiocepción, es decir, hacerse consciente de la contracción y la relajación de nuestros músculos. A diferencia de otros músculos como los de los brazos o los de las piernas, sobre los que la gran mayoría de nosotros tiene un buen control voluntario, muchas personas no son para nada conscientes de cómo utilizar sus músculos pélvicos. Por ejemplo, si nos piden que doblemos un brazo, todos sabemos cómo hacerlo, pero si nos dicen que contraigamos nuestro suelo pélvico, es posible que no sepamos hacerlo o que hagamos justo lo contrario de lo que nos piden. Aunque los músculos del suelo pélvico no son músculos autónomos como los del intestino o la vejiga, el cerebro tiende a automatizar su funcionamiento para ahorrar energía. Esto ocurre normalmente en el momento de la retirada del pañal. A partir de ese momento, es muy posible que no seamos capaces de controlarlos de manera voluntaria, a no ser que realicemos un entrenamiento para ello.

El *biofeedback* es ese entrenamiento y se utiliza en muchas terapias diferentes. En el caso del suelo pélvico, suelen colocarse unos electrodos de superficie en el periné del paciente o bien una sonda intravaginal (en las mujeres) o intrarrectal (en los varones). Estos electrodos permiten recibir la señal de contracción y relajación muscular y también pueden estimular directamente los músculos si es preciso. Además de esto, se suelen colocar también unos electrodos de medición en el abdomen, para controlar la actividad de la musculatura abdominal mientras se ejercita el suelo pélvico. Todos estos electrodos van conectados a un ordenador.

El terapeuta pide entonces al paciente que realice una serie de ejercicios o pone en marcha un programa informático que muestra los ejercicios y el paciente debe seguirlos. La particularidad del *biofeedback* con respecto a hacer los ejercicios sin electrodos es que en todo momento el paciente está viendo lo que hace en la pantalla del ordenador. Por ejemplo, cuando contrae los músculos, normalmente aparece un gráfico ascendente. Cuando los relaja, la curva baja. Esto permite al paciente visualizar los movimientos de sus músculos y ser mucho más consciente de la situación. Así, por mecanismos de retroalimentación a nivel cerebral, el suelo pélvico va aprendiendo a hacer lo que el cerebro le pide. Además, si al paciente le cuesta dominar el ejercicio, se puede añadir la electroestimulación, donde el electrodo produce una pequeña descarga eléctrica no dolorosa que permite al paciente reconocer más fácilmente el músculo que debe contraer o relajar.

En el caso de los niños, el *biofeedback* es especialmente útil, pues es una manera bastante lúdica de hacer una buena reeducación miccional. Los programas que se utilizan suelen ser similares a los videojuegos. Por ejemplo, en mi consulta tenemos un programa donde hay que cazar marcianitos, otro donde hay una hada que vuela, etcétera. Así, los niños aprenden más rápido y adhieren mejor al tratamiento. La mayoría de las consultas de fisioterapia pelviperineal o los servicios hospitalarios de urología funcional tienen este tipo de aparatos, pues su eficacia se ha confirmado por numerosos estudios científicos desde hace años.

Además, existen algunas aplicaciones para dispositivos móviles que facilitan el entrenamiento de la musculatura del suelo pélvico, ya sea por medio de los ejercicios de Kegel, o por *biofeedback* con la utilización de una pequeña sonda. Aunque, desde mi punto de vista, estas apps no reemplazan en absoluto el trabajo que se puede realizar con un terapeuta, sí creo que pueden ser de ayuda para que los pacientes realicen los ejercicios en su casa, a modo de mantenimiento.

Aprovecho también para precisar que acudir a clases colectivas o individuales de yoga, pilates o gimnasia abdominal hipopresiva tampoco reemplaza el trabajo de un terapeuta especializado. Algunas pacientes, cuando les propongo acudir a un fisioterapeuta experto para sus problemas miccionales, me responden que no les hace falta puesto que van a clase de pilates y la profesora ya les enseña los ejercicios. El problema de estas clases es que nadie monitoriza los movimientos de los músculos mientras se realizan los ejercicios. Si esa persona tiene reflejos mal adquiridos y una mala propiocepción, lo que es casi siempre el caso, probablemente esté realizando mal los movimientos de su suelo pélvico durante toda la clase, sin saberlo, y sin que la profesora lo advierta. Así, estará perpetuando su problema al mismo creyendo que lo está haciendo correctamente.

Con esto no quiero decir que ese tipo de clases no sean útiles. Trabajar la musculatura del tronco, corregir la postura y aprender a respirar pueden ser de gran ayuda para mejorar nuestra salud en general, pero nunca reemplazarán el trabajo mucho más individualizado y especializado que un terapeuta experto pueda realizar. Sin embargo, como complemento, creo que puede ser muy útil y además muy motivador para los pacientes. Es por ello por lo que suelo animarlos a continuar sus clases, pero también a acudir, además, a un experto.

Por último, hablaremos del aprendizaje miccional. Sí, sí, literalmente a «aprender a hacer pipí». Como ya he comentado, la mayoría de las personas que presentan infecciones urinarias de repetición tienen una flujometría EMG alterada. Esto no es sino el reflejo de que no saben hacer pipí correctamente. Ya comenté someramente cuál es la posición correcta para orinar en la primera parte del libro. Vamos a desarrollar un poco más este tema.

Nuestra manera natural de orinar y de defecar, sobre todo, en el caso de las mujeres, ha sido siempre a cuclillas. Es lo que hemos hecho durante millones de años. La anatomía de nuestra pelvis está diseñada de tal manera que esta posición es la que más favorece la relajación de la musculatura pélvica. Cuando adoptamos una posición sentada en el inodoro, no orinamos ni defecamos en nuestra postura natural. Al estar sentados, no se favorece la relajación de los músculos del suelo pélvico, pues las rodillas se encuentran a menudo alineadas con las caderas, mientras que lo ideal es que las rodillas estén bastante más altas que las caderas.

Este problema es especialmente preocupante en los niños, pues normalmente utilizan los inodoros de los adultos donde sus piernecitas quedan colgando y la posición es aún más antinatural. He de decir que éste es un tema al que soy especialmente sensible, pues siendo la pediatría una de mis especialidades, he visto a menudo problemas relacionados con la posición en el váter y la mala gestión de la retirada del pañal que se hace en la mayoría de los países. La retirada del pañal es, desde mi punto de vista, un momento crucial en el desarrollo de un niño y considero que no se le da la importancia que tiene. De hecho, en muchos países, los pediatras y los urólogos nos desentendemos totalmente de este asunto, que queda en manos de las profesoras de la guardería que, a pesar de tener muy buena intención, no tienen la más mínima formación en este tema. Pero como lo único importante es que los niños entren al colegio con tres años ya sin pañal, pues a menudo se precipita su retirada, aunque el niño aún no haya madurado lo suficiente y no esté listo para ello.

Desde mi humilde opinión, habría que dejar en todos los casos que el niño decidiera por sí mismo cuándo quiere dejar el pañal, pues lo pedirá de manera natural cuando se sienta preparado. De la misma manera que no le quitamos el carrito de bebé para forzarlo a andar antes, no tendríamos que quitarle el pañal y forzarlo a controlar los esfínteres antes de lo que su cuerpo ha previsto. Esto es lo que suelo decir a mis pacientes: hay que comprender que la fisiología de la micción es algo muy complicado desde el punto de vista madurativo.

Un niño comienza a andar alrededor de los doce meses y comienza a hablar sobre los veinticuatro meses. Sin embargo, no suele controlar sus esfínteres antes de los treinta y seis meses casi nunca. Eso explica hasta qué punto es un mecanismo complejo a nivel fisiológico. Así, la triste realidad es que, debido a una retirada precipitada del pañal, muchos niños se acostumbran a «apretar el culete», realizando una contracción hipertónica de su suelo pélvico (véase cuántos niños empiezan a presentar un estreñimiento que aparece en el momento de la retirada del pañal). Esta contracción queda grabada en el cerebro como un automatismo que luego resulta muy difícil de corregir. Si a esto le sumamos que muy a menudo no se explica a los padres cuál es la postura correcta que deben adoptar en el inodoro, el problema está casi garantizado.

Y volviendo al tema de la postura, tanto en niños como en adultos no hay que olvidar que debemos reproducir la posición a cuclillas, como ya he comentado antes. Para ello, hay que buscar la manera de poder situar las rodillas bastante más altas que las caderas. En el caso de los niños, lo ideal sería utilizar el orinal de toda la vida, que sea lo más bajito posible. Sin embargo, esta práctica no está muy de moda, pues luego les toca a los padres tirar los excrementos al inodoro y limpiar el orinal. Lo más utilizado hoy en día son los adaptadores de inodoros, esos «dónuts» que sirven para disminuir el diámetro del rosco del váter, siendo esto un error desde mi punto de vista, pues, aunque sirvan para que al niño no se le vaya el culete hacia abajo, no corrigen la postura y las piernas quedan colgando y en mala posición.

Existen hoy en día numerosos adaptadores de inodoros que incorporan una pequeña escalera, que pueden ser una buena alternativa para que el niño tenga una buena postura en el váter sin obligar a los padres a tener que limpiar el orinal. Se pueden encontrar en numerosas tiendas físicas y online a un precio no muy elevado. Estos dispositivos facilitan que el niño sea autónomo a la hora de subir al váter, pues no hay que alzarlo, y, al mismo tiempo, que tenga un apoyo donde poner los pies, de tal manera que la posición permita que las rodillas queden por encima de las caderas. En el caso de los adultos, tenemos a menudo el mismo problema, pues según la altura a la que esté situado el inodoro, las rodillas pueden quedar por debajo de las caderas.

Esto es especialmente cierto en los centros medicalizados, como los hospitales, las clínicas o las residencias de ancianos, donde se suelen colocar los inodoros bastante altos para que las personas mayores tengan menos dificultad a la hora de levantarse, sin darnos cuenta de que, de esta manera, se dificultan la micción y la defecación. Una buena estrategia sería que todos los adultos utilizásemos sistemáticamente un pequeño escalón sobre el que apoyar nuestros pies para poder adoptar una buena postura, tal y como te muestro en la figura 11.1. Es lo que recomiendo a la mayoría de mis pacientes. En algunos casos en los que constato mucha dificultad para vaciar la vejiga, incluso les propongo ponerse a orinar en cuclillas sobre el inodoro, apoyando los pies en el rosco, o sentarse al revés, a horcajadas cara a la pared, con un escalón debajo de cada pie, pues en este caso, además de subir las rodillas, dilatamos el suelo pélvico al separar las piernas. Inclinar el tronco hacia delante también puede ser de gran ayuda a menudo.

Figura 11.1. Estado del suelo pélvico sobre el inodoro

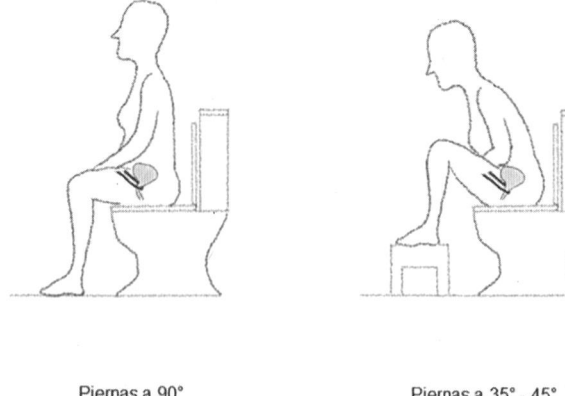

Piernas a 90°
Suelo pélvico
contraído

Piernas a 35° - 45°
Suelo pélvico
relajado

Fuente: Elaboración propia.

La reeducación miccional va mucho más allá de la posición en el inodoro. Cuando un paciente acude a un terapeuta especializado en pelviperineología, éste le enseña numerosas técnicas para gestionar mejor sus micciones. Dependiendo de los síntomas que el paciente refiera o de la patología de base, la estrategia será diferente, siendo ésta siempre personalizada.

En el caso de los trastornos miccionales, la realización de un diario miccional es muy recomendable. Éste puede haber sido realizado previamente por el médico o quedar a cargo del terapeuta. Se trata de un documento donde el paciente nota durante varios días seguidos informaciones sobre sus micciones: hora, número, volumen orinado, síntomas concomitantes como urgencia miccional o dolor, volumen y tipo de líquidos ingeridos, si ha defecado o no y qué tipo de heces ha tenido, etcétera.

En la tabla 11.2 se puede ver un ejemplo del diario miccional que entrego a mis pacientes. Este documento es muy útil

Tabla 11.2. Diario miccional

Nombre y apellidos:
Fecha de nacimiento:

Fecha:
Hora de levantarse / acostarse:

Hora	Volumen orinado (en ml)	Incontinencia orina (+ / ++/ +++)	Tipo de bebida	Volumen bebido (en ml)	Tipo de heces (Escala de Bristol)
Total					

Número de absorbentes:

- **Cuántos mojados:**
- **Cuántos húmedos:**
- **Cuántos casi secos:**
- **Cuántos secos:**

Fuente: Elaboración propia.

para comprender la fisiología de la micción de cada paciente. Podemos descubrir problemas que no sospechábamos como una poliuria nocturna, donde los riñones del paciente producen mucha más orina por la noche de lo que deberían, una disminución de la capacidad funcional de la vejiga o, por el contrario, un patrón miccional totalmente normal percibido como anormal por el paciente.

Los terapeutas pelviperineales también realizan a menudo con los pacientes un entrenamiento de la respiración y la utilización de la musculatura abdominal y lumbar. Como ya he explicado, la función de los músculos del suelo pélvico está íntimamente ligada a la de los músculos abdominales y lumbares y el diafragma. Si no se trabaja la coordinación de estos últimos, es muy probable que el tratamiento del suelo pélvico fracase. Otra estrategia es la reeducación vesical, donde se aprende a controlar las ganas de orinar, principalmente, en personas que presentan una «urgencia sensorial», donde su vejiga siente demasiado pronto las ganas. También se pueden dar algunos consejos nutricionales ya que hay numerosas sustancias que tienen efecto sobre la sensibilidad de la vejiga. Por ejemplo, el café, el té y las bebidas alcohólicas desencadenan antes las ganas de orinar en personas con una vejiga hiperactiva, y el tomate, el plátano y el picante pueden favorecer la aparición de dolor en personas con una cistopatía crónica como la cistitis intersticial.

Otro tipo de consejo que me parece muy útil y sencillo es en relación con la forma de secarse las mujeres tras las micciones. De la misma manera que muchas personas no aprenden a sentarse correctamente, también hay muchas que no saben limpiarse correctamente. Esto parece una banalidad, pero es tan importante como para aparecer en la mayoría de las guías de práctica clínica del mundo. Debido a un supuesto arrastre de bacterias desde el ano hacia la vagina, las mujeres que se limpian de atrás hacia delante pueden favorecer la aparición de infecciones urinarias, por ello se recomienda limpiarse siempre al contrario, es decir, de delante hacia atrás. Lo que ocurre es que este movimiento es bastante antinatural y no sale espontáneamente. Además, para las personas mayores no siempre es fácil hacerlo así.

Por eso, yo he modificado recientemente mi recomendación, y lo que propongo a mis pacientes es limpiarse a toquecitos, sin arrastrar el papel higiénico. Simplemente, desde delante, pegar el papel contra la vulva para que se empape de las gotitas de orina que queden, retirarlo posteriormente, doblarlo y por último limpiarse el ano desde atrás si es preciso. Si eres mujer, te recomiendo que lo pruebes. Es una manera cómoda y sencilla de no arrastrar bacterias intestinales hacia la vagina.

Otro punto importante en el abordaje fisioterapéutico del suelo pélvico es el trabajo activo de la relajación muscular cuando los ejercicios o el *biofeedback* no han sido lo suficientemente efectivos. Algunas personas con hipertonía pélvica necesitan un apoyo por medio de la neuromodulación para conseguir aprender a relajar los músculos. Otras presentan lo que llamamos un «síndrome miofascial». Esto sería como una contracción muscular llevada a sus extremos, lo que se conoce como «contractura». En ambos casos, la actuación de un terapeuta experto puede ser verdaderamente útil.

El tratamiento manual del síndrome miofascial consiste en ir masajeando ciertos puntos de los músculos que, debido a una contracción muy fuerte y mantenida, se han quedado agarrotados, sin posibilidad de relajarse por falta de riego sanguíneo, como ya he explicado. Si los ejercicios activos no consiguen relajar esos músculos, el terapeuta puede aplicar una cierta presión, masaje, o incluso puncionar con unas agujas muy finas allí donde la contracción es mayor, lo que se conoce como «*dry needling*».

Así, el músculo recupera poco a poco su función y la relajación se vuelve posible.

En ciertos casos muy rebeldes, es necesario acompañar esta terapia con un tratamiento miorrelajante farmacológico y, aunque son poco frecuentes, yo suelo utilizar un fármaco llamado tizanidina, pues produce una buena relajación muscular con pocos efectos secundarios en general (poca somnolencia, sobre todo, comparado con otros fármacos similares). Y si todo esto no funciona, en algunas raras ocasiones podemos recurrir a las inyecciones de toxina botulínica en los músculos (como lo que se utiliza en medicina estética para quitar las arrugas). Este medicamento no es más que una toxina que paraliza los músculos. Al inyectarlo, el músculo se relaja, y es por ello por lo que las arrugas de expresión en la frente y las patas de gallo desaparecen. En urología, se utiliza con fines terapéuticos para relajar el músculo de la vejiga o los esfínteres, si existe una hiperactividad a ese nivel. También, en el caso de encontrar un síndrome miofascial pélvico que no responde al resto de tratamientos, se puede inyectar esta toxina directamente en los músculos, con un muy buen efecto generalmente.

11.3. NEUROMODULACIÓN

La neuromodulación es un tipo de estimulación eléctrica que se aplica por medio de unos electrodos de superficie conectados a un aparato llamado TENS (estimulador eléctrico subcutáneo del nervio), en ella se produce una estimulación nerviosa a una frecuencia, una longitud de onda y una intensidad determinadas para favorecer la correcta función nerviosa. En el caso del suelo pélvico, el efecto buscado es que los nervios que controlan su función actúen correctamente. Los electrodos del aparato TENS se suelen colocar a nivel del hueso sacro (donde se estimulan las raíces nerviosas de la S2 y la S3, que salen directamente de la médula espinal y son las que controlan el funcionamiento de la vejiga, como ya vimos en la primera parte de libro) o en la cara interna del tobillo (por donde pasa el nervio tibial posterior, cuyo origen se encuentra en la misma zona de la médula espinal que los centros de control de la micción y la defecación).

Existe una variante de esta técnica, conocida como PTNS («*percutaneous tibial nerve stimulation*»), donde se inserta una pequeña aguja de acupuntura en el tobillo, a la que se conecta el aparato TENS. Es la técnica que suelo utilizar más a menudo en mi consulta. En la figura 11.2 puedes ver los dos tipos de técnica. La ventaja es que con la aguja nos aproximamos mucho más al nervio tibial posterior que con los electrodos pegados a la piel y el efecto de la estimulación es mucho más potente. Otra ventaja de esta técnica es que es suficiente con realizarla una vez por semana, mientras que el TENS clásico hay que hacerlo todos los días. El inconveniente es que, mientras que el TENS clásico es fácil realizarlo en el domicilio por parte del paciente (se le presta un aparato o se lo compra), el PTNS sólo puede realizarse en la consulta generalmente, salvo raros casos de pacientes muy motivados que han aprendido a hacerlo en sus casas.

Cualquiera de estas técnicas, TENS o PTNS, ha demostrado su eficacia para favorecer la relajación muscular en el suelo pélvico e, incluso, en algunos casos, mejorar un poco la contracción vesical en pacientes que tienen un músculo vesical muy debilitado.

En mi caso, no suelo utilizarlas de entrada, pues considero que lo más importante es que el paciente se empodere, es decir, que aprenda técnicas como los ejercicios del suelo pélvico o la relajación que le permitan hacer frente a sus problemas de manera autónoma, sin depender de aparatos ni de terapeutas. Pero en los casos difíciles, ya sea por dificultad de aprendizaje o de motivación por parte del paciente o porque partimos de un estado vesical muy alterado, pueden ser de gran ayuda como complemento a la fisioterapia, pero nunca en monoterapia.

Figura 11.2. PTNS (imágenes superiores)
y TENS (imágenes inferiores)

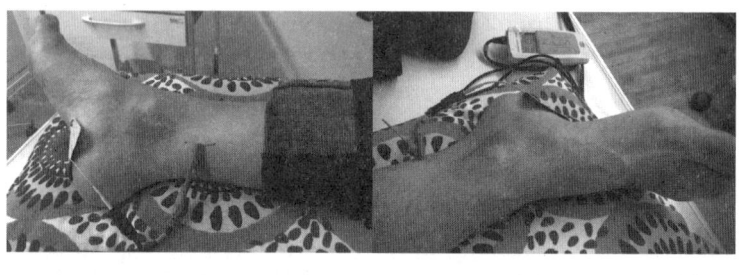

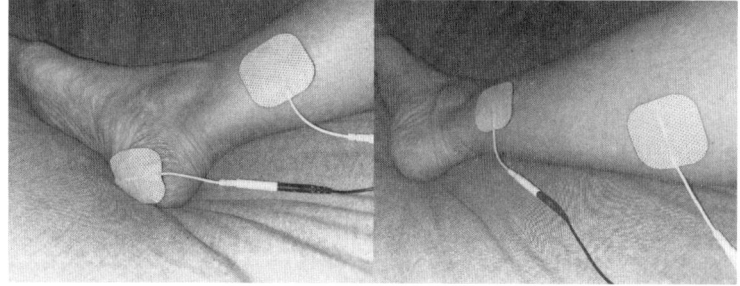

Fuente: Elaboración propia.

Existe una técnica de neuromodulación más sofisticada, pero que se basa en los mismos principios, que es la neuromodulación sacra. En este caso, por medio de una pequeña cirugía, se implantan uno o varios electrodos internos en la región sacra del paciente, conectados a un pequeño aparato parecido a un marcapasos, que se coloca en la parte superior del glúteo generalmente, tal y como puedes observar en la figura 11.3. De esta manera, se estimulan de manera continua las raíces sacras y se mejora el funcionamiento vesical y del suelo pélvico. Es una técnica muy eficaz en casos seleccionados, pero presenta el inconveniente de que hay que pasar por una cirugía y que supone llevar un implante, con sus posibles riesgos (infección, dolor, desplazamiento, etcétera). Asimismo, algunos de estos aparatos no son compatibles con las máquinas de resonancia magnética, lo que hace que esta técnica radiológica no se pueda emplear una vez implantado el neuromodulador. Además, requiere un aprendizaje para poder manejar el aparato y a veces el ajuste de los parámetros de estimulación es difícil. Es por ello por lo que sólo se implantan en ciertos casos muy concretos.

Figura 11.3. Neuromodulación sacra

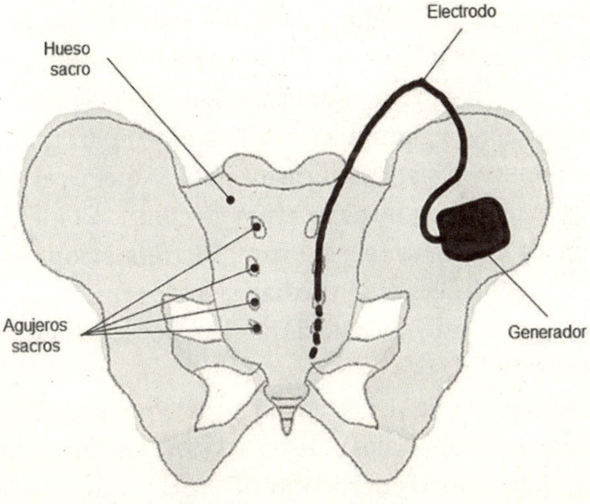

Fuente: Elaboración propia.

11.4. Relajación y control del estrés

Por último, me gustaría hacer un pequeño comentario sobre las técnicas de relajación. Vivimos en un mundo en el que cada vez se nos exige más y nos autoexigimos más. La inmensa mayoría de nosotros estamos sometidos de manera crónica a un nivel tóxico de estrés emocional que nuestro cuerpo interpreta como un peligro constante y al que no está acostumbrado a dar respuesta, como ya comenté en la primera parte del libro.

Durante los millones de años que ha durado nuestra evolución, los peligros a los que el ser humano se enfrentaba habitualmente eran peligros puntuales, como el ataque de un animal salvaje o de una tribu vecina. Durante esos momentos de peligro temporal, se activaban las vías del sistema nervioso simpático y del cortisol y la adrenalina en la glándula suprarrenal, lo que permitía a los individuos tener una mejor capacidad de reacción (mejor tono muscular, corazón más potente, mejor visión, no tener que hacer sus necesidades, tener menos sueño, etcétera). Cuando el peligro desaparecía, en general, pocas horas o días después, el sistema simpático y la glándula suprarrenal se apaciguaban y tomaba el relevo el sistema parasimpático, que es el que debe predominar en estados de calma y reposo. Con el sistema parasimpático activado, se favorece la relajación psíquica y física, baja la frecuencia cardíaca, se duerme bien y podemos relajar los esfínteres fácilmente cuando hacemos nuestras necesidades.

El problema es que hoy en día no solemos estar sometidos a los ataques de animales o de tribus salvajes, sino a un estrés crónico que nuestro cuerpo interpreta de la misma manera. Para nuestro cuerpo, la vida actual es un peligro constante y, por ello, las respuestas simpática y de la corteza suprarrenal están constantemente activadas, mientras que el sistema parasimpático no tiene el protagonismo que debería tener. Debido a esto, la mayoría de los seres humanos acabamos presentando alteraciones o disfunciones en alguno de nuestros órganos o sistemas. En lo que se refiere a la micción, esta hiperactivación simpática provoca una mala relajación esfinteriana principalmente. Y en el caso del sistema inmunitario, el exceso de cortisol y de respuesta simpática favorecen su disfunción y consecuentemente la aparición de infecciones y, entre ellas, de infecciones de orina. No olvides que la cortisona es uno de los medicamentos que se dan precisamente para tratar a pacientes con enfermedades autoinmunes o para evitar el rechazo en un trasplante de órgano, así que podrás imaginar el potente efecto inmunosupresor que tiene.

Así, puesto que es prácticamente imposible liberarse de los estresores crónicos, la única alternativa que nos queda es saber gestionarlos mejor, de tal manera que nuestro cuerpo no siga interpretando situaciones del día a día como un peligro permanente. Hay numerosas estrategias para conseguirlo. En mi caso, suelo recomendar a los pacientes que realicen algo de *mindfulness* una o dos veces al día, si ya están familiarizados con las técnicas de meditación, o simplemente con respiración de coherencia cardíaca, que consiste en hacer ciclos de inspiración y espiración que duren unos diez segundos, pues este tipo de respiración activa al sistema parasimpático. Otra técnica que recomiendo a veces a mis pacientes es el dispositivo de estimulación transcutánea del nervio vago (tVNS). Se utiliza también para favorecer un estado de predominio del parasimpático, por medio de la estimulación de fibras aferentes del nervio vago (fibras que se dirigen al cerebro). Hablaré de todas estas técnicas con más detalle un poco más adelante. En definitiva, sea cual sea la o las técnicas de relajación que se utilicen, he comprobado con mis pacientes que pueden ser una ayuda a la hora de mejorar su salud miccional e inmunitaria.

12

Cómo prevenir las infecciones de orina desde la alimentación

Tratar el tema de la nutrición con los pacientes o con otros profesionales de la salud suele ser bastante peliagudo. El paradigma está cambiando mucho en los últimos años. Durante décadas hemos oído hablar de calorías o de la pirámide nutricional basada en la ingesta de hidratos de carbono, y estas nociones se han quedado grabadas en nuestro cerebro. Y, de repente, nos funden los esquemas y nos empiezan a hablar de dietas *low-carb*, evolutivas y otras. El problema es que, desgraciadamente, muchos profesionales sanitarios y pacientes se han quedado con la información anterior y les cuesta mucho «cambiar el chip». Además, han aparecido muchos gurús y divulgadores que radicalizan el tema, hablando de dietas milagro y demonizando otras.

Desde mi punto de vista, este fenómeno de radicalización de la opinión desacredita la eficacia de muchas intervenciones nutricionales y en el estilo de vida que, en realidad, son muy efectivas. Partiendo de la base de que cada persona es metabólicamente única y tiene una actividad física, un estado hormonal y emocional, un nivel de estrés y unos biorritmos particulares, entre otras muchas características, me parece una barbaridad generalizar los beneficios de un tipo de alimentación específica a nivel poblacional, pues pienso que lo más apropiado es conocerse o conocer al paciente que tenemos enfrente y diseñar un plan de alimentación, de suplementación y de estilo de vida de manera individualizada. No creo que una dieta sea mejor que otra: vegana, paleo, cetogénica, macrobiótica, etcétera. Un tipo de alimentación te sentará mejor o peor según el estado de tu tubo digestivo en relación con el pH estomacal, las enzimas digestivas, la pared intestinal, la microbiota, la función hepática, etcétera. También influirán tu edad, tu sexo, tus horarios, tu estado hormonal, tus biorritmos, tu actividad física, tu nivel de estrés y un largo etcétera. Si eres una mujer, el momento del ciclo menstrual en el que te encuentres puede hacer que tu cuerpo necesite más un tipo de macro o micronutriente que otro. Y, por supuesto, esto puede ir variando a lo largo del tiempo. Por ello, desde mi punto de vista, además de requerir un diseño dietético personalizado, los pacientes tienen que llevar un seguimiento periódico para ir adaptando o modificando su dieta según las circunstancias y la evolución de sus síntomas.

Dicho esto, sí que me gustaría hacer una puntualización sobre el consumo excesivo de hidratos de carbono y la aparición cada vez más frecuente de estados de resistencia a la insulina y diabetes tipo 2. La diabetes es una enfermedad en la que el nivel de azúcares en sangre aumenta por encima de los valores normales y el cuerpo termina por eliminar el exceso de azúcar por la orina. De hecho, el término «diabetes mellitus» significa «orina abundante y dulce», ya que los médicos de la Antigüedad diagnosticaban a las personas diabéticas probando su orina, aunque suene un poco asqueroso.

La diabetes de tipo 1, menos frecuente que la de tipo 2, es una enfermedad autoinmune en la que el sistema inmunitario ataca por error a las células beta del páncreas, que son las células que fabrican la insulina. Suele diagnosticarse en la infancia, la adolescencia o en adultos jóvenes. La insulina es la hormona que se encarga de hacer que el azúcar de la sangre pase al interior de las células para que éstas se alimenten. Si no hay insulina, la sangre estará cargada de azúcar, pero las células del cuerpo estarán mal alimentadas. El tratamiento consiste en la administración de la insulina que el cuerpo ha dejado de fabricar. La diabetes de tipo 2, por el contrario, no es una enfermedad autoimmune, sino metabólica. En general, se trata de personas con malos hábitos de vida que, por su estilo de alimentación, consumen un exceso de hidratos de carbono de manera muy frecuente, varias veces al día. Estos carbohidratos se convierten en azúcares simples durante la digestión y pasan a la sangre, provocando picos frecuentes de hiperglucemia (aumento del azúcar en sangre).

Para hacer frente a esto, el páncreas se ve obligado a fabricar mucha insulina, pero, cuando los aumentos frecuentes de la glucemia sobrepasan la capacidad de fabricación de insulina del páncreas, éste se agota. Otra cosa que ocurre es que, de tanto estar sometido a enormes cantidades de insulina en la sangre para contrarrestar los picos de hiperglucemia, el cuerpo se vuelve resistente a ella, con lo que el páncreas debe producir aún más insulina para que ésta haga efecto, de manera que entra en un círculo vicioso.

El cuadro clínico es mucho más complejo, pues suelen existir otras alteraciones asociadas, como la disfunción mitocondrial, que complican aún más las cosas, pero no te quiero liar más. En definitiva, lo que hay que saber es que el tratamiento de la diabetes tipo 2 es muy diferente del de la diabetes de tipo 1. Suele optarse por fármacos por la vía oral con diferentes mecanismos de acción. Algunos fuerzan la producción de insulina por el páncreas, otros disminuyen la neoglucogénesis (producción de glucosa de novo por parte del hígado) y sensibilizan las células para una mejor utilización de la insulina, otros disminuyen la absorción de azúcares a nivel intestinal, y también los hay que favorecen la eliminación de glucosa por la orina. A pesar de la toma de estos medicamentos, si la enfermedad progresa y se detecta un agotamiento importante del páncreas o una gran insulinorresistencia, en ocasiones es preciso recurrir a las inyecciones de insulina.

En ambos tipos de diabetes, sin embargo, la excreción de azúcar en la orina es la norma y esto puede ser un problema para las personas que tengan tendencia a padecer infecciones, pues podrás imaginar que una orina que va cargada de azúcar es un buen alimento para muchos bichitos, como veremos más adelante. En cualquier caso y, en especial, en los casos de diabetes de tipo 2, sabemos que las intervenciones nutricionales y en el estilo de vida pueden ser muy útiles. Es evidente que necesitan de la colaboración de pacientes muy conscientes de su problema, lo que resulta difícil, pues a una persona que ha llegado a provocarse una diabetes de tipo 2 por su estilo de vida le va a costar mucho hacer cambios profundos en éste. Sin embargo, está claro que actuar a nivel de la alimentación supone ir a tratar la verdadera causa del problema, mientras que simplemente administrar fármacos sin tratar el estilo de vida tan sólo camufla los síntomas.

Así, para estos casos, sí que considero que las dietas *low-carb* (pobres en carbohidratos) y, en especial, la dieta cetogénica, que es extremadamente baja en carbohidratos, pueden resultar más útiles que otros tipos de alimentación, al menos, como tratamiento inicial. También, para el control de la hiperinsulinemia, diferentes protocolos de ayuno han demostrado ser especialmente útiles.

Este tipo de dietas, así como el aprendizaje para realizar ayuno intermitente o algún tipo de ayuno más prolongado, es algo que debe hacerse bajo la supervisión de un terapeuta bien actualizado y experimentado. Aunque a menudo cuesta arrancar, con un buen consejo profesional estos protocolos son mucho más llevaderos de lo que imaginamos en un principio y verdaderamente útiles. Tras un período inicial difícil, la mayoría de los pacientes empieza a encontrarse de maravilla tanto a nivel físico como mental, pues ganan energía, duermen mejor y sienten que funcionan mucho mejor a nivel físico y cognitivo. Desde el punto de vista de las infecciones de orina, no hay desgraciadamente estudios científicos que avalen estos protocolos, a excepción de un par de artículos que datan de los años treinta del siglo pasado, pero, por mi experiencia, puedo asegurarte que un buen control de la glucosuria (presencia de azúcar en orina) en un paciente diabético puede significar la diferencia entre que el resto de las intervenciones aplicadas funcione o no. Por eso, yo suelo derivar muy a menudo a mis pacientes al nutricionista y, en especial, a aquéllos que presentan alteraciones metabólicas como la diabetes. Y, por ahora, no he tenido a ningún paciente descontento, que considere que ha perdido su tiempo.

Otro problema con el que nos encontramos a la hora de validar ciertas intervenciones nutricionales es la búsqueda de evidencia científica de calidad que apoye los buenos resultados de este nuevo paradigma en la alimentación, pues no es fácil encontrarla. No porque no se hayan realizado estudios científicos, sino porque no es tan sencillo comparar dietas como lo es comparar medicamentos, por ejemplo. En el caso de un medicamento, si se quiere realizar un estudio científico para demostrar su eficacia, se seleccionan dos grupos de personas de características similares. A un grupo se le administra el medicamento y al otro un placebo, sin que ninguno de los dos grupos sepa qué es lo que han recibido como tratamiento. Si los resultados en el parámetro medido son diferentes en favor del medicamento (por ejemplo, disminución de la tensión arterial en el caso de un medicamento antihipertensivo), se concluye que este efecto es debido a dicho medicamento independientemente del efecto placebo. Esto es lo que se denomina «ensayo clínico doble ciego randomizado», uno de los estudios con mayor validez científica.

Pero, en el caso de la dieta, no se trata en general de un único alimento y no se puede comparar un grupo que come y otro que no. Además, intervienen otros muchos parámetros como el metabolismo, la microbiota, etcétera. Y el resultado buscado no suele ser la mejoría de un único parámetro, sino de numerosos parámetros de salud, o se busca la prevención de alguna enfermedad, que suele ser un resultado que tarda en verse. También hay que tener en cuenta que, mientras el estudio de un medicamento suele tener por finalidad la comercialización de éste por parte de un laboratorio, con el consiguiente interés comercial añadido, en el caso de una dieta, nadie se hace rico promoviéndola y, por lo tanto, suele haber mucha menos financiación para llevar a cabo este tipo de estudios, que son, en realidad, muy caros.

Podría hablar durante horas de la nutrición en el campo de la urología, pero, como ya he comentado, no creo en una dieta milagro para todo el mundo, ni siquiera en lo que a prevención de infecciones de orina se refiere. En todo, pero en este campo en especial, pienso que hay que individualizar y tratar a cada paciente como un ser único. Por ello, no puedo dar recomendaciones generales. Sin embargo, si quieres aprender un poco más sobre el tema, a continuación te dejo el resumen de una pequeña búsqueda bibliográfica que he hecho sobre algunas estrategias útiles y de sencilla aplicación que han sido validadas mediante estudios científicos, aunque no se trate de ensayos clínicos. Desgraciadamente, la mayoría son artículos de opinión, revisiones o estudios de casos y controles, es decir, estudios con poca potencia estadística, pero tienen su interés.

Si quieres saber más...

Éstos son algunos estudios científicos que considero interesantes con respecto a la alimentación en el ámbito de las infecciones de orina:

- **Sobre la ingesta de alimentos fermentados y de azúcares.** Un estudio publicado en 2003 mostró una disminución del riesgo de infección urinaria en mujeres jóvenes que tomaban al menos tres raciones de lácteos fermentados por semana frente a las que no lo hacían, así como en las que tomaban al menos 200 mililitros de zumo de frutos rojos al día. Por otro lado, el consumo de zumos de fruta con azúcar añadido o el añadir azúcar a otras bebidas como el café, aumentó el riesgo de padecer infecciones.

  De entre los frutos rojos, se ha hablado mucho del arándano en la prevención de las infecciones de orina. Se han realizado numerosos estudios sobre este fruto, entre ellos, un trabajo de investigación básica muy interesante publicado en 2019, donde los autores analizaron el poder prebiótico y antibiótico de los diferentes componentes del arándano rojo americano a nivel de la microbiota intestinal y, especialmente, en la modulación o la disminución de las bacterias del género *Enterobacteriaceae*, al que pertenece la *Escherichia coli*. Descubrieron que el arándano rojo y, en especial, los salicilatos que contiene (moléculas parecidas a la Aspirina®), inhibe el crecimiento de este género de bacterias y favorece el crecimiento de bacterias del género *Bacteroidaceae*, conocidas por su papel en la producción de neurotransmisores, en especial, el GABA (uno de los neurotransmisores que favorecen la relajación y que está relacionado de manera indirecta con la actividad parasimpática a nivel cerebral). Además, tal y como postulan los investigadores, la reducción de bacterias gramnegativas intestinales aportaría otros beneficios, como la disminución de la inflamación local o generalizada, al ser estas bacterias la principal fuente de lipopolisacáridos inflamatorios de nuestro organismo.

  En un reciente artículo de opinión se habla favorablemente de nuevo del arándano rojo en la dieta, así como en una revisión publicada en 2018.

Sin embargo, en un artículo de revisión de 2017 se comenta que los últimos metaanálisis publicados no encuentran beneficio con el consumo del arándano, y debemos señalar que un metaanálisis es uno de los estudios más potentes que podemos encontrar desde el punto de vista estadístico. Hablaremos más detenidamente del extracto de arándano rojo en el capítulo 16, y así entenderás por qué hay controversias con su uso.

- **Sobre el ayuno.** En algunas ocasiones, nos podemos llevar sorpresas con la literatura publicada. Por ejemplo, un interesante trabajo publicado en 2019, realizado a lo largo de ocho años, comenta que existe una relación positiva entre el ayuno durante el mes de Ramadán y un aumento de la frecuencia de las infecciones de orina en mujeres en Túnez. La correlación parece sorprendente, pues los beneficios del ayuno son conocidos a muchos niveles, y los autores deducen que se puede deber a la falta de hidratación durante las horas de ayuno, ya que el ayuno durante el mes de Ramadán, a diferencia de los protocolos de ayuno médicos, impide el consumo de agua.

- **Sobre el tipo de comida consumida.** Continuando con las sorpresas, un estudio muy curioso publicado en 1985 sobre la comida consumida por pacientes diagnosticadas de infección urinaria en las cuatro semanas previas a la infección encontraba una correlación negativa con el consumo de ajo, jengibre, chiles, dieta vegetariana y bebidas alcohólicas, pero hallaba una correlación positiva con el consumo de refrescos, café, té, leche ¡y también vitamina C y zumo de arándano! Los autores concluyen que, en el caso de la vitamina C y el zumo de arándano, se trata probablemente de un sesgo, pues muchas pacientes tenían infecciones de orina de repetición y no tomaban estos productos de manera fortuita, sino para prevenirlas, pues su efecto protector es conocido.

Un trabajo publicado en 2014 pone en evidencia el factor protector frente a infecciones de orina de los oligosacáridos presentes en la leche materna, en bebés lactantes. Un estudio publicado en 2018 comprobó que el consumo de apio proporcionaba un cierto poder antiadhesivo que evitaba que las bacterias *Escherichia coli* se pegaran a la pared del tracto urinario, lo que explicaría que históricamente se haya utilizado el apio como tratamiento para las infecciones de orina.

De la misma manera, en 2017, se demostró que el uso de canela disminuía la colonización del tracto urinario de ratones por cepas uropatógenas de *Escherichia coli*. Y en 2018 otro grupo probó que la própolis disminuía la transcripción de genes relacionados con la adhesión, la motilidad y la tasa de formación de *biofilms* de cultivos de *Escherichia coli*. Asimismo, mejoraba la transcripción de genes relacionados con el estrés de estas bacterias. Este efecto venía a reforzar el propio efecto del extracto de arándano rojo, ya conocido por tener estas propiedades.

Otro grupo estudió, en 2019, el efecto antibacteriano de quince especias utilizadas comúnmente en cocina (*A. calamus*, *A. melegueta*, *A. galanga*, *Anethum graveolens*, *Apium graveolens*, *A. rusticana*, *A. dracunculus*, *C. spinosa*, *C. carvi*, *C. hystrix*, *C. sativus*, *E. cardamomum*, *F. asafetida*, *G. indica*, y *H. officinalis*) o, lo que es lo mismo, cálamo aromático, amomo, galanga, eneldo, apio, rábano picante, estragón, tara, alcaravea, lima, azafrán, cardamomo, asafétida, garcinia e hisopo. Si bien todas las especias inhibieron el crecimiento de la mayoría de las bacterias patógenas, los investigadores encontraron que *A. calamus*, *A. galanga*, *A. rusticana* y *C. spinosa* (cálamo, galanga, rábano y tara) eran las que mayor capacidad bactericida poseían, en especial, contra las cepas de *Enterobacter aerogenes*, *Staphylococcus aureus* y *Proteus mirabilis*.

· **Sobre la comida contaminada**. Varios artículos se centran en la posible correlación entre la comida contaminada con cepas de *Escherichia coli* multirresistentes (a menudo en relación con el uso de antibióticos en la alimentación de los animales de granja o en la conservación de productos vegetales) y el desarrollo de infecciones de orina. Hay controversia, pues algunos trabajos apuntan a una relación causa-efecto, calificando estas infecciones como zoonosis (infecciones transmitidas de los animales a los humanos), mientras que otros no encuentran relación. Aparte de *Escherichia coli*, se han descrito otros uropatógenos presentes en la comida como *Enterococcus faecalis* y *Staphylococcus saprophyticus*. Los alimentos que más se mencionan como posibles reservorios de cepas de bacterias uropatógenas son la carne, sobre todo, la de pollo, en relación con *Escherichia coli*, aunque también la carne de cerdo y algunas frutas como el melón.

Siguiendo también esta teoría, un grupo de investigación realizó en 2020 un estudio prospectivo para intentar determinar si el riesgo de infección urinaria era más bajo en las personas vegetarianas que en las omnívoras y, en especial, en las carnívoras. El estudio demostró que existía, en efecto, un pequeño papel protector de la dieta vegetariana, aunque los autores aconsejan interpretar con precaución estos resultados.

En la actualidad, no se puede, por lo tanto, afirmar que las infecciones de orina sean, por regla general, una zoonosis. Sin embargo, es probable que algunos casos sí lo sean. Lo que queda claro es que debe restringirse el uso de antibióticos en la comida, tanto administrados a los animales en los criaderos como directamente a la comida vegetal (cereales, legumbres, etcétera) para mejorar su conservación, como ya comenté más detenidamente en la primera parte del libro.

En definitiva, no creo que sea posible dar recomendaciones generales en cuanto a la alimentación, pero está claro que, cuanta más comida real comamos, con poco o ningún tratamiento fitosanitario y antibiótico (comida bío si es posible), condimentada con especias naturales y con una buena dosis de fruta y verdura bien lavada, evitando alimentos industriales ricos en azúcares, sumado a un buen respeto de los tiempos de digestión, menor será el riesgo de tener alteraciones a nivel digestivo en general y, por ende, habrá un menor riesgo de alteraciones genitourinarias en particular.

13

Cómo mantener una buena microbiota oral, digestiva y genitourinaria

Como ya he mencionado varias veces a lo largo del libro, la microbiota juega un papel fundamental en nuestra salud general. En el caso de las infecciones de orina, el papel de la microbiota digestiva y urogenital es crucial. Por otro lado, tenemos la microbiota oral, cuya conexión con la microbiota digestiva es evidente, pues cada día tragamos con la saliva millones de bacterias orales que viajan por nuestro tubo digestivo. Si bien muchas de ellas mueren por la acidez del estómago, otras muchas consiguen pasar, en especial, si tenemos un problema de falta de acidez (hipocloridia), que es muy frecuente. Por ello, una disbiosis oral puede ser el inicio de una disbiosis intestinal.

También hay evidencias de que una alteración de la microbiota oral puede favorecer directamente el desarrollo de patologías urogenitales, especialmente patologías oncológicas (sobre todo, cáncer de próstata). Se postula que las bacterias orales pueden viajar por la sangre hacia nuestros órganos urológicos y asentarse allí. Cuidar de nuestra microbiota es, por lo tanto, un pasaporte para tener una buena salud genitourinaria.

Aunque la composición de nuestra microbiota está en gran medida influenciada por lo que nos ocurre en los primeros meses de vida (microbiota materna, tipo de parto, tipo de lactancia, introducción de la dieta sólida, utilización de antibióticos en la infancia, situaciones y emociones vividas, etcétera), existen estrategias para incidir sobre ella. La mayoría de las recomendaciones que he dado hasta ahora nos ayudan de manera directa o indirecta a cuidar de nuestros bichitos.

En la primera parte del libro hablé mucho de la digestión, con sus diferentes etapas y particularidades, por lo que no me voy a repetir. Una vez más, insisto en que no creo en las dietas milagro, ni que un tipo de dieta en particular sea más útil que las otras para mantener una microbiota sana en todas las personas. Sin embargo, sí se pueden llevar a cabo algunas estrategias de ámbito general que sirven en la mayoría de los casos. Éstas son las siguientes: cuidar mucho nuestra boca con una buena higiene y controles odontológicos regulares, masticar bien, cuidar nuestro tránsito intestinal, evitar en la medida de lo posible la inflamación y la aparición de un intestino poroso o *leaky gut*, evitar o disminuir el consumo de tóxicos y de productos con efecto antibiótico y mejorar nuestro estado hormonal. A continuación, voy a desarrollar un poco más todos estos puntos.

13.1. Cuidado de la microbiota oral

En lo que se refiere a la salud oral, además de cepillarte los dientes después de cualquier ingesta sólida o líquida, utilizando también seda dental o cepillitos interdentales, es preciso que tengas como rutina acudir al dentista varias veces al año.

Cada vez hay más dentistas integrativos que centran la atención en el cuidado de la microbiota oral, pues la evidencia científica es aplastante en cuanto a todos los problemas que una disbiosis bucal puede provocar. Este profesional puede aconsejarte sobre el uso de probióticos y otros productos para cuidar tus bichitos orales. Además de esta recomendación, es importante que pidas consejo si piensas que respiras demasiado a menudo con la boca abierta, ya sea de día o de noche, aunque no ronques. Si te despiertas por la mañana con la boca seca, es probable que pases toda la noche respirando por la boca. Esto es un factor de riesgo para desarrollar una disbiosis.

Existen unos pequeños cilindros de silicona que se insertan en los orificios nasales y sirven para mantenerlos bien abiertos mientras dormimos, ayudándonos a respirar así por la nariz. El uso de estas gomitas se suele combinar con unos parches que se pegan sobre los labios para mantener la boca cerrada. Aunque cuesta un poco acostumbrarse a ellos, puede ser una buena opción para personas que simplemente abren la boca mientras duermen, sin tener otro problema. Sin embargo, el hecho de respirar por la boca suele ser un síntoma de otros trastornos como alergias y rinitis, pólipos nasales o una apnea del sueño. Por eso, antes de ponerte a usar estos dispositivos, lo ideal es que tu médico descarte otros trastornos como los antes mencionados.

13.2. Cuidado de la microbiota intestinal y mejoría del tránsito

En cuanto al intestino, hoy en día la mayoría de las personas sufre desgraciadamente cierto grado de alteración del tránsito intestinal, a menudo, estreñimiento. Ya he hablado detenidamente de ello en la primera parte del libro, por lo que no me extenderé de nuevo. Sé que estás esperando que te haga una lista de fármacos o tratamientos naturales que sirvan para tratarlo, pero, como casi siempre, no

creo que esto sea la solución, sino únicamente un tratamiento sintomático que no actúa sobre la causa.

Se habla a menudo de la pobre ingesta de fibra dietética
como una de las causas del estreñimiento y se recomienda
aumentar la ingesta de fruta y verdura, así como la de agua,
para mejorar el tránsito. A veces, incluso, se pautan tratamientos como la cáscara de *Psyllium* en polvo, que es muy
rica en fibra, u otros productos similares. Esta estrategia
puede ser útil en algunos casos, pues se busca aumentar el
volumen del bolo fecal y así estimular el peristaltismo intestinal (los movimientos de los intestinos). Además, un
mayor consumo de fibra alimentaria nos permitirá dar de
comer a nuestros bichitos intestinales. Sin embargo, en
aquellas personas que padecen una disbiosis, con un sobrecrecimiento de microorganismos en el intestino delgado
(llamado SIBO) o la presencia de hongos o parásitos, en especial, la *Candida*, el consumo excesivo de fibra puede dar
lugar a dolores abdominales, distensión abdominal e incluso a cuadros diarreicos.

A veces, estos síntomas se etiquetan como «intolerancia a la fructosa» y se condena a los pacientes a hacer una
dieta pobre en FODMAPS de por vida, cuando el verdadero
problema es la disbiosis subyacente que, tratada, nos permite volver a comer de todo. La dieta pobre en FODMAPS
es una dieta diseñada para evitar el exceso de fructosa y otros
azúcares y sus consecuencias a nivel intestinal. FODMAP
son las siglas en inglés de «*fermentable oligosaccharides,
disaccharides, monosaccharides and polyols*» (oligosacáridos, disacáridos, monosacáridos fermentables y poli-
alcoholes). Se limita el consumo de muchos alimentos
muy saludables como la cebolla, el puerro, el ajo, la alcachofa, los espárragos, las legumbres, el yogur, la manzana,
la pera, el melocotón y la sandía, entre otros tantos vegetales.

En ciertos casos particulares, puede ser necesario realizar este tipo de dieta, al menos durante una temporada, pero resulta muy restrictiva y, si no se trata al mismo tiempo la disbiosis que subyace en la inmensa mayoría de los casos, los síntomas suelen recurrir una vez se vuelve a una alimentación más amplia. Es por ello por lo que el tratamiento del estreñimiento exclusivamente con aporte de fibra, sin realizar ninguna otra modificación, sólo es útil en algunos (pocos) casos. Lo ideal es hacer un tratamiento más causal, ya que, la mayoría de las veces, el estreñimiento suele ser el reflejo de una disbiosis y no su causa. A menudo hay que buscar hongos, pues estos bichitos generan ciertas sustancias que ralentizan el tránsito intestinal. Para evitar el sobrecrecimiento de los hongos, lo mejor que podemos hacer es limitar el consumo de azúcares (de ahí que la dieta pobre en FODMAPS funcione) y, sobre todo, de azúcares simples. Sin embargo, casi siempre hay que acompañar esto de algún tratamiento para eliminarlos, naturopático a ser posible, pues, si no, recidivan en cuanto volvamos a introducir los azúcares.

Además, algunas levaduras como la *Candida* tienen la capacidad de vivir bajo varias formas en el intestino. Cuando están en forma de levadura, suelen ser inofensivas, pero cuando adquieren la forma de una especie de árbol denominada «pseudohifas», son mucho más dañinas y difíciles de tratar. A veces forman incluso *biofilms* ayudándose de algunos elementos tóxicos como los metales pesados presentes en el intestino, que las esconden y las protegen de la acción de las sustancias fungicidas. Por ello, una vez más, el hecho de evitar los tóxicos de todo tipo siempre es una buena estrategia para mejorar nuestra salud. Volveré a este tema un poco más adelante.

Otra estrategia universal que ayuda a mejorar el tránsito es realizar ejercicio físico de cualquier tipo, pues el ejercicio activa nuestro peristaltismo. Hay numerosos estudios científicos que han avalado esto. Asimismo, ejercitar el suelo pélvico y la respiración nos ayuda a mejorar nuestro tránsito y la defecación, por varios mecanismos. Por un lado, el buen control de la musculatura abdominal profunda nos sirve para realizar una prensa abdominal correcta que ayuda a nuestro intestino a impulsar y expulsar más fácilmente las heces. Y, por otro lado, una buena relajación esfinteriana facilita el vaciado del recto. El recto es el tramo final del intestino grueso, se encuentra en la pelvis, justo por encima del orificio anal y su esfínter. Aunque muchas personas piensan que se trata de un reservorio para las heces, parecido a lo que es la vejiga para la orina, en realidad, su función no es ésa.

El recto es un órgano avisador de las ganas de defecar y debería estar vacío normalmente. Cuando se llena de heces, su pared se distiende y, con ello, se sienten las ganas de defecar activándose un reflejo nervioso llamado «reflejo rectoanal inhibitorio». Este reflejo permite la relajación del esfínter anal interno para que las heces avancen hacia el ano y, si las condiciones lo permiten (tener un baño cerca, etcétera), que se produzca su exoneración (hacer caca, vamos). Sin embargo, si por el hecho de retener a menudo las ganas de defecar, el recto está constantemente lleno y su pared distendida, la sensibilidad y el reflejo rectoanal acaban por silenciarse y las ganas de hacer caca se pierden, reemplazándose por una sensación de plenitud abdominal que nos indica que debemos ir al baño y empujar para reemplazar esos movimientos intestinales que no se han activado. Además, el recto tiene la capacidad de absorber agua, por lo que, si las heces pasan mucho tiempo dentro, se harán más duras y serán aún más difíciles de evacuar.

Desgraciadamente, esta situación es muy prevalente, tanto en niños como en adultos, y se podría comparar un poco a la micción no coordinada de la que ya he hablado. En

un primer momento, se produce una contracción voluntaria del esfínter anal externo y la musculatura del suelo pélvico para retener la caca, que finalmente se convierte en un
reflejo aprendido, de manera que se produce incluso durante la defecación, en lugar de la relajación que debería ocurrir. Esto hace que el recto tenga una gran dificultad para
vaciarse. El intestino grueso tiene que realizar un esfuerzo
suplementario, de la misma manera que la vejiga, y termina
por dilatarse y perder fuerza. En muchas ocasiones, se produce una elongación intestinal llamada dolicocolon. También es muy frecuente la aparición de los famosos divertículos en el colon que muchas personas estreñidas padecen y
que son pequeñas herniaciones de la pared del intestino
provocadas, a menudo, por un aumento de presión para poder evacuar las heces. Estos divertículos, en ocasiones, pueden llenarse de restos de comida e inflamarse, produciendo
dolor o incluso un cuadro grave que se llama diverticulitis
aguda, que requiere un tratamiento médico urgente y, en
ocasiones, incluso un tratamiento quirúrgico. Con el tiempo, la situación de distensión cólica y rectal con contracción
esfinteriana se cronifica y constituye un círculo vicioso.

Podrás imaginarte que tratar este tipo de estreñimiento
con fármacos o sustancias que aumentan el volumen de las
heces no es una buena idea. Tampoco aquellos tratamientos
que hacen que las heces sean más pastosas o líquidas, pues
a menudo el recto está lleno de heces duras y es posible que
las heces más líquidas pasen alrededor de las más sólidas,
dando una falsa sensación de éxito del tratamiento, aunque
en realidad el tapón de heces rectal no se haya evacuado y,
por lo tanto, el problema principal no se haya resuelto. En
ocasiones, con estos tratamientos se puede incluso llegar a
producir una incontinencia fecal paradójica, pues el esfínter anal externo hipercontraído es capaz de retener las heces duras, pero pierde su capacidad para retener las heces

líquidas. El abordaje terapéutico de este problema debe ser similar al de la micción no coordinada y pasa principalmente por una reeducación por parte de un terapeuta especializado en pelviperineología.

En ocasiones, para ayudar a evacuar las heces duras almacenadas en el recto, el uso de enemas en las primeras fases del tratamiento puede ser útil. Para más información, puedes volver a leer el capítulo 11. Además, existen otras técnicas que, junto con la reeducación, pueden resultar útiles para mejorar la dinámica defecatoria como los masajes abdominales proporcionados por un fisioterapeuta o un osteópata, los automasajes y la acupuntura. No voy a adentrarme en este tema, pues tendría que dedicarle muchas páginas. Lo importante es que comprendas este mecanismo, pues es uno de los más frecuentes por los que se produce el estreñimiento y que, si te ves reconocido, imagines a partir de aquí qué estrategias pueden ser útiles para tratarlo y cuáles pueden ser más bien contraproducentes.

13.3. Control de la inflamación

Siguiendo con las estrategias para mejorar nuestra microbiota, no hay que olvidar la prevención de la inflamación, y no solamente la inflamación intestinal, aunque, a menudo, el estado de inflamación crónica de bajo grado generalizada parte del intestino o de la boca. Como ya he comentado ampliamente en la primera parte del libro, la mayoría de las personas vivimos inflamadas de manera crónica. Nuestro sistema inmunitario está constantemente expuesto a estímulos y sustancias que son nuevos para él, pues no nos han acompañado a lo largo de nuestra evolución, así que se vuelve un poco loco y reacciona hiperactivándose y enviando moléculas proinflamatorias a prácticamente todos los tejidos del cuerpo. No voy a volver a explayarme hablando de la inflamación intestinal y el intestino poroso o *leaky gut*, pero está claro que, con alrededor de un 80 por ciento de todas las células inmunitarias viviendo en nuestro intestino, y siendo la mayor superficie de intercambio y de contacto con el mundo exterior, éste suele ser el punto de partida para la inflamación crónica.

Como ya he explicado, ciertos alimentos tienen, de manera natural, el poder de inflamar nuestro intestino, pues comportan algunas sustancias tóxicas como, por ejemplo, las lectinas. Otras moléculas como el gluten tienen la capacidad de abrir por sí mismas poros en el intestino, lo que facilita el paso descontrolado de numerosas sustancias desde la luz intestinal al interior del cuerpo, incluidas aquéllas que no deberían pasar como tóxicos o lipopolisacáridos bacterianos, poniendo en modo alerta a nuestras células inmunitarias intestinales. Sea como fuere, aunque, de nuevo, no creo en las dietas milagro, sí que tengo que decir que limitar el consumo de gluten, productos lácteos de vaca, la carne roja y alimentos ricos en lectinas (o consumirlos, pero tras haberlas inactivado por diferentes procesos) suele ayudar a disminuir la inflamación en la mayoría de las personas.

Del gluten ya he comentado que creo firmemente que muchísima gente abusa del consumo de productos ricos en esta proteína. Con esto, no estoy demonizándolo, pero sabiendo que es una sustancia proinflamatoria *per se* y que favorece la aparición de la porosidad intestinal, pienso que la población debería estar mejor informada de ello y se debería considerar una sustancia de consumo ocasional, como puede ser el alcohol, y no en las cantidades enormes en las que se consume. El problema es que hoy en día los supermercados están inundados de productos con gluten: pan, biscotes, galletas, pasta y un largo etcétera. Si queremos reducir su consumo, solemos caer en el error de irnos a la sección de productos sin gluten del súper o a la tienda de dietética de turno y empezamos a comprar los mismos productos, pero fabricados con harinas sin gluten. Esta estrategia no es correcta, pues, además de dejarnos mucho dinero comprando unos productos que son mucho más caros que su versión con gluten, seguiremos alimentándonos con productos industriales con bajo valor nutricional llenos de harinas. Si queremos disminuir el gluten, lo mejor que podemos hacer es ser conscientes de que hay que consumir menos harina de cereales y transformar profundamente nuestra alimentación. Desde mi punto de vista es preferible, en un momento dado, darse el gustazo de tomarse de manera excepcional una *pizza* como Dios manda, un buen hojaldre, un plato de pasta a la italiana o una buena rebanada de pan, que ir matando el gusanillo a menudo con alimentos que no son sanos y que no van a hacernos cambiar nuestras costumbres.

Hablando del pan, muchos pacientes me comentan que no les ha costado eliminar la mayoría de los alimentos con gluten, salvo el pan, que sí les cuesta mucho. En estos casos, suelo recomendar que mantengan una ingesta baja o moderada de pan, pero que sólo tomen pan elaborado con masa madre y harinas ancestrales. La masa madre es un conjunto de bacterias que se añade a la masa del pan y se deja fermentar durante al menos veinticuatro horas. Es la manera tradicional de fabricar el pan, que hoy en día se reemplaza a menudo por técnicas mucho más rápidas. Las bacterias de la masa madre digieren la masa y, con ello, parte del gluten que contiene, de tal forma que estos tipos de panes suelen ser bastante menos proinflamatorios. Si a esto le añadimos el uso de harinas ancestrales como el kamut, el trigo túrgido o el trigo escanda, que son harinas hechas a partir de granos que no han sido modificados por el hombre y que tienen un menor contenido de gluten, pienso que el consumo ocasional de un poco de este pan no es muy dañino.

El problema de los cereales actuales y, en especial, el trigo y el maíz, es que han sido modificados genéticamente por el ser humano para aumentar la productividad de los cultivos y su resistencia a plagas. Como recordarás, el mecanismo de defensa principal de las plantas frente a sus depredadores es la producción de sustancias tóxicas (lectinas y otras) que suelen irritar e inflamar nuestro intestino. Si un cereal ha sido modificado para mejorar su resistencia natural a los depredadores, podrás imaginar que el contenido en sustancias tóxicas de ese grano será mayor y, por lo tanto, su tolerancia a nivel intestinal será peor. Por ello, el pan fabricado con harinas antiguas tendrá de por sí menos lectinas u otros antinutrientes, entre ellos, gluten y, si además ha sido fermentado con la masa madre, su poder proinflamatorio será mucho menor.

En el caso de los lácteos de vaca, el problema no deriva a menudo de la lactosa, como mucha gente cree. La lactosa es un azúcar que se digiere por medio de una enzima situada en la superficie de los enterocitos. En algunos casos, la intolerancia se produce por un trastorno genético donde dicha enzima no se fabrica correctamente, pero casi siempre suele tratarse de un trastorno adquirido. Suelen ser personas que, de repente, dejan de tolerar la leche y se sienten hinchadas cuando la toman. Aunque sabemos que con el paso de los años los seres humanos perdemos parte de nuestra lactasa intestinal, sí que deberíamos poder seguir tolerando un poco de leche. La intolerancia a la lactosa adquirida suele ser secundaria a la presencia de una pared intestinal dañada, donde es posible que estas enzimas se pierdan del todo.

La solución no es tomar leche sin lactosa, sino trabajar sobre la salud de la pared intestinal. Al recuperar un buen estado de ésta, lo normal es que la leche vuelve a tolerarse mejor. Pero, como te decía, el problema principal de la leche de vaca son sus proteínas, y no sus azúcares. La caseína y la albúmina que contiene la leche son proteínas proinflamatorias que provocan a menudo intolerancias, con la consiguiente formación de anticuerpos por parte de las células intestinales y de una importante reacción inflamatoria. Las proteínas de los lácteos de cabra y de oveja suelen tolerarse mejor. Por ello, si no se desea eliminar completamente este tipo de alimento de la dieta, lo que sí se aconseja es reemplazar los lácteos de vaca por los de cabra u oveja. También, el consumo de lácteos fermentados (yogur, kéfir, queso, etcétera) mejora su tolerancia a nivel intestinal, pues gran parte de la lactosa, así como parte de las proteínas de la leche, habrán sido digeridas por los microorganismos fermentativos.

En cuanto a la carne roja procedente de mamíferos, como ya te comenté, contiene un azúcar, el Neu5GC, que también puede activar a nuestro sistema inmunitario. Por ello, aunque se puede consumir de manera ocasional, no se debe abusar de este tipo de alimento. La carne de ave no contiene este azúcar y, por ello, es más saludable, siempre y cuando se trate de aves, a ser posible, de crianza ecológica.

Por último, en lo que se refiere al manejo de otros tipos de antinutrientes (lectinas, oxalatos, fitatos, etcétera), hay numerosas técnicas para rebajar su toxicidad o incluso inactivarlos. Las plantas son una verdadera central química. Fabrican sus antinutrientes para protegerse y, en especial, para proteger a su descendencia, pero en ciertos momentos tienen que bajar la guardia. Los antinutrientes suelen encontrarse en los granos y en los frutos, para que éstos queden bien protegidos, pues son, al fin y al cabo, los hijos de la planta y los que permitirán que su material genético se transmita. Estos granos, además, están llenos de nutrientes muy interesantes, que permitirán alimentar a una nueva plantita en germinación hasta que ésta sea capaz de desarrollar raíces y alimentarse por sí sola.

El problema es que, normalmente, si comemos granos sin preparar, todos estos nutrientes maravillosos no estarán accesibles para su digestión y asimilación por parte de nuestro intestino, pues están bien protegidos en el interior del grano gracias a los antinutrientes, y es probable que, unas horas tras su ingesta, pasen al váter sin que hayamos podido beneficiarnos de sus propiedades nutritivas. Es precisamente el momento en el que la planta comienza a germinar cuando baja la guardia, poniendo a disposición de su plantita hija todos esos nutrientes. Así, si nosotros mimetizamos esas condiciones de germinación, lo que conseguiremos es que esa planta deje de fabricar sus antinutrientes y, de esa manera, será mucho más digesta, menos tóxica al ingerirla y, además, podremos asimilar mucho mejor sus nutrientes.

La mayoría de estas estrategias son gestos que el ser humano ha realizado durante siglos de manera intuitiva y que, actualmente, se han perdido. Por ejemplo, si ponemos en remojo los granos o las legumbres de unas ocho a doce horas, la planta cree que es la hora de germinar y sus antinutrientes disminuyen (es preferible añadir al agua un chorrito de algún producto ácido como el vinagre o el limón, pues se activa aún mejor este proceso). Otro mecanismo que inactiva los antinutrientes es la exposición al calor húmedo o seco (tostar, cocer en agua o al vapor, etcétera), aunque sin pasarse, pues podríamos destruir muchos de los nutrientes interesantes presentes en ese alimento. La fermentación también es un mecanismo que disminuye antinutrientes con la ayuda de la digestión producida por los microorganismos que fermentan el alimento. También, claro está, se pueden comprar o preparar alimentos germinados, que son muy digestivos y contienen una enorme cantidad de nutrientes de fácil acceso. En definitiva, es recomendable seguir los consejos de nuestras abuelas en cuanto a la preparación de las comidas, pues ellas sabían bien cómo hacer las cosas.

Siguiendo con las estrategias para disminuir la inflamación, no debemos olvidarnos de las intolerancias alimentarias que, por cierto, no deben confundirse con las alergias. Una reacción alérgica a un alimento es una reacción que suele ser inmediata, o producirse en menos de veinticuatro horas, y se pone en marcha por la descarga de un tipo de anticuerpos llamados IgE (inmunoglobulina E). Los síntomas que se producen no se limitan al intestino y pueden llegar a ser graves como el *shock* anafiláctico. En cuanto a las intolerancias, son generalmente reacciones más lentas, que pueden tardar días en aparecer y los anticuerpos implicados son diferentes, del tipo IgG (inmunoglobulina G). Estas intolerancias suelen producir síntomas locales (dolor abdominal, distensión, estreñimiento, diarrea, etcétera), aunque también pueden manifestarse a distancia, sobre todo, si las IgG se pegan a algunas células del cuerpo que, entre sus proteínas de superficie, presentan algunas similares a las del alimento en cuestión.

Éste es el caso, por ejemplo, de la intolerancia al gluten no celíaca y la tiroiditis autoinmune, donde se ha visto que las IgG aumentadas en sangre por la ingesta de gluten podrían adherirse a las células de la glándula tiroides y provocar una reacción autoinmune, aunque existen controversias en este tema. En el caso de las patologías intestinales inflamatorias (enfermedad de Crohn, colitis ulcerosa, etcétera), se ha estudiado a menudo este tipo de reacción y se piensa también que puede haber una relación causa-efecto o un empeoramiento de dichas patologías en relación con ciertas intolerancias a alimentos. El problema es que estas intolerancias suelen ser difíciles de detectar, pues a veces la relación causa-efecto no se sospecha, pues la reacción puede llegar a tardar días en aparecer. Existen pruebas de laboratorio para detectarlas, donde a menudo se miden los niveles de IgG en sangre para un número determinado de alimentos, aunque estas pruebas tienen sus limitaciones.

Por un lado, si de manera intuitiva el paciente ha evitado ciertos alimentos durante semanas porque le sientan mal, es posible que el nivel sanguíneo de esos anticuerpos en particular haya bajado por falta de exposición al antígeno y que, de esa manera, la prueba dé un resultado falso negativo. Además, es muy difícil testar absolutamente todos los alimentos, por lo que es posible que existan alergias no detectadas, pues la prueba no ha tenido en cuenta ciertas sustancias. La experiencia que tenga el laboratorio en cuestión en la realización de este tipo de análisis es también muy importante a la hora de obtener unos resultados fiables.

Por último, muchos especialistas no dan un gran valor a este tipo de test, pues se considera que las IgG pueden llegar a ser fisiológicas y más bien un signo de que se está produciendo la tolerancia a un alimento y no lo contrario, especialmente, en los niños. A pesar de estas limitaciones, considero que, si hay signos muy sospechosos de intolerancias alimentarias, como dolor abdominal o hinchazón frecuentes, estreñimiento de larga duración, diarrea, o alternancia de diarrea y estreñimiento, alteraciones cutáneas frecuentes como eccemas, caspa, acné, presencia de enfermedades autoinmunes, etcétera, deberían practicarse. Cualquier alimento mal tolerado va a provocar una reacción inflamatoria, no sólo a nivel intestinal, sino incluso general, que hará que nuestro sistema inmunitario funcione peor. Y como ya he explicado, esta inflamación intestinal crónica afectará sí o sí a la composición de nuestra microbiota intestinal y también genitourinaria. Por ello, detectar estas intolerancias puede ser de gran importancia para nuestra salud general y vesical en particular.

También quiero mencionar algunas otras estrategias que han demostrado ser eficaces para disminuir la inflamación, aunque no las desarrollaré en este capítulo pues hablaré más específicamente de ellas más adelante. Se trata fundamentalmente de la exposición temporal a temperaturas extremas (frío o calor) o el respeto de nuestros biorritmos y, en especial, del cuidado de nuestro ritmo circadiano y de nuestro sueño. Otra estrategia importante a la hora de no dañar nuestra microbiota es la exposición a tóxicos. Éste es un punto que ya desarrollé ampliamente en la primera parte del libro y del que volveré a hablar un poco más adelante, pero quiero tan sólo puntualizar que hoy en día la exposición a sustancias tóxicas, no sólo por la vía digestiva sino también oral, tópica, respiratoria u otra (implantes, inyecciones, etcétera) es una de las causas más frecuentes de la disbiosis, entre otros muchos problemas de salud. Desgraciadamente, por más que intentemos hacer, todos los seres humanos estamos diariamente expuestos a cantidades ingentes de tóxicos y nuestro organismo tiene cada vez más dificultad para deshacerse de ellos. Aun así, existen maneras de protegernos un poco. Dentro de unas páginas repasaremos estrategias para disminuir nuestra exposición a algunos tóxicos.

13.4. CUIDADO DE NUESTRAS HORMONAS Y REDUCCIÓN DEL ESTRÉS

Otro tema muy relacionado con la microbiota, y que no podía dejar atrás, es la salud hormonal. Aunque muchas hormonas juegan un papel importante en el correcto equilibrio de ésta, las hormonas sexuales se llevan la palma, pues son el principal mecanismo de control de la microbiota vaginal y ya sabemos que ésta juega un papel muy importante en la protección frente a las infecciones de orina. En una mujer premenopáusica sana, lo normal es encontrar una flora vaginal donde predominen los lactobacilos. Estos bichitos tan simpáticos no tienen ningún poder patógeno sobre nuestra vejiga y, además, son capaces de fermentar azúcares y transformarlos en ácido láctico. En realidad, se trata de los mismos bichitos que fermentan los azúcares de la leche para fabricar yogur.

Como ya comenté en la primera parte del libro, los microorganismos más frecuentemente causantes de las infecciones de orina (*Escherichia coli* y compañía) no soportan bien el ambiente excesivamente ácido y les cuesta proliferar si el pH es inferior a 6. Cuando los lactobacilos producen su ácido de manera óptima, el pH de la vagina suele encontrarse entre 4 y 4,5, de manera que esto sirve de barrera química y dificulta, pues, el crecimiento de los gérmenes uropatógenos. Si hay pocos lactobacilos en la vagina, o los que hay no son del género que fabrica mucho ácido, el pH será más alcalino y se favorecerá la presencia de patógenos.

El mecanismo más importante por el cual una mujer podrá mantener una buena flora vaginal es mediante un buen equilibrio de sus hormonas sexuales. Ya comenté en la primera parte que los estrógenos favorecen el buen desarrollo de las células de la pared vaginal y el que éstas estén bien cargadas de glucógeno, que es una molécula de almacenamiento del azúcar. Los lactobacilos se alimentan de este glucógeno y con él fabrican su ácido láctico. Cuando una mujer deja de tener ciclos hormonales regulares, porque se está acercando o ha pasado ya la menopausia o por alguna enfermedad que altera sus hormonas sexuales, se puede producir con facilidad un cambio en su pared vaginal, que a menudo adelgaza. De esta manera, los lactobacilos tendrán menos comida y es más fácil que se genere una disbiosis. De hecho, la incidencia de las infecciones de orina es mayor en las mujeres posmenopáusicas, precisamente por esto. Por lo tanto, si nos esforzamos por tener unos buenos niveles de hormonas sexuales, estaremos haciendo un gran gesto por nuestra microbiota vaginal.

Está claro que, llegada la menopausia, no hay ninguna intervención natural que nos permita volver a producir hormonas sexuales al mismo nivel que antes. Como única alternativa, sólo existiría la terapia hormonal sustitutiva, de la que hablaré un poco más adelante. Pero existen estrategias que pueden ser útiles, incluso tras la menopausia. Para ello, es importante comprender cómo funciona la regulación hormonal. De manera simplificada, diremos que las hormonas sexuales principales en la mujer son los estrógenos y la progesterona, que se fabrican de manera cíclica principalmente en el ovario, coincidiendo con los ciclos de ovulación.

La ovulación, así como la fabricación de estas hormonas, depende de las órdenes que el ovario recibe desde la glándula hipófisis, situada en el cerebro, por medio de las hormonas luteinizantes (LH) y foliculoestimulantes (FSH). Y, a su vez, la fabricación de las hormonas LH y FSH por parte de la hipófisis depende de las órdenes que ésta recibe de otra estructura cerebral llamada hipotálamo, por medio de la hormona GnRH. Hay que saber que existen otras hormonas sexuales en el cuerpo, que se producen principalmente en la glándula suprarrenal (andrógenos, sobre todo) y que estas hormonas, a su vez, pueden ser modificadas en el tejido adiposo y otros lugares para generar otros tipos de hormonas sexuales. Sin embargo, tienen un papel secundario en cuanto a la regulación de la microbiota vaginal. El hipotálamo y la hipófisis son los centros de control de la mayoría de las hormonas de nuestro cuerpo. Regulan la producción de hormonas sexuales y se encargan de controlar el funcionamiento de otras glándulas endocrinas como la glándula tiroides o la suprarrenal. Y, además de fabricar hormonas reguladoras de otras glándulas, también producen sus propias hormonas, con actividad directa en tejidos periféricos. La actividad de las diferentes hormonas está a menudo relacionada y, si una de las vías hormonales falla, puede haber problemas en otras. Por ejemplo, no es infrecuente que una mujer con problemas de tiroides tenga dificultad para quedarse embarazada.

Como ya he comentado, el hipotálamo es el principal centro de control de la hipófisis y está regulado a su vez por numerosos influjos que le llegan desde el cerebro. Estos influjos responden a muchos procesos bioquímicos que se producen durante nuestra interacción con el mundo exterior, en especial, mediante los órganos de los sentidos, aunque también por medio de señales recibidas desde otros tipos de receptores. Así, el hipotálamo consigue, de manera muy precisa, adaptar la producción hormonal de nuestro cuerpo a nuestro estado en cada momento. Por ejemplo, aunque el ciclo menstrual de la mayoría de las mujeres, en principio, esté preestablecido para repetirse cada cuatro semanas más o menos, si el hipotálamo detecta ciertas señales de alarma como un peligro mantenido o un gran estrés emocional o físico, puede decidir detener este ciclo durante un tiempo. Seguro que has oído hablar de muchas deportistas de élite a las que se les retira la regla debido a un entrenamiento físico excesivo. Es lo que se llama «amenorrea hipotalámica». Como verás, el nombre «hipotálamo» aparece en el término. Un estado de estrés emocional excesivo también puede ser la causa de la retirada de la regla o de alteraciones en el ciclo. Esto es debido a que un aumento excesivo y prolongado de hormonas del estrés en sangre (cortisol y adrenalina principalmente), que también interaccionan con la hipófisis y el hipotálamo, es a menudo interpretado por nuestro cuerpo como un estado de amenaza constante.

Así, el cerebro interpreta que, debido a esa amenaza, «no es el mejor momento para ponernos a reproducirnos», pues, en definitiva, el ciclo menstrual sirve para eso, y decide parar el ciclo. En este estado de alerta constante relacionada con el estrés emocional también interviene el sistema nervioso autónomo, con una activación del simpático y una silenciación del parasimpático. Estos sistemas nerviosos también están conectados con el hipotálamo.

Al comprender esta interacción entre sistemas y hormonas, podrás imaginar que, si queremos pues incidir sobre nuestras hormonas sexuales y tener ciclos regulares, es preciso gestionar bien nuestro estrés. Está claro que, en este mundo moderno, por más que queramos, estamos constantemente sometidos a estrés emocional, a veces incluso durante las vacaciones. Estos estresores son a menudo inevitables y no podemos actuar sobre ellos, pero donde sí podemos actuar es en la interpretación emocional que nuestro cuerpo le da a la presencia de dicho estresor, pues esa emoción será sistemáticamente transformada por nuestro cerebro en reacciones bioquímicas que nos servirán para actuar de una manera o de otra y poder lidiar con la situación. Por ejemplo, si el hecho de tener que preparar una reunión importante en el trabajo nos produce mucha ansiedad, nuestro cuerpo lo traducirá como una amenaza y pondrá en marcha los mecanismos de alerta y la respuesta *«fight or flight»* (lucha o huye) que está mediada por el sistema nervioso simpático y las hormonas del estrés. Si esta sensación de ansiedad se repite diariamente, o incluso varias veces al día ante pequeñas situaciones estresantes, la respuesta de alerta será prácticamente crónica y esto puede llevar a nuestro cuerpo a decidir que el tema reproductivo y las hormonas que lo regulan deben esperar, pues no es un buen momento. Esto no quiere decir que se retire la regla sistemáticamente, pero es probable que haya alteraciones en el ciclo, como que se adelante o se retrase, que dure más o menos de lo normal, que se produzca un manchado entre dos reglas llamado *spotting*, que aparezcan reglas dolorosas, etcétera. Si, por el contrario, ante los mismos estresores, la emoción que se genera en nuestro cerebro no es tanto de ansiedad, sino de aceptación de que ésa es la vida que nos ha tocado vivir, por ejemplo, probablemente no se desencadene esa respuesta de alerta y el cerebro y el hipotálamo permitan a nuestros órganos sexuales continuar su ritmo normal, pues considerarán que una gestación es factible.

En mi consulta, trato a varones con problemas de infertilidad y, a menudo, no encontramos una causa orgánica. Siempre repasamos su nivel de estrés, que suele ser mayúsculo. He tenido varios casos de pacientes que se han tomado muy en serio mis recomendaciones en cuanto a la gestión del estrés junto con sus parejas y, ¡sorpresa!, han contactado conmigo varios meses después para anunciarme que iban a ser padres. Está claro que, para permitir una gestación, sus cuerpos y los de sus parejas necesitaban comprender que no existía ninguna amenaza exterior que pusiera en peligro al bebé.

Por lo tanto, el primer paso para tener una buena salud hormonal es saber gestionar las emociones y, en especial, las emociones negativas, así como fomentar el buen funcionamiento del sistema nervioso parasimpático y reducir la actividad simpática. Para ello, existen muchísimas técnicas, como ya mencioné en capítulos anteriores. A mí, personalmente, me gustan mucho el *mindfulness* y la respiración de coherencia cardíaca. Seguro que has oído hablar de ellas.

El *mindfulness*, o «consciencia plena» en español, es un tipo de técnica de meditación en la que buscamos concentrarnos en nuestra respiración durante unos minutos, para así tener nuestra atención centrada en el momento presente. De esta manera, nuestra mente deja de vagar por unos instantes hacia el pasado, donde nos hace sufrir por situaciones que ya han acontecido y que no podemos cambiar, aunque queramos, o hacia el futuro, donde nos provoca ansiedad por imaginar situaciones que aún no han sucedido y que probablemente nunca ocurran. Si bien mucha gente se muestra bastante escéptica con esto al principio, tengo que decir que la mayoría de los pacientes a los que he iniciado en *mindfulness* han notado cambios espectaculares en su nivel de estrés. Y no es necesario pasarse el día sentado con las piernas cruzadas y diciendo *ommmm*, como quizá estés imaginando. Basta un par de sesiones de cinco minutos, una por la mañana al despertar y otra antes de dormir, por ejemplo, sentado en una posición cómoda en una silla o un sillón y respirando por la nariz. Para concentrarse en la respiración, cada cual puede hacer como mejor le parezca.

Mi truco, que es el que he utilizado también con mis hijas por ser muy sencillo, es imaginarme una nubecita que representa el aire que respiro. Cierro los ojos y durante la inspiración visualizo cómo la nube entra por la nariz, desciende por la garganta hasta el tórax, sigue bajando hacia la barriga, los muslos, las piernas y alcanza la punta de los pies. Y para espirar, la nube realiza el camino inverso hasta que sale de nuevo por la nariz. El hecho de concentrarme no sólo en el acto de respirar, sino también en una imagen, facilita mucho la meditación, pues no deja espacio en mi cabeza para otros pensamientos durante unos minutos. Si durante la respiración me disperso y me pongo a pensar en algo, no pasa nada: me vuelvo a concentrar imaginando mi nubecita y sigo respirando.

Si utilizas esta técnica, verás que al principio te dispersarás a menudo, eso es completamente normal. No hay que angustiarse o fustigarse por ello pensando que no sirves para meditar. Hacen falta unas semanillas para acostumbrarse. Pero las personas que logran hacer consciencia plena a diario, o casi a diario, sienten en todos los casos sus efectos, no sólo en el control del estrés, sino también en la concentración en el día a día. No te voy a hablar de todas las maravillas del *mindfulness*, pero hay estudios que hablan incluso de mejores resultados escolares, mejor control del dolor e incluso de efectos antienvejecimiento. Además, conocer una técnica de meditación que puedes realizar en cualquier momento y en cualquier lugar es muy útil.

En mi caso, si tengo que enfrentarme a una situación estresante en el trabajo o en la vida cotidiana o si me despierto por la noche y no consigo volver a dormir, me pongo a respirar durante un momento (a veces basta con unos segundos) y así consigo relajarme inmediatamente. En cualquier caso, aunque no te consideres una persona especialmente ansiosa, te recomiendo que pruebes, ya sea por tu cuenta o guiado por un profesional (hay cada vez más terapeutas y centros dedicados al *mindfulness* que te enseñan a meditar de manera guiada). También puedes descargarte una de las numerosas apps de meditación guiada que existen. Yo personalmente no las utilizo, pero en mis primeros pasos en la consciencia plena sí que utilicé una de ellas y me sirvió bastante.

Otra técnica de respiración que recomiendo mucho es la coherencia cardíaca. Esta técnica consiste en alinear tu respiración con la frecuencia cardíaca. Para ello, buscamos que nuestro corazón lata a sesenta latidos por minuto y que nuestra respiración haga seis ciclos por minuto, con inspiraciones algo más cortas que las espiraciones a ser posible. Es tan sencillo como sentarse o tumbarse e inspirar por la nariz durante cuatro segundos y espirar durante seis segundos. El ciclo entero durará diez segundos. Realizándola durante unos minutos dos o tres veces al día, esta técnica es un potente activador del sistema nervioso parasimpático. Además, se puede combinar con el *mindfulness* y los resultados son excepcionales. También sirve para controlar situaciones puntuales de estrés o de insomnio. Realizando la combinación de ambas técnicas, he tenido pacientes que han mostrado resultados espectaculares en cuanto a disminución de su estrés, lo que ha repercutido en un mejor control hormonal. Varias de mis pacientes, que tenían ciclos menstruales muy irregulares con sangrados intermenstruales incluso, han llegado a comunicarme que todo ha vuelto a la normalidad desde que meditan. Aunque parezca mágico, en realidad, es lógico, pues la fuerte activación parasimpática que la meditación facilita, con el consiguiente silenciamiento de la actividad simpática, es interpretada por nuestro cerebro como encontrarnos una situación de seguridad y sin amenazas. Así, nuestro organismo considera que es un buen momento para la reproducción y se pone a regular correctamente el ciclo. Y esta buena regulación de las hormonas sexuales favorece el desarrollo de una buena microbiota genitourinaria, como ya hemos visto, mejorando en muchos casos las infecciones. Además, el estado de predominio del sistema parasimpático favorece también la relajación muscular, incluida la del suelo pélvico, que también tiene un efecto muy positivo a la hora de disminuir el riesgo de infecciones de orina.

Siguiendo con las técnicas de relajación y estimulación parasimpática, me gustaría hablarte de la música. Si te animas a intentar la meditación, te recomiendo que comiences por una meditación guiada, pero, una vez hayas dominado la técnica, puedes usar música para meditar. En internet encontrarás miles de páginas web o vídeos con música relajante. Hay un tipo de música que yo te recomiendo especialmente escuchar durante tus meditaciones, por sus efectos a nivel cerebral. Es la música de frecuencias Solfeggio a 432 Hz, que también podrás encontrar en internet escribiendo estas palabras en cualquier buscador.

Como probablemente sabrás, las neuronas de nuestro cerebro emiten ondas a diferentes frecuencias, según nuestro estado mental, llamadas por las letras griegas: delta, theta, alfa, beta y gamma. Estas ondas cerebrales son precisamente lo que mide el electroencefalograma. Las ondas alfa son aquéllas que nuestro cerebro emite cuando se encuentra en un estado de paz y satisfacción. Por ejemplo, cuando acabas de finalizar una tarea difícil o en el momento en el que te metes en la cama, justo antes de quedarte dormido, que piensas: «Mmm, qué bien se está aquí». También son las ondas que nos permiten concentrarnos e integrar cuerpo y mente, favoreciendo todo tipo de aprendizaje. Pues bien, escuchar música centrada en una frecuencia de 432 Hz facilita que nuestro cerebro emita ondas alfa.

Personalmente, utilizo este tipo de música durante mis meditaciones. También se la pongo a mis pequeñas cuando las despierto para ir al colegio y entonces noto que se levantan mucho más tranquilas y se concentran mejor en clase. Existe también otro tipo de música llamada «música binaural» que consiste en escuchar música a dos frecuencias diferentes pero cercanas, una por cada oído, de tal manera que el cerebro hace la resta entre las dos y se alinea con la frecuencia resultante. Es también una buena opción, pero a menudo son sonidos menos agradables para el oído y, además, hay que escucharla siempre con auriculares, lo que la hace menos practicable en el día a día.

Por último, hablaré del tVNS (estimulación transcutánea del nervio vago por medio de un aparato TENS), otra técnica muy útil para estimular al sistema nervioso parasimpático que recomiendo a menudo en personas que tienen claros síntomas de alteración grave a ese nivel, como migrañas frecuentes, insomnio importante con despertar temprano, taquicardias, sensación de tener siempre las extremidades frías, estreñimiento importante, etcétera, o bien cuando las técnicas de respiración no han surtido efecto. En realidad, es raro que la meditación no funcione, casi siempre es más bien un problema de falta de interés por parte del paciente, que no la practica regularmente o que no ha aprendido a realizarla correctamente. Siempre prefiero que los pacientes mediten, pues, como comenté en el caso de los ejercicios del suelo pélvico y el uso de una máquina TENS o PTNS, no me gusta que los pacientes se hagan dependientes de una máquina, sino que sean capaces de empoderarse y tratar sus problemas de salud sin ayuda de nadie, pero en ciertos casos en los que es importante impulsar la recuperación parasimpática, sí que me apoyo en esta técnica, sin dejar de recomendar que el paciente siga con las otras estrategias de relajación.

Hay varias maneras de llevarla a cabo. En mi caso, utilizo el mismo tipo de aparato TENS que para la estimulación del nervio tibial posterior, pero con unos parámetros de estimulación diferentes. Conecto uno de los electrodos a una pequeña pinza que se pone en el pabellón auricular, en una parte llamada *cymba conchae*, tal y como puedes ver en la figura 13.1, y el electrodo tierra lo coloco en el hombro. De esta manera, se estimulan las fibras aferentes del nervio vago que parten de la oreja.

Con el tVNS los pacientes describen un estado de calma, zen. Suelo recomendar sesiones diarias de unos quince minutos, y siempre estimulando la oreja izquierda, nunca la derecha, pues a la derecha algunas de estas fibras van al corazón, pudiendo provocar bradicardia (disminución del ritmo cardíaco) u otras alteraciones cardíacas. Existen ciertas contraindicaciones para esta técnica y no es algo que debas hacer por tu cuenta sin la supervisión de un profesional, pero hay numerosos terapeutas que la practican y, si te interesa informarte, seguro que encuentras a alguien cerca de casa.

Figura 13.1. Dispositivo tVNS

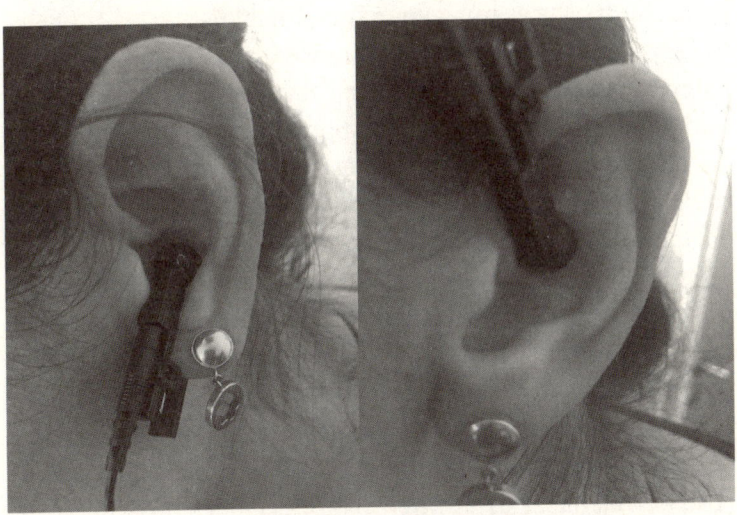

Fuente: Elaboración propia.

Como verás, he mencionado diferentes técnicas para disminuir la percepción de estrés que pueda tener tu cerebro, aunque las situaciones de estrés de tu vida no cambien. Son técnicas que se pueden combinar fácilmente entre ellas. Por supuesto que no son las únicas, tan sólo son las que suelo recomendar más a menudo a mis pacientes, pero también, cuando trato con personas en las que noto un verdadero problema de gestión emocional, que no son pocas, me gusta insistir en que el apoyo psicológico es importante, pues las técnicas de relajación pueden no ser suficientes. Recomiendo a menudo a mis pacientes que consulten a un psicoterapeuta o incluso a un psiquiatra si detecto indicios de alguna enfermedad psíquica como una depresión o un trastorno de ansiedad, por ejemplo. No es ninguna deshonra acudir a un profesional de la salud mental. Yo, de hecho, tengo una psicóloga de cabecera con la que realizo sesiones periódicas, que me ha ayudado muchísimo a saber gestio-

nar mis emociones y mi estrés, aun sin tener ninguna patología psíquica, y es una ayuda inestimable.

Los psicólogos utilizan numerosas estrategias diferentes para ayudar a sus pacientes. En los casos en los que una
persona ha sufrido un *shock* emocional que arrastra desde
hace tiempo, con un estado de estrés postraumático, he visto resultados espectaculares con la técnica EMDR, basada
en una desensibilización al trauma por medio del movimiento rápido de los ojos. Es una especie de técnica de hipnosis que se puede realizar incluso en niños y funciona realmente bien. He seguido algunos casos de pacientes que han
padecido abusos y, a raíz de esto, han desarrollado una importante hipertonía de su suelo pélvico que les genera dolor
durante las relaciones y dificultades miccionales y defecato-
rias, entre ellas, estreñimiento e infecciones de orina. Muchas veces ni siquiera son conscientes del trauma psicológico que arrastran ni de las consecuencias que produce. Con
una o varias sesiones de EMDR, les ha cambiado la vida.

Como habrás visto, me he centrado mucho en la gestión
del estrés para favorecer una buena salud hormonal, pero
otro pilar muy importante de nuestra salud general, y hormonal en particular, es el cuidado de nuestros biorritmos y,
en especial, de nuestro ritmo circadiano. El hipotálamo, del
que ya te he hablado, está muy relacionado con los ritmos
de vigilia y sueño, que a su vez están regulados por nuestra
exposición a la luz. La producción de la mayoría de las hormonas de nuestro cuerpo no sólo se adapta a las situaciones
que vivimos en el día a día, sino que también varía en función de la hora del día o el momento del mes o del año en el
que nos encontramos. Toda esta regulación la lleva a cabo
principalmente el hipotálamo.

Desgraciadamente, vivimos en una sociedad en la que
nos hemos alejado tanto de nuestro estado natural que estamos constantemente alterando nuestros biorritmos. Por

ejemplo, el hecho de no exponernos lo suficiente a la luz natural durante el día o, por el contrario, de exponernos a un exceso de luz artificial (y, en especial, de luz azul) durante la tarde o la noche, envía señales contradictorias a nuestro hipotálamo, que termina por no saber si es de día o de noche y no consigue regular adecuadamente la producción hormonal en función de esto, además de dificultar el sueño y nuestro descanso.

De la misma manera, el hecho de vivir en casas con calefacción en invierno y con refrigeración en verano, hace que nos expongamos a pocos cambios de temperatura durante el año e incluso durante el día. Esta estabilidad en la temperatura a la que nos sometemos también envía una información contradictoria a nuestro hipotálamo, que puede llegar a interpretar que estamos siempre en verano, favoreciendo así la ingesta. En efecto, durante gran parte de nuestra evolución, y según en qué parte del planeta viviéramos, los seres humanos nos hemos visto sometidos a grandes cambios de temperatura a lo largo del año. Estos cambios de temperatura iban acompañados de un cambio en la disponibilidad de alimentos. En invierno hacía frío y no se encontraban alimentos, por lo que, a menudo, nuestros antepasados se veían obligados a ayunar. El cuerpo se ponía entonces en modo ayuno desde el punto de vista hormonal y, así, todo concordaba. En verano, por el contrario, la temperatura subía y el acceso a los alimentos era mucho más fácil, por lo que el cerebro le decía al cuerpo que debían comer mucho y crear reservas para las futuras vacas flacas, de manera que el hipotálamo cambiaba su equilibrio hormonal para adaptarse a ello.

Hoy en día, gran parte de estas fluctuaciones o cambios naturales en la exposición a la temperatura o la luz se han perdido en pro de un mayor confort de nuestra especie, lo que está muy bien. Sin embargo, hay que comprender que esta nueva forma de vivir (muy reciente, por cierto), va en contra de la manera en la que nuestra fisiología evolucionó durante millones de años y puede tener consecuencias a nivel de nuestro equilibrio hormonal. Es por ello por lo que estrategias como limitar la exposición a la luz artificial y, en especial, a la luz azul durante la tarde-noche, exponerse a la luz natural durante el día o exponerse puntualmente al frío o al calor, suelen ser eficaces para mejorar nuestra salud. Y no solamente nuestra salud hormonal, sino nuestra salud general, y muy especialmente la de nuestro sistema inmunitario. Volveré a profundizar en este tema un poco más adelante, cuando hable de cómo mejorar nuestra salud inmunitaria.

Y, finalmente, para cerrar el tema sobre la salud hormonal, aprovecho para volver a recalcar la importancia de la regulación de la insulina y la gestión de la glucemia. Sin ánimo de repetirme, quiero insistir en que la orina no debería contener azúcar en condiciones normales. Cuando esto ocurre, podemos considerar que una persona es diabética. En mi consulta, gracias a los análisis de orina que realizo muy a menudo, hemos descubierto incidentalmente muchos casos de diabetes en personas que desconocían su enfermedad. Uno de los muchísimos problemas que la diabetes puede favorecer es precisamente las infecciones de orina. Puedes imaginar que una orina cargada de azúcar es un caldo de cultivo ideal para muchos bichitos, incluidas las levaduras como la *Candida*, que adoran el azúcar y suelen proliferar en la vagina de las mujeres diabéticas. Si, además, debido a la neuropatía que la diabetes provoca y/o una micción no coordinada, esa persona no vacía bien su vejiga, la infección recurrente estará casi garantizada. Como digo a mis pacientes: la vejiga de una persona diabética que no se vacía bien es para los bichitos como una piscina termal. Tienen agua calentita y toda la comida que necesitan. Es normal que no quieran salir de allí. Por todo ello, considero que una buena gestión de la glucemia es fundamental para poder luchar contra las infecciones de orina. Y no se trata de hincharse a tomar pastillas o pincharse insulina, sino de realizar cambios en el estilo de vida, como ya hemos visto y, en especial, en la alimentación, para no llegar a un estado de resistencia a la insulina que secundariamente derive en una diabetes de tipo 2.

13.5. Utilización correcta de los probióticos

Por último, hablaré de los probióticos. Te habrá llamado la atención que, en un capítulo entero dedicado a cómo cuidar nuestra microbiota, aún no los hubiera mencionado, ¿no? Pues bien, aunque a menudo los utilizo en mi práctica clínica y considero que son una herramienta muy útil, pienso que a veces se utilizan de manera excesiva o errónea. A menudo se pautan como única estrategia para solucionar los problemas de disbiosis, sin incidir en todos los otros aspectos de los que he hablado antes que son, desde mi punto de vista, tanto o más importantes que el uso de probióticos. De hecho, si una persona presenta una disbiosis, pienso que lo primero que hay que hacer es buscar la causa y tratarla, en lugar de suplementar con probióticos sin hacerse más preguntas. Además, la suplementación con probióticos es mucho menos útil si no se ha preparado el terreno previamente para que actúen correctamente.

A menudo, explico a mis pacientes que usar probióticos es como plantar semillas en un huerto. Cuando el huerto está lleno de malas hierbas (lo que sería la disbiosis), si plantamos semillas de tomate, lo más probable es que nuestras plantas no crezcan. Primero habrá que retirar estas malas hierbas, después habrá que abonar bien la tierra y,

218 · ¿Qué me pasa ahí abajo?

por último, plantar las semillas. De esta manera, tendremos muchísimas más posibilidades de que la planta crezca sana y fuerte, y nos dé frutos pronto.

A pesar de esta pequeña llamada de atención, he de decir que, desde hace algunos años ha habido un gran auge del mercado de la suplementación humana con probióticos y, hoy en día, tenemos acceso a muchos suplementos maravillosos. En el caso de las infecciones de orina, se ha estudiado su administración tanto por vía oral como vaginal. He hecho una revisión exhaustiva de la evidencia científica existente, que te resumo a continuación.

Verás que, como para la revisión de la alimentación, me pongo un poco más científica, pues la ocasión lo requiere. Aunque tengo que decir que la mayoría de los estudios que he encontrado no me convencen y no me creo realmente los resultados. El problema es que, a menudo, el diseño del estudio es erróneo desde mi punto de vista, pues no se prepara el terreno antes de dar los probióticos, como ya he comentado, y encima éstos se utilizan en monoterapia, sin ningún tipo de estrategia que involucre el estilo de vida o de reeducación miccional. Por ello, muchas veces no se les encuentra utilidad, pues el poder de los probióticos por sí solos en el tratamiento de las infecciones de orina no es suficiente. Además, a menudo, las cepas escogidas no son las correctas. Hablar de «probióticos» es como hablar de «antibióticos» o de «fármacos antihipertensivos», sin especificar a qué tipo de esa gran familia de fármacos nos referimos. No todos actúan de la misma manera. Es como si estudiásemos el efecto de los antibióticos en general sobre un tipo de infección concreta. Los resultados no tendrán ningún valor, pues cada antibiótico tiene un mecanismo de acción diferente y no todos son igual de útiles para todos los tipos de gérmenes o se distribuyen por igual en todos los órganos o tejidos. Estoy segura de que, si se hubiera estudiado el efecto de un probiótico en particular, con un buen espectro de acción a nivel de la microbiota uropatógena digestiva y vaginal, tras haber preparado bien el terreno y en combinación con otras terapias, sería fácil poder demostrar que es útil.

Si quieres saber más...

Para empezar, quiero destacar que numerosos estudios han confirmado una relación de causalidad entre la disbiosis a nivel intestinal y genital y las infecciones de orina de repetición. Esta afirmación, aunque parece obvia, es muy importante, pues valida una de nuestras hipótesis de partida.

Como ya he comentado, es muy difícil sacar conclusiones debido, principalmente, al diseño subóptimo de los estudios científicos. Por ejemplo, en una revisión Cochrane de 2015, donde se compilaron los resultados de nueve estudios diferentes, con un total de 735 pacientes adultos y niños, no se encontró diferencia significativa frente a placebo o no tratamiento. Los autores concluyen que no se pueden sacar conclusiones definitivas, debido a la heterogeneidad de los estudios y al bajo número de participantes.

Otro metaanálisis publicado en 2017 analizó el uso de probióticos en niños y tampoco encontró diferencias significativas frente a placebo o a no tratamiento en la incidencia ni en la tasa de recurrencias, si se usan como monoterapia. Sin embargo, sí vieron un cierto beneficio en la incidencia cuando se asociaban a antibióticos. Más concretamente, en un estudio prospectivo randomizado y controlado de 2007 (es decir, un estudio con alto valor científico), se demostró que la profilaxis oral con probióticos del género *Lactobacillus acidophilus* en niños con reflujo vesicoureteral era similar en eficacia a la profilaxis con antibióticos en el segundo año de seguimiento de estos pacientes.

Este mismo grupo publicó en 2015 nuevos resultados donde se seguía observando el efecto positivo del *Lactobacillus acidophilus*, con el añadido de que se encontraban menos resistencias en los gérmenes del grupo del probiótico frente a los del grupo control tratado con profilaxis antibiótica «clásica» (trimetoprim-sulfametoxazol). Como ves, cuando se va afinando más con ciertas cepas especialmente útiles, los resultados van cambiando. También, este grupo analizó la eficacia de los lactobacilos por vía oral en niños con infecciones de orina de repetición, pero sin anomalías anatómicas del sistema urinario, y encontró, de nuevo, que el probiótico tenía una eficacia similar a la profilaxis antibiótica con trimetoprim-sulfametoxazol.

Estos resultados se vieron corroborados por un estudio de 2013, donde se evaluó la nitrofurantoína, un antibiótico muy usado en urología. Se estudió el uso de nitrofurantoína en monoterapia frente a nitrofurantoína más probióticos por vía oral (*Bifidobacterium lactis* y *Lactobacillus acidophilus*) en la profilaxis de niños con reflujo vesicoureteral unilateral y se comprobó que el grupo que llevaba el probiótico añadido tuvo menos infecciones.

Un grupo iraní también confirmó en 2020 que la profilaxis oral con una mezcla de probióticos (*Lactobacillus acidophilus, Lactobacillus rhamnosus, Bifidobacterium bifidum* y *Bifidobacterium lactis*) era eficaz para prevenir las recurrencias de niños sin alteraciones del tracto urinario tras un primer episodio de infección. Un pequeño estudio retrospectivo publicado en 2015 también demostró la utilidad de una mezcla oral de quinolonas (otro tipo de antibiótico) y probióticos basados en lactobacilos como prevención de las infecciones de orina en niños.

En las mujeres, un metaanálisis de 2021 en el que se incluyeron a 284 pacientes premenopáusicas analizó la evidencia científica del uso de probióticos tanto orales como vaginales y, de nuevo, no se halló diferencia significativa frente a placebo en la tasa de recurrencias de las infecciones de orina. He de decir que no me creo siempre estas conclusiones, pues el gran problema de los metaanálisis en el estudio de los probióticos, desde mi punto de vista, es que se incluyen trabajos muy heterogéneos, es decir, para realizar un metaanálisis se toman los resultados de diferentes estudios donde, muy probablemente, se han utilizado pautas diferentes, cepas diferentes, etcétera, y se analizan de manera conjunta, como si se tratase de una única población estudiada. Esto puede llevar a confusión a la hora de la interpretación de los resultados.

En 2013 se publicó también un metaanálisis en el que se incluyeron a 294 participantes, mujeres premenopáusicas también. Si bien no se encontraron diferencias significativas tampoco, el análisis de sensibilidad efectuado posteriormente con 127 pacientes sí que demostró beneficio del uso de lactobacilos específicamente. Otra revisión de 2008 pareció encontrar un ligero beneficio del uso de los probióticos en mujeres, aunque tal y como apuntan los autores, los resultados dependen de la cepa utilizada y de la estabilidad y la biodisponibilidad del compuesto, razón por la que no pueden dar recomendaciones generales. Esta conclusión me parece muy acertada, pues refleja la realidad actual de los tratamientos con probióticos. Siguiendo con los estudios en mujeres, otro grupo utilizó durante seis meses un suplemento de *cranberry* (arándano rojo) y lactobacilos en pacientes femeninas con infecciones de orina de repetición, y demostraron su superioridad frente a placebo.

Cuando nos centramos en cepas específicas, sin embargo, los resultados son diferentes, como ya te había anticipado. Encontramos tres estudios publicados con la utilización de *Lactobacillus crispatus* intravaginal, donde se observa un beneficio en la prevención de recurrencias; otro grupo demostró un beneficio en la utilización del *Lactobacillus plantarum* por vía oral en ratones inmunodeprimidos en cuanto a la prevención de infecciones, y otro equipo obtuvo mejorías en la reparación de tejido renal de ratas a las que se había provocado una pielonefritis (infección del riñón) gracias al efecto antiinflamatorio de este lactobacilo.

Sin embargo, no se pudo demostrar disminución *in vitro* de la capacidad de adherencia al epitelio urinario de los uropatógenos más frecuentes con la utilización de este lactobacilo, mientras que sí que hubo inhibición con otros lactobacilos como el *L. salivarius* o el *L. acidophilus*. Por otro lado, otros investigadores analizaron la capacidad de dos cepas formadoras de esporas del género *Bacillus* (*Bacillus subtilis* y *Bacillus amyloliquefaciens*) para inhibir la formación de *biofilms* por parte de *Proteus mirabilis*, y encontraron que tanto los *Bacillus* como sus metabolitos eran capaces de producir esta inhibición.

En mi caso, suelo recomendar a menudo el uso de probióticos intravaginales si sospecho una disbiosis. Para ello, no pido estudios de microbiota vaginal, pues son test muy caros. Hay una técnica muy sencilla y barata que consiste en realizar una medición del pH vaginal. Si el pH es cercano a 4, considero que la microbiota vaginal es eubiótica (correcta) y no suelo dar probiótico, pero si el pH es superior a 4,5 y, en especial, si está por encima de 5, esto me hace sospechar que existe un desequilibrio en la flora vaginal y recomiendo el uso del probiótico.

Suelo prescribir alguno que contenga estas cuatro cepas: *L. crispatus*, *L. rhamnosus*, *L. gasseri* y *L. jensenii*, pues las considero las más eficaces. No tengo una pauta fija, pues depende de cada paciente. Además, como ya he comentado, no creo en la monoterapia sólo con probióticos. Siempre propongo un tratamiento integrativo personalizado y multimodal a mis pacientes. Pero he de decir que los resultados que he obtenido hasta la fecha con el uso de estas cepas intravaginales son excelentes, y con una buena tolerancia, incluso en aquellas pacientes que no han seguido mis otros consejos y que se han limitado a usar el probiótico. En estos casos, existe, sin embargo, el inconveniente de que las infecciones de orina suelen recidivar una vez dejan de usarlos, ya que, al no haber seguido mis recomendaciones, las pacientes no han cambiado su estilo de vida ni han realizado una buena reeducación miccional que es lo que de verdad da resultados a largo plazo. Igualmente, para aquéllas que no toleran o que no desean usar productos intravaginales, los hemos utilizado por vía oral y los resultados también han sido buenos, aunque menos espectaculares y rápidos que por vía vaginal.

A este respecto, quisiera puntualizar que, aunque algunas pacientes se sorprenden cuando les propongo usar probióticos vaginales, esta estrategia no es nueva en absoluto. Hace muchos decenios que las mujeres utilizan con éxito el yogur, aplicándolo en la vagina, como remedio casero para tratar las infecciones de orina. Y tiene su lógica, ya que el yogur contiene lactobacilos y también ácido láctico, dos sustancias que pueden ayudar a una buena regulación de la microbiota vaginal. El problema es que, aplicando yogur, no sabemos qué tipos de cepas de bacterias estamos utilizando, ni su concentración, ni la cantidad de ácido láctico tampoco. Además, el yogur puede contener algunos azúcares a pesar de que en gran medida la lactosa haya sido fermentada por las bacterias. Por ello, algunos expertos piensan que se podría favorecer el desarrollo de algunos microorganismos indeseables como las levaduras.

Esta teoría es dudosa, pues, como habrás podido comprobar, el yogur que tienes en casa, incluso el casero, se mantiene intacto durante mucho tiempo y casi nunca se contamina por hongos. De hecho, la fermentación láctica ha sido desde hace siglos una de las formas de conservación de alimentos más usada por los seres humanos. Pero, bueno, en definitiva, hoy en día tenemos acceso a numerosos productos específicamente diseñados para este fin (probióticos y geles de ácido láctico intravaginal, de los que hablaré más adelante), que nos permiten saber exactamente qué cepas damos y en qué concentración y qué dosis de ácido administramos. Por ello, ya no necesitamos recurrir a los remedios caseros que, a pesar de todo, suelen ser muy eficaces y baratos.

En cuanto a los productos de higiene femenina tratados con probióticos, en los últimos años se han comercializado algunos productos que prometen buenos resultados, entre ellos, los geles lubricantes íntimos con probióticos y los tampones y las compresas que contienen algunas cepas que, teóricamente, colonizan la vagina cuando se usan y protegen de la disbiosis vaginal. La teoría es interesante, pues, como ya he explicado, muchas mujeres padecen infecciones de orina tras las relaciones sexuales o en los días cercanos a la menstruación. Esto es probablemente debido a un cambio en la flora vaginal provocado por el aumento brusco del pH durante la descarga del semen (en el caso de las relaciones) o por la caída brusca de los estrógenos (en el caso de la menstruación). También están surgiendo productos absorbentes con probióticos para el manejo de la incontinencia urinaria.

Desgraciadamente, no hay prácticamente nada de literatura científica que estudie el efecto protector de estos productos a nivel de las infecciones de orina. En el caso de los geles lubricantes probióticos, no he encontrado estudios científicos. En cuanto a los tampones y las compresas absorbentes, sólo he encontrado un artículo de revisión que los menciona, aludiendo a sus efectos positivos en la microbiota vaginal, pero sin especificar si son eficaces para prevenir las infecciones de orina o no.

En mi práctica clínica, no recomiendo a todas las pacientes el uso de este tipo de productos, por varias razones. Por un lado, porque suelen ser productos muy caros. Y, por otro lado, porque sólo les veo utilidad en el caso concreto de mujeres en las que exista una clara relación entre las infecciones de orina y la actividad sexual o el ciclo menstrual. Tengo que decir que, en estos casos particulares, cuando he recomendado el uso de lubricantes o de tampones probióticos, sí que he notado un cierto efecto protector. Quedaría por ver si el uso de compresas absorbentes probióticas en mujeres incontinentes tiene alguna utilidad. En este caso, soy bastante más escéptica, pues sin el contacto directo del producto con la pared vaginal, como sería el caso de los tampones o los geles, veo difícil que los lactobacilos sean capaces de colonizar la vagina. Quizá, estas compresas absorbentes podrían tener cabida en el caso de mujeres que presenten una sobrecarga perineal de bacterias intestinales (mujeres muy estreñidas, por ejemplo, o mujeres que se limpian de atrás hacia delante) o una incontinencia fecal que pueda ser el principal factor de riesgo de sus infecciones. No puedo pronunciarme al respecto por falta de evidencia científica y de experiencia clínica, pero quizá podría ser una pista de tratamiento en algunos casos.

Por último, quisiera hacer un pequeño apunte sobre el uso de suplementos de ácido láctico intravaginal, que se utilizan con éxito desde hace tiempo en el tratamiento de las vaginosis (infecciones vaginales). Sin embargo, no hay prácticamente estudios al respecto en el campo de las infecciones de orina. Aunque no se trata de un probiótico propiamente dicho, el ácido láctico, que es precisamente el tipo de ácido que producen los lactobacilos, ayuda a regular la microbiota vaginal, previniendo en teoría el desarrollo de una disbiosis. Sólo pude encontrar un estudio observacional al respecto, donde un grupo de mujeres con infecciones de orina de repetición relacionadas con la menstruación utilizó un gel vaginal de ácido láctico durante unos tres días inmediatamente tras la regla. Los resultados fueron buenos en cuanto a reducción de la tasa de infecciones de orina y a tolerancia. Sin embargo, hay que destacar que el estudio sólo duró cuatro meses, tiempo insuficiente de observación desde mi punto de vista, y que estaba patrocinado por la compañía farmacéutica que fabricaba el gel de ácido láctico.

Aun así, tengo que decir que en mi práctica clínica sí que recomiendo el uso de ácido láctico en algunos casos, sobre todo, en mujeres que padecen infecciones de orina durante la menstruación, como señalaba el artículo, y en aquéllas que las presentan casi sistemáticamente tras las relaciones sexuales. En este caso, recomiendo que utilicen un óvulo o un aplicador vaginal de ácido láctico junto con una cápsula intravaginal de algún probiótico que contenga *Lactobacillus crispatus* inmediatamente después del sexo. Por ahora, los resultados obtenidos son buenos y es una pauta sencilla y fácil de seguir.

14

Cómo mejorar nuestra salud inmunitaria

Aunque ya hemos abordado este tema en otras secciones del libro, y pese al riesgo de repetirme, me voy a detener un poco en las estrategias que nos permiten cuidar de nuestro sistema inmunitario. Ya he comentado que cualquier sustancia o mecanismo que pueda hiperactivar el sistema inmunitario va a hacer que éste se distraiga y no se dedique a lo que tiene que dedicarse, que es defender a nuestro organismo del ataque de microorganismos, eliminar células tumorales y favorecer la reparación tisular. Otras situaciones pueden provocar un déficit de funcionamiento de éste. A continuación, te pongo algunos ejemplos de situaciones que pueden hacer que nuestro sistema inmunitario funcione de manera inapropiada:

- Una alimentación proinflamatoria por consumo excesivo de gluten, lectinas, lácteos de vaca, de alimentos tratados con productos fitosanitarios o muy procesados, con muchos colorantes y conservantes, etcétera.
- La presencia no diagnosticada de alergias o intolerancias (alimentarias o no).
- Una malnutrición con déficits vitamínicos o de ciertos oligoelementos, generalmente secundaria a uno de los

apartados anteriores o a una dieta muy restrictiva no suplementada (dieta vegana, dieta carnívora, dieta con una importante restricción de calorías, etcétera).

- Una disbiosis, sobre todo, a nivel intestinal, pero también bucal, urogenital, etcétera.
- El estrés crónico, pues para hacer frente a una supuesta amenaza, nuestro sistema inmunitario se pone en modo alerta por si acaso. Además, la descarga de cortisol que se da frente al estrés mantenido es un importante mecanismo inmunosupresor, como ya he comentado.
- La falta de ejercicio físico: el ejercicio es uno de los antiinflamatorios naturales que mejor funcionan.
- La falta de exposición a cambios de temperatura y a la luz solar de día, así como el exceso de luz azul de noche. En definitiva, la alteración de nuestros biorritmos, pues el funcionamiento de nuestro sistema inmunitario, como el de la mayoría de nuestros sistemas, está regulado neurohormonalmente. Y, a su vez, las hormonas y el sistema nervioso se ven muy influenciados por nuestros biorritmos.
- El descanso insuficiente y la mala calidad del sueño, por las mismas razones que el apartado anterior.
- Una exposición excesiva a tóxicos medioambientales (metales pesados, contaminantes varios, etcétera), disruptores endocrinos y radiaciones electromagnéticas.
- La presencia de infecciones crónicas subclínicas, sobre todo, víricas, como el EBV (virus de Epstein-Barr), aunque también *Candida* o parásitos intestinales.

Muchos de estos temas ya los he desarrollado anteriormente (alimentación, intolerancias, disbiosis, estrés), por lo que no me extenderé de nuevo aquí. Hay otros, como los tóxicos, que ya enumeré con detalle en la primera parte y a los que les dedicaré un pequeño capítulo más adelante para darte algunos consejos sencillos de cómo evitarlos. También me centraré en la malnutrición y la suplementación en otro capítulo, por lo que no lo abordaré en éste. Por tanto, voy a desarrollar a continuación aquéllos que no he tratado ni voy a tratar en más profundidad en otros capítulos.

14.1. Ejercicio físico y sistema inmunitario

Comenzaré hablando del ejercicio físico. Vivimos en una sociedad donde el sedentarismo es la norma. La gente hace muy poco o nada de ejercicio físico y, si lo hacen, suele ser en sitios cerrados con luz artificial y rara vez en entornos naturales. Sin embargo, una vez más, esto va en contra de nuestra naturaleza como especie.

Durante millones de años, el ser humano ha vivido en la naturaleza y ha tenido que moverse y hacer ejercicio para poder sobrevivir (cazar, andar, correr, luchar, recolectar alimentos, cultivar la tierra cuando no existían las máquinas motorizadas, etcétera). Nuestro cuerpo está hecho para comer poco y de manera irregular y moverse mucho. Hoy en día, hacemos justo lo contrario: comemos mucho y constantemente y nos movemos poco. Es por ello, entre otras muchas razones, por lo que nuestro eje psico-inmuno-neuro-endocrino funciona mal.

Existen numerosos artículos científicos que han estudiado el efecto del ejercicio físico en el sistema inmunitario. Como siempre, es difícil generalizar, pues no todos los tipos de ejercicio son iguales, ni la intensidad con la que se practica, ni el ambiente donde se realiza y, por ello, hay algo de controversia. Aunque en un principio se creía que el ejercicio intenso podía tener un efecto inmunosupresor pasajero, esta afirmación ha sido desmentida más recientemente según varios metaanálisis (recuerda que el metaanálisis es el estudio estadístico más potente).

También se ha demostrado en numerosos estudios que, a la larga, los efectos del ejercicio sobre el sistema inmunitario son positivos y, en especial, el ejercicio de fuerza, por el efecto inmunomodulador que éste produce. En concreto, se ha visto que la práctica de ejercicio físico puede ayudar a disminuir algunos parámetros de inflamación de bajo grado. Por otro lado, se ha asociado con una menor predisposición a padecer infecciones en general y una mejoría en la respuesta inmunitaria a las vacunas.

No hay artículos que se refieran en especial a las infecciones de orina, pero la actividad física ha demostrado aumentar la tasa de inmunoglobulinas IgA en las mucosas, por lo que es de suponer que la respuesta defensiva de cualquier mucosa, incluida la vesical, será mejor. ¿Y qué tipo de deporte deberías practicar? La respuesta es muy sencilla: el que más te guste. No hay un tipo de deporte mejor o peor para tu vejiga. Se ha dicho que los deportes de asiento como el ciclismo o la equitación pueden empeorar el estado del suelo pélvico o que la natación no es buena para las personas que padecen infecciones de orina. No es del todo cierto. Tengo muchísimos pacientes que adoran el ciclismo. Está claro que un suelo pélvico mal entrenado sufrirá más las consecuencias de pasar varias horas aplastado por el peso del cuerpo contra el sillín de la bici, recibiendo las vibraciones del terreno, pero si haces regularmente los ejercicios del suelo pélvico que ya hemos comentado y llevas una buena alimentación, tus músculos pélvicos estarán mejor oxigenados y relajados y soportarán mucho mejor esa situación.

Yo recomiendo a mis pacientes además que utilicen un sillín «prostático» (no sé cuál es el nombre técnico de este tipo de sillines, pero yo lo llamo así). Se trata de un sillín que tiene un agujero o una hendidura en el centro, de tal manera que cuando nos sentamos, la próstata (en los hombres) o el centro del suelo pélvico (en las mujeres) quedan libres, sin que apoyemos peso sobre ellos. Así, el peso quedará apoyado sobre los huesos. Este sillín lo pueden utilizar tanto hombres como mujeres y muchos de mis pacientes han encontrado que les va muy bien.

En cuanto a la natación, tengo muchas pacientes que han dejado de hacerla debido a las infecciones de orina. De nuevo, no lo veo necesario. Si hay una gran disbiosis vaginal y una alteración del suelo pélvico, es probable que el agua de la piscina facilite la aparición de una vaginitis (infección de la vagina) o incluso una cistitis. Sin embargo, si trabajas regularmente la coordinación de tu suelo pélvico y luchas activamente contra la disbiosis vaginal con todos los consejos que ya has leído en este libro (cuidar la alimentación, evitar el estreñimiento, utilizar gel de ácido láctico o probióticos vaginales, etcétera) es poco probable que el hecho de nadar te provoque problemas. Y en el caso en que así sea, a pesar de los consejos anteriores, puedes recurrir a algunos trucos como ponerte un óvulo de probiótico vaginal una hora antes de entrar en la piscina, uno de ácido láctico o los dos juntos. También puedes ponerte un tampón probiótico y retirarlo inmediatamente después de salir del agua, aunque no tengas la regla. El aceite de coco tiene propiedades antifúngicas, antibacterianas y antivirales. Puede ser una buena alternativa en estos casos.

Por si no lo sabes, cuando la temperatura ambiente es menor a 25 grados, el aceite de coco no es líquido, sino cremoso. Por eso es práctico usarlo, pues se puede utilizar a modo de crema. Puedes extender un poco (no mucho) a la entrada de tu vagina antes y después del baño, y esto creará una especie de barrera de protección. Así, si la natación o cualquier deporte acuático te fascinan, no tienes que dejar de practicarlos por culpa de tus infecciones de orina. Seguir estos consejos seguramente te ayudará.

En cuanto a los otros deportes, pasa un poco lo mismo. Nadie debería verse obligado a abandonar una práctica deportiva que le gusta y le motiva por culpa de las infecciones de orina. Con un buen entrenamiento de la musculatura pélvica y, por supuesto, de la musculatura abdominal y lumbar (pues, si no, no hay equilibrio), se consiguen maravillas. Y para aquellas personas que son sedentarias por naturaleza o que de verdad no tienen tiempo para hacer algún deporte en concreto o para ir al gimnasio, tampoco hay excusas. El ejercicio de fuerza realizado de manera regular es muy beneficioso y se puede incorporar a nuestro día a día casi sin darnos cuenta.

Te voy a contar mi caso particular. A mí me gustan los deportes de montaña, en especial, el senderismo y los deportes de nieve. Intento ir a andar varias veces por semana, pero esto no siempre es fácil por la vida ajetreada que llevo, por las obligaciones familiares y porque el tiempo no siempre acompaña (lluvia, nieve, etcétera). Además, me di cuenta hace tiempo de que el simple hecho de ir a andar no era suficiente ejercicio físico. Por eso, decidí empezar a hacer ejercicio de fuerza a diario. Intenté hacer una tabla de ejercicios que incluía los ejercicios del suelo pélvico por la tarde en casa, pero la verdad es que muchos días me olvidaba o estaba tan cansada que no encontraba la motivación necesaria. Así que empecé hacerlos por la mañana, nada más levantarme. Me propuse hacer quince minutos diarios, un reto no muy ambicioso, pero realista. Pensé que supondría un gran esfuerzo porque tendría que despertarme más pronto y yo soy bastante marmota, pero estaba equivocada. Lo que ocurrió fue que hacer esos quince minutos de ejercicio por la mañana me activaba tanto que después era mucho más rápida a la hora de ducharme, vestirme, desayunar, etcétera, mientras que antes iba arrastrándome desde que me levantaba hasta que conseguía salir de casa. Así que esa rapidez compensaba los quince minutos dedicados a hacer ejercicio, de manera que no necesitaba adelantar el despertador. ¡Y me siento genial desde que lo hago!

Otra pequeña motivación que he añadido a mis mañanas es un poco de meditación. Como para el caso del deporte, nunca encontraba el momento. Así que ahora he adelantado tres minutos el despertador (esta vez sí, lo he tenido que adelantar tres minutillos, pero no ha sido dramático). Cuando suena, me pongo la música de 432 Hz y hago entre tres y cinco minutos de *mindfulness* y respiración de coherencia cardíaca. Así, con la meditación, las ondas alfa y el deporte, comienzo mis mañanas como una flor.

Otro truquillo que he incorporado a mi rutina diaria es hacer algunas repeticiones de sentadillas cuando voy al baño. Hay muchos expertos y estudios que recomiendan hacer pequeñas series de ejercicio durante las horas de trabajo, pues, además de ser bueno físicamente, puede ayudarte a concentrarte mejor. En mi caso, a diferencia de otras personas, no me paso las horas de trabajo sentada, pues me muevo mucho durante las horas de consulta. Pero cuando hago una «pausa pipí», tanto en el trabajo como en casa, aprovecho para hacer quince sentadillas. Utilizo una *kettlebell* que he colocado delante del váter, para no olvidarme. No me lleva nada de tiempo y, quieras que no, es algo que va sumando a lo largo de un día. También intento hacer algunos ejercicios para fortalecer los gemelos cuando subo las escaleras de casa. Tengo pacientes que hacen sentadillas mientras cocinan, otros que levantan las bolsas de la compra para fortalecer los bíceps, etcétera.

En fin, hay muchas maneras de incorporar esos pequeños momentos de ejercicio a tu vida diaria sin que suponga un sobreesfuerzo y sin que tengas que planificar un espacio en tu apretada agenda para hacerlo. Sólo hay que acostumbrarse. Al principio, es muy probable que se te olvide hacerlos, pero, cuando te habitúes, lo harás casi instintivamente y te puedo asegurar que el efecto positivo se nota rápidamente.

14.2. BIORRITMOS Y EXPOSICIÓN A TEMPERATURAS EXTREMAS

Hablemos ahora de nuevo sobre la exposición a cambios de temperatura y el respeto de los biorritmos (y de los ritmos circadianos en especial). Nuestro estilo de vida moderno es bastante antinatural, como ya mencioné en el capítulo 13 sobre la microbiota y la salud hormonal. Vivir en casas con luz eléctrica, bien aisladas y preparadas para los cambios de temperatura frío/calor es muy confortable, pero no es lo que el ser humano ha conocido durante millones de años, y a lo que nuestra fisiología se ha acostumbrado. Cada vez hay más evidencia científica sobre los biorritmos y su papel en la regulación de prácticamente todos los mecanismos de nuestro cuerpo, pero ¿qué son los biorritmos? Se trata de la manera en la que nuestro organismo reconoce los ritmos de la naturaleza y reacciona ante ellos: los cambios de estación, los cambios de mes, los cambios entre el día y la noche y entre luz y oscuridad, etcétera. Estos ritmos se clasifican según su duración en tres tipos:

- Ritmos circadianos: son aquéllos que duran más o menos un día.
- Ritmos ultradianos: aquéllos que duran menos de un día.
- Ritmos infradianos: los que duran más de un día.

Cada vez conocemos mejor la influencia que estos ritmos pueden tener en nuestra salud. Desde hace muchos años es sabido que las personas que trabajan a turnos tienen más riesgo de padecer numerosas enfermedades, entre ellas, enfermedades cardiovasculares y cáncer. Más recientemente, se ha descubierto que la mayoría de nuestras células, sanas o enfermas, así como las de los microorganismos que nos protegen o los que nos atacan, responden a lo que se conoce como «relojes celulares», de tal manera que su funcionamiento y su metabolismo no es constante, sino que varía en función del tiempo.

Esta ciencia se llama cronobiología y sus aplicaciones clínicas son infinitas. Por ejemplo, cada vez se avanza más en la cronofarmacología para el tratamiento del cáncer y de las enfermedades infecciosas. Se sabe que la tasa de replicación de las células tumorales y su respuesta a los tratamientos quimioterápicos no es la misma a lo largo de las veinticuatro horas del día. Lo mismo ocurre para las infecciones. Así, aplicando los tratamientos a la hora en la que pueden ser más efectivos, se consiguen respuestas hasta dos y tres veces más eficaces. El funcionamiento del sistema urinario no escapa tampoco a este control rítmico.

De la misma manera, el sistema inmunitario está sometido a este control, principalmente a nivel circadiano, aunque también influyen los cambios de temperatura y, a su vez, el sistema inmunitario ejerce una influencia sobre nuestros ritmos circadianos. Se ha hablado también mucho del importante efecto inmunomodulador y antiinflamatorio de la melatonina, la hormona del sueño. Existe también evidencia, en estudios en laboratorio, sobre todo, que confirma que la cronodisrupción (alteración de los biorritmos y, en especial, del ritmo circadiano sueño-vigilia) puede afectar seriamente al funcionamiento del sistema inmunitario.

En cuanto a la exposición al frío y al calor, también existe evidencia científica que apoya ambas intervenciones. Las saunas, tomadas de manera repetitiva, entre otras técnicas de aplicación de calor, parecen ser beneficiosas para la salud y, en especial, para reducir marcadores de estrés y mejorar la respuesta inmunitaria.

En cuanto a la exposición al frío, son conocidos desde hace siglos sus efectos beneficiosos para la salud. A pesar de que esta técnica se mantuvo olvidada durante siglos, la ciencia ha retomado su interés por ella recientemente. Sólo hay que ver la propagación de cabinas de crioterapia en numerosos centros médicos. Aunque en un principio su uso se popularizó para mejorar la recuperación muscular en los deportistas, los efectos de la crioterapia van mucho más allá, pues se han demostrado también sus beneficios a nivel del control del estrés oxidativo, de la regeneración ósea o del sistema inmunitario, entre otros. Si nos centramos en los efectos de la exposición al frío en el sistema inmunitario, se ha visto que inmediatamente tras la exposición se produce una ligera inmunosupresión, en especial, si se combina con la práctica de ejercicio físico, pero sin que ésta se considere perjudicial. Sin embargo, tanto en animales de experimentación como en humanos, se ha determinado que la exposición repetida al frío favorece, en general, el desarrollo de una buena respuesta inmunitaria.

A la vista de esta evidencia científica, ¿qué podemos hacer para mejorar nuestros biorritmos y favorecer nuestra exposición a temperaturas extremas? En cuanto a la cronobiología, nuestro estilo de vida puede ayudar de muchas maneras. El mantenimiento de horarios regulares a la hora de levantarse y de acostarse, así como también a la hora de las comidas es muy importante. Siempre que puedas, intenta respetar esos horarios, incluso los fines de semana. A veces no es fácil, pues el trabajo, las actividades sociales y otros nos lo impiden, pero hazlo siempre que puedas, tu cuerpo te lo agradecerá.

Duerme lo suficiente. Cada persona necesita un número de horas de sueño diferente, pero a menudo solemos robarle tiempo al sueño por querer hacer otras cosas o simplemente porque por la noche nos acostamos tarde porque perdemos el tiempo sin darnos cuenta enganchados a alguna serie o a internet. Luego nos autoengañamos diciéndonos que «en realidad yo no necesito más de seis horas de sueño», mientras nos hinchamos a café durante el día. Lo ideal sería que verifiques cuántas horas te pide el cuerpo cuando no tienes que poner el despertador, en vacaciones, por ejemplo. Esas horas serán más parecidas a lo que de verdad necesitas. Así, podrás ajustar tu hora de ir a la cama en función de esto.

En cuanto a las comidas, también es preferible ingerir alimentos sólo durante las horas de sol, es decir, intentar cenar pronto, debido a la influencia que tiene la luz en nuestros ritmos hormonales, incluidas las hormonas relacionadas con el metabolismo. Nuestro organismo está más acostumbrado a comer de día y dormir de noche, pues es lo que el ser humano ha hecho durante millones de años, antes de la invención de la luz eléctrica. Es muy importante la exposición a la luz natural durante el día, para que nuestro cerebro comprenda que es efectivamente de día y se ponga a trabajar en consonancia. El problema que tenemos actualmente es que, a menudo, estamos expuestos a la misma intensidad lumínica todo el tiempo, y al mismo espectro de luz, incluida la luz azul, lo que no es natural.

Normalmente la intensidad y el espectro de luz cambian durante las horas de sol hasta que anochece, donde deberíamos dejar de estar expuestos a la luz o, como mucho, estar expuestos a una luz tenue y anaranjada, similar a la que procede del fuego. Si estos cambios no son evidentes, nuestro cerebro no puede notar las variaciones en la hora del día y es fácil que se genere una cronodisrupción, que a su vez puede provocar alteraciones del sueño y hacernos entrar en un círculo vicioso muy negativo para nuestra salud.

Así, si tu ritmo de vida no te permite salir al exterior durante unos minutos cada día y disfrutar de los cambios de intensidad de la luz o si vives en una región donde no luce mucho el sol, una opción es hacerte con una lámpara de luz azul que puedes colocar en tu lugar de trabajo, por ejemplo. Esta luz funcionará en tu cerebro de la misma manera que si te diera el sol y te ayudará a sincronizar tus ritmos circadianos. Asimismo, a última hora de la tarde es muy beneficioso evitar la exposición a la luz azul. Por ello, es interesante apagar algunas luces en casa o tener lámparas bajas con bombillas de luz ámbar en los espacios de la casa que más se frecuenten a esas horas, como el salón o el dormitorio. Otra buena estrategia es hacerte con una lámpara de luz roja, que puedes utilizar unos minutos al despertarte y otro rato antes de dormir, pues esto simulará la exposición a la luz del amanecer y del atardecer. Además, se debe evitar el uso excesivo de pantallas (teléfonos móviles, tabletas, ordenadores, televisores, etcétera) durante las dos o tres horas antes de irnos a la cama, pues estos dispositivos emiten mucha luz azul que activará a nuestro cerebro como si fuera por la mañana.

Si no puedes o no quieres evitar el uso de ese tipo de dispositivos a esas horas, intenta adaptar la luminosidad de la pantalla para que no emita mucha luz azul (hay muchos aparatos que te permiten activar el «modo noche»). Yo, por ejemplo, tengo activado el modo noche de mi teléfono móvil las veinticuatro horas del día. Además de esto, puede ayudar el uso de unas gafas de protección contra la luz azul por la tarde noche. No me refiero a que incorpores a los cristales de tus gafas normales un filtro, aunque esto también ayuda. Existen gafas específicas, con cristales amarillos generalmente, que consiguen bloquear la mayor parte de la luz azul que reciben nuestros ojos. Algunas tienen formato de pantalla y podrías incluso colocarlas sobre tus gafas normales. Se venden en numerosas ópticas y en tiendas online y no tienen un precio prohibitivo. Y no olvides dormir a oscuras, pues es necesario para una buena producción de melatonina. Si haces todo lo anterior, pero después duermes en una habitación iluminada (persiana abierta, luz de acompañamiento, etcétera), no servirá de nada todo lo demás.

Por otro lado, el dormir rodeado de ruido también puede disminuir la calidad de tu sueño. A veces, usar unos tapones para dormir puede ser de gran ayuda. Aunque no te evitarán escuchar ruidos fuertes, ni a tus hijos, pues el oído es más sensible a los sonidos emitidos por nuestros pequeños, sobre todo, en las mujeres, te aislarán de los pequeños ruidos que pueden llegar a dificultar nuestro descanso nocturno al producirnos a veces microdespertares de los que no somos ni siquiera conscientes. Cuesta un poco acostumbrarse a utilizarlos, pero, una vez te has habituado, es un pequeño truco que funciona muy bien.

Otros consejos que puedo darte en cuanto a una buena higiene del sueño son que intentes dormir de lado, sobre tu lado dominante, pues esto mejora la calidad de tu descanso, que tengas un buen colchón y una buena almohada que se adapten bien a tu cuerpo y que utilices ropa de cama y ropa de dormir que se adapte bien a la temperatura exterior, pues pasar calor por la noche hace que el sueño no sea bueno. Si te interesa el tema del sueño, te recomiendo mucho el libro *Sleep* de Nick Littlehales, un experto en sueño que ha ayudado a numerosos deportistas de élite a mejorar su rendimiento gracias a sus consejos sobre el descanso. Merece la pena leerlo, de verdad.

En cuanto a los cambios de temperatura, el uso habitual de una sauna y/o de una cabina de crioterapia puede ser ideal. Sin embargo, en nuestro día a día hay pequeños gestos que pueden ayudar. Por ejemplo, si tienes la posibilidad de salir a que te dé la luz unos minutos cada día, en los meses de invierno intenta no abrigarte mucho, así matarás dos pájaros de un tiro. Si no, intenta abrigarte por capas y, por ejemplo, al ir o volver del trabajo, descúbrete un poco durante unos minutos. También puedes terminar tus duchas con agua fría. Al principio cuesta acostumbrarse, pero la mayoría de la gente que prueba este método confirma que al cabo de pocos días se sienten de maravilla. Hay métodos más sofisticados como el método Wim Hof, donde se combina la exposición al frío con un tipo de respiración particular, que ha mostrado tener muchos efectos positivos a muchos niveles, pero requiere un aprendizaje y no te recomiendo que lo hagas por tu cuenta. Otra buena idea es intentar bajar un poco la temperatura de tu casa, sobre todo, por la noche. Dormirás mejor si la temperatura de tu habitación no pasa de los 20 grados, pues desde hace millones de años el ser humano ha vivido importantes bajadas de la temperatura durante las noches y es así como nuestra biología ha evolucionado.

Como verás, existen muchas estrategias de fácil aplicación que pueden resultar útiles para cuidar nuestra cronobiología, favoreciendo así, entre otras muchas cosas, una buena salud inmunitaria.

14.3. Las infecciones crónicas

Por último, quiero hablar en este capítulo sobre la salud inmunitaria de las infecciones crónicas que pueden afectarnos sin ser conscientes.

El virus de Epstein-Barr (EBV por sus siglas en inglés), un virus de la familia *Herpesviridae*, es conocido por provocar la mononucleosis infecciosa o «enfermedad del beso». Una gran parte de la población somos portadores crónicos de este virus (alrededor del 95 por ciento), aunque nunca hayamos padecido mononucleosis, pero lo que mucha gente no sabe es que este virus se ha relacionado con el desarrollo de numerosas enfermedades como el cáncer gástrico, nasofaríngeo o varios tipos de linfoma, enfermedades autoinmunes como la esclerosis múltiple, el lupus, el síndrome de Sjögren o la artritis reumatoide, o enfermedades inflamatorias como la periodontitis, así como inmunodeficiencias. Esto es debido a que la principal diana de este virus son los linfocitos B. Por ello, como puedes suponer, la infección crónica con este virus puede debilitar nuestro sistema inmunitario. Y, aunque, en condiciones normales, a menudo se llega a un equilibro entre el huésped y el virus donde ambos conviven pacíficamente, este equilibrio puede perderse ante una situación precipitante, como el estrés crónico, la exposición a tóxicos, los cambios hormonales u otra infección concomitante.

No existe un tratamiento eficaz para eliminar este virus de nuestro cuerpo. Cuando provoca una patología como el cáncer o una enfermedad inmunitaria, se tratan éstas de manera específica. También en el caso de una reactivación de la infección, se han usado terapias antivirales, inmunosupresoras, inmunomoduladoras y biológicas para controlar la infección, pero no se llega a erradicar el virus. Existen otras infecciones víricas crónicas que pueden afectar al funcionamiento de nuestro sistema inmunitario, entre ellas las más conocida es el VIH, pero, desde luego, no la única. Desgraciadamente, muchos de estos virus son ubicuos y su transmisión es a veces inevitable. Además, salvo en algunos casos, no suelen existir tratamientos eficaces para eliminarlos. La única recomendación que te puedo dar es que apliques todas las otras estrategias que te permitirán tener un sistema inmunitario en buena forma, de tal manera que éste pueda mantener a los virus a raya.

En cuanto a otro tipo de infecciones, como las *Candida* o los parásitos, sobre todo, a nivel intestinal, ya he hablado un poco de ellas. La mayoría de nosotros somos portadores crónicos de *Candida*. De hecho, forma parte de lo que se considera una microbiota sana. Algunas personas inmunodeficientes pueden desarrollar infecciones graves por esta levadura. Cuando prolifera en el intestino, incluso en personas sin alteraciones de la inmunidad, el sistema inmunitario intestinal tiene que ocuparse de mantenerla a raya, en especial, los linfocitos T. Debido a esto, es posible que las células inmunitarias estén distraídas ocupándose de las *Candida* y no realicen bien sus otras funciones de inmunovigilancia.

En el caso de las cistitis infecciosas, la *Candida* puede ser uno de los agentes patógenos que las provoca, pero es bastante poco frecuente. Algunas personas sostienen que la cistitis intersticial (una inflamación crónica de la vejiga de la que no se conocen claramente las causas) puede iniciarse o empeorarse debido a la presencia de estas levaduras. El caso de los parásitos es un poco diferente. Cuando escuchamos la palabra «parásito» pensamos en países tropicales, en vías de desarrollo, lombrices, malaria, etcétera. En realidad, los parásitos intestinales son mucho más frecuentes de lo que pensamos y se dan a menudo en la población de los países desarrollados. Si hiciéramos una analítica de heces a toda la población, nos sorprenderíamos de cuánta gente es portadora de parásitos. Hay controversia en cuanto a si hay que tratarlos sistemáticamente o no, pues no está clara la utilidad del tratamiento en los pacientes asintomáticos y, además, son difíciles de erradicar. Sin embargo, pueden producir una hiperactivación de ciertas células inmunitarias, en especial, los eosinófilos, los basófilos y los mastocitos.

Con la activación de estas células se puede producir un aumento de ciertas sustancias proinflamatorias en la sangre, interleuquinas y otras, así como de la histamina, lo cual puede provocar una cierta inflamación crónica de bajo grado. A veces, la presencia de parásitos se traduce clínicamente en ciertos signos a distancia, de tipo alérgico, como eccemas, por ejemplo, por lo que no resulta fácil intuir en esos casos que el origen está en el intestino y se infravalora el problema. En el caso de la vejiga, existen las infecciones directamente mediadas por parásitos, pero son muy poco frecuentes en nuestro medio. Sin embargo, la pared de este órgano es especialmente rica en células inmunes antiparasitarias, sobre todo, mastocitos. Por ello, aunque sólo es una teoría, pienso que una hiperactivación de éstos en un contexto de parasitosis puede tener consecuencias a nivel de la vejiga. Así, como consejo, creo que no se debe subestimar la presencia de parásitos en el intestino y, en muchos casos, deberían tratarse. Se pueden intentar tratamientos farmacológicos prescritos por un médico o tratamientos naturales bajo la supervisión de un naturópata experto. También hay protocolos de probióticos, especialmente, los que contienen *Saccharomyces boulardii*, que pueden ser muy eficaces.

En conclusión, todos los seres humanos estamos constantemente expuestos a agentes potencialmente infecciosos. Estos microorganismos conviven a menudo de forma pacífica con nosotros, pero pueden reactivarse si el equilibrio se pierde o si nuestro sistema inmunitario está en horas bajas. Algunos pueden también producir un efecto inmunosupresor directo. Un estilo de vida enfocado a mejorar nuestra salud global, como el que te propongo en este libro, mejorará el funcionamiento de nuestro sistema inmunitario y disminuirá el riesgo de que alguno de estos microorganismos nos dé la lata. Además, un sistema inmunitario en buena forma será mucho más capaz de luchar contra los patógenos capaces de provocarnos infecciones de orina, que, al fin y al cabo, es el objetivo primordial de nuestra estrategia.

15

Qué podemos hacer para disminuir nuestra exposición a tóxicos

En la primera parte del libro te hablé de cómo actúan algunos de los tóxicos que más pueden influir negativamente en nuestra salud vesical. También abordamos el tema de las radiaciones electromagnéticas no ionizantes (llamadas *electrosmog* o EMF, por las siglas en inglés de *electromagnetic fields*) al hablar sobre el sistema inmunitario. No podemos eliminar los tóxicos y las EMF de nuestra vida, salvo que nos fuésemos al fin del mundo a vivir en una cueva. Sin embargo, sí que existen maneras de reducir nuestra exposición a algunos de ellos o, si esto no es posible, de protegernos del efecto nocivo que pueden provocar en nuestro organismo. Así, aunque sigamos expuestos en menor medida, nuestro cuerpo podrá lidiar con ello. Hay que saber que nuestro organismo está preparado para hacer frente a los tóxicos, como ya comenté anteriormente.

Por ejemplo, gracias a los sistemas antioxidantes, nuestras células y, en especial, nuestras mitocondrias, poseen mecanismos de control del estrés oxidativo, que es uno de los efectos nocivos que pueden producir muchas de estas sustancias, así como las EMF. Por medio de la interacción de ciertas moléculas con los radicales libres de oxígeno, éstos se inactivan y dejan de ser dañinos. Además, también contamos con la actividad depuradora del hígado, que es nuestra central de detoxificación. Los tóxicos llegan a él por vía sanguínea, ya sea de manera directa, o gracias a las proteínas de transporte. Y éste, con diferentes reacciones químicas, consigue inactivarlos o transformarlos en moléculas más solubles en agua, que se eliminarán posteriormente por la orina, o más solubles en grasas, que se eliminarán en la bilis o se acumularán en el tejido adiposo. Ojo, este mecanismo de almacenamiento de los tóxicos en el tejido graso no siempre es bueno: puede ser de ayuda a corto plazo para eliminar de la sangre algunas sustancias si el cuerpo está muy saturado, pero a menudo es contraproducente a largo plazo, pues algunos tóxicos y, en especial, los metales pesados como el mercurio, con mucha afinidad por la grasa, no sólo tienden a acumularse en el tejido adiposo, sino también en el cerebro, que es un tejido muy graso. Podrás imaginar que esto no es nada bueno.

Por último, también disponemos de mecanismos para eliminar directamente algunos tóxicos por diferentes vías: con la respiración, la sudoración, las heces y la orina, principalmente. Así, algunos tóxicos, sobre todo, aquéllos que son solubles en líquidos, pueden ser eliminados directamente por los riñones o las glándulas sudoríparas sin tener que pasar por el hígado. Otros que son volátiles se eliminarán por la respiración. Y aquéllos que son solubles en grasas, por medio de las sales biliares hacia el intestino. Pero existen también algunos tóxicos que nuestro cuerpo no es capaz de transformar ni de eliminar y que pueden quedarse acumulados en nuestros tejidos. Con todo esto, vamos a ver ahora algunos consejos para protegernos de ellos.

Los disruptores endocrinos y las sustancias con efecto antimicrobiano, como ya sabes, pueden tener una influencia muy negativa en nuestro organismo en general y en nuestro sistema urinario en particular. Ya te expliqué que se encuentran en muchos alimentos, productos de limpieza, de higiene y cosmética, plásticos y utensilios de cocina, como las superficies antiadherentes de las sartenes, y en muchos aparatos electrónicos y muebles de nuestros hogares. Vamos, que están por todos lados. Por su parte, los metales pesados, además de contaminar el medio ambiente, podemos encontrarlos en productos de higiene como los desodorantes, en medicamentos, en alimentos como el pescado o los cereales, en las sartenes, en el agua si las tuberías de nuestro hogar son de plomo y en otros muchos sitios. Con estas pistas, supongo que ya estarás imaginando qué estrategias pueden ser de ayuda.

15.1. DISMINUIR LOS TÓXICOS QUE INGERIMOS

Empecemos por la comida. Ya te di algunas pistas sobre este tema en la primera parte del libro. Cuando vas a comprar comida al supermercado, es importante saber leer las etiquetas. Verás que muchos alimentos llevan el sello bío (ecológico, orgánico) y que, a su vez, hay diferentes tipos de sellos bío. ¿Qué quiere decir exactamente este sello? Pues es una certificación emitida por un organismo oficial de un país o por un organismo privado reconocido oficialmente que confirma que el producto que estamos comprando tiene varias características:

- Que los vegetales no son OMG (organismos modificados genéticamente) y se han cultivado sin añadir productos químicos como fertilizantes, pesticidas, fungicidas, antibióticos, etcétera.
- Que se han dado condiciones de vida digna a los animales.
- Que no se han administrado antibióticos u otras sustancias a los animales a menos que haya sido estrictamente necesario.

- Que el sistema de producción es respetuoso con el medio ambiente.
- Que las propiedades nutricionales de los alimentos se han preservado al máximo.

Además, para que un producto obtenga y pueda mantener su certificación bío, debe pasar controles e inspecciones frecuentes, al menos una vez al año, y los productores deben demostrar que realizan controles permanentes de sus productos y del sistema de producción, así como la trazabilidad de esos productos desde su origen hasta su destino. Como verás, se trata de leyes y controles muy estrictos. Obtener y mantener un sello bío no es sencillo. Además de todo el papeleo, podrás imaginarte que el agricultor que opta por esta opción suele perder productividad, pues respetar los ciclos de los cultivos y los suelos, evitar el uso de OMG y evitar el uso de pesticidas y fertilizantes químicos, entre otros, hace que la rentabilidad baje. Esto explica por qué los productos ecológicos son más caros que los no ecológicos. Aun así, desde mi punto de vista, el esfuerzo económico merece la pena.

Por la salud de tu vejiga, yo te recomiendo encarecidamente que consumas alimentos ecológicos en la medida de lo posible, pues comiendo bío te aseguras de estar evitando numerosos tóxicos de una sola tacada. Está claro que alguna vez te pueden dar gato por liebre y venderte como ecológico un producto que no lo es, pero es raro, ya que hay mucho control sobre estos productos. Además, ten por seguro que, si consumes alimentos «no bío», estarás consumiendo a la vez pesticidas, fertilizantes, antibióticos y otros muchos tóxicos con efectos muy nocivos sobre tu cuerpo. Y si, además de preocuparte tu salud, te preocupa el planeta, piensa que consumiendo productos bío ayudas un poquito más a cuidarlo.

Quiero hacer un par de puntualizaciones sobre la comida bío. Por un lado, he de recalcar que comer bío no significa que no ingiramos tóxicos. Desgraciadamente, como ya he comentado, los tóxicos son ubicuos. Si el suelo sobre el que se cultiva un producto o el agua de regadío están contaminados por algún metal pesado, por ejemplo, es probable que el producto contenga ese contaminante y nadie lo sepa, aunque se haya cultivado bajo condiciones ecológicas. Esto es lo que ocurre por ejemplo con el arsénico, entre otros, y es muy difícil de controlar. Para eso, lo mejor que puedes hacer es intentar consumir productos cultivados en diferentes lugares o países y, de esa manera, estarás diversificando el riesgo. Y si todos ellos están contaminados, al menos serán contaminaciones por tóxicos diferentes que tendrán menos poder acumulativo. Y no olvides, en el caso de los vegetales, lavarlos bien, incluidos los cereales, dejándolos incluso en remojo durante unas horas y cambiando el agua de vez en cuando, pues esto también ayudará a disminuir la carga tóxica.

En segundo lugar, me gustaría hacer un comentario sobre la carne o el pescado y el marisco etiquetados como «bío». Hay que saber que el hecho de que un animal haya sido alimentado con pienso ecológico no significa que sea su alimentación natural. En el caso del pescado y el marisco, esto es especialmente importante. Para poder certificar como bío a un animal acuático, podrás imaginar que se trata de un animal de piscifactoría, ya que si se trata de un animal salvaje es imposible confirmar lo que ha comido o no a lo largo de su vida. En las piscifactorías los animales son alimentados con pienso a menudo y, evidentemente, éste no es su tipo de alimentación natural, pues en el mar o los ríos no hay pienso. Por ello, aunque sean piensos bío, es probable que el metabolismo de estos animales no esté tan preparado para comerlos y las cualidades nutricionales no sean las perfectas.

En el caso de los animales terrestres, puede pasar un poco lo mismo: si toman un exceso de piensos, aunque sean bío, tampoco están alimentándose de lo que la naturaleza decidió para ellos. Así, si compras buey, ternera o cordero, por ejemplo, puede ser una buena idea comprarlo de pasto, aunque no sea bío (bueno, y si es de pasto y bío, pues mucho mejor). En el caso del cerdo, también puedes asegurarte de que sea un animal criado en la naturaleza. Por ejemplo, los cerdos ibéricos de bellota son de mejor calidad que los de cebo, pues, aunque se trata de la misma especie de cerdo, la ibérica, en el primer caso se los deja pastar y comer bellotas, que es su alimento natural, mientras que en el segundo se los alimenta con pienso. Y si te gusta la carne de caza, ésta también puede ser una buena opción, pues, una vez más, se trata de animales salvajes. Eso sí, ¡asegúrate de que no se trata de caza ilegal!

Por último, en el caso de los animales acuáticos, ya te he hablado del sello MSC, que certifica que se trata de animales salvajes y que se ha realizado una pesca sostenible. Hay otros sellos similares, pero éste es el más conocido. Cuando consumes pescado MSC, te aseguras de que se trata de un animal que ha comido lo que su naturaleza lo empuja a comer, en lugar de pienso. El problema es que, dada la importante contaminación de los océanos, este sello no te garantiza en absoluto que ese animal no esté contaminado. Por eso, además del sello MSC, te recomiendo que consumas pescado de pequeño tamaño, que habrá acumulado menos cantidad de tóxicos en su cuerpo, y cuyo lugar de pesca sea un mar poco contaminado.

Si te informas en internet sobre la contaminación marina, verás que hay un poco de controversia. En general, los océanos y mares que se tachan como más contaminados son el océano Índico, el mar Mediterráneo, el mar Báltico, el océano Atlántico y el Pacífico norte, debido a que sus respectivas corrientes arrastran muchísima basura, que termina acumulándose ahí. Así que, ¿qué nos queda? Pues poca cosa, la verdad. El Atlántico y el Pacífico sur, pero alejándonos de la zona índica, y si me apuras, el Atlántico y el Pacífico muy al norte, por encima de las dos corrientes marinas. Es muy triste, realmente.

En conclusión, para protegernos de los tóxicos en la comida, aunque parezca que hay que hacer un máster universitario, en realidad, la cosa se resume a unos consejillos: intenta comer productos vegetales bío que no tengan siempre el mismo origen y consume animales de crianza en su medio natural (pasto, dehesa, montaña, pescado salvaje, etcétera) evitando, en el caso del pescado, los de mayor tamaño y aquéllos que provengan de mares muy contaminados. Con esto, puedes proteger tu salud y, al mismo tiempo, ayudar un poco a proteger el planeta y a favorecer el trato correcto hacia los animales.

Si, además, intentas comprar en establecimientos donde se usen pocos o ningún embalaje de plástico, pues ya es para nota, ya que, además de contribuir menos a la contaminación mundial, comerás productos que no han entrado en contacto con otro tóxico como es el plástico.

15.2. LOS TÓXICOS EN CONTACTO CON NUESTRA PIEL

¿Y qué pasa con los cosméticos? Bueno, pues esto es otro tema importantísimo. Ya te hablé de algunos de los disruptores endocrinos, sustancias con efecto antibiótico y metales pesados que comportan productos tan inocentes como el champú o la pasta de dientes, incluso aquéllos destinados a los niños, y de su efecto en nuestro sistema urinario, así como en nuestra salud en general. Aquí, además, no se trata de comprar productos bío o no bío. De hecho, esto es un engaño. Algunas marcas etiquetan sus cosméticos como bío sólo por haber introducido un ingrediente bío en su fórmula, pero manteniendo muchos tóxicos. Y, claro, si te pones a leer la etiqueta de un champú o de una crema de manos, a menos que seas al mismo tiempo experto en química, toxicología y botánica y que además hables latín y griego, lo más probable es que no te enteres de nada.

Desgraciadamente, no hay escapatoria. Lo único que te puedo recomendar en este caso es que te pases a la cosmética natural. Y cuando digo natural, me refiero, sobre todo, a la cosmética casera. Es cierto que hay cada vez más empresas que se dedican a fabricar productos de cosmética e higiene con ingredientes naturales y ecológicos y también es cierto que hay cada vez más sellos y certificaciones al respecto, demasiados de hecho, pero se trata en general de organismos privados, pues aún no existe ninguna regulación tan estricta como en el caso de los alimentos. Además, muchos de estos sellos no garantizan un control muy estricto de los productos. Desde mi punto de vista, hay dos que son de los más fiables, Ecocert y Demeter (que también certifica alimentos, por cierto), ya que sus controles son muy estrictos. En la página web Organics Magazine <www.organics -magazine.com> tienes muchísima información que te puede resultar útil.

Aun así, como te decía, si tienes tiempo y ganas, pienso que lo mejor es que te fabriques tus propios cosméticos, pues de esta manera sabrás exactamente lo que llevan y, además, podrás personalizarlos y adaptarlos a tus necesidades, tu tipo de piel o de pelo, etcétera. Pasarse a la cosmética natural no es fácil al principio, pues estamos demasiado acostumbrados a usar productos muy comerciales, con un olor agradable, que producen mucha espuma en nuestro cuerpo, nuestro pelo o nuestra boca y que dejan una sensación de frescor nada más utilizarlos, como los dentífricos o las cremas para la cara, pero todos conocemos la «cara B» de esos productos: ese olor dura muy poco, lo mismo que la sensación de frescor. Piensa cuántas veces en semana tienes que lavarte el pelo, pues, aunque las primeras horas tras la ducha lo tienes estupendo, se te engrasa enseguida. O también qué ocurre cuando llevas varias horas con una crema puesta en la cara, lo más probable es que empieces a notar la piel bastante grasienta. O cuánto tiempo tarda tu desodorante en abandonarte. Esto es normal, pues nuestro cuerpo se pone a expulsar los tóxicos o a fabricar grasa para defenderse del ataque de algunas de las sustancias químicas que estos productos comportan.

Cuando usamos cosmética natural, el efecto suele ser el contrario. La primera sensación es menos espectacular, pues a menudo son productos sin perfumes, jabones o dentífricos que producen mucha menos espuma y cremas más oleosas. Podemos incluso pensar que no nos hemos lavado bien o que la piel se nos va a quedar grasienta todo el día. Lo mismo ocurre con el desodorante, que puede dar la impresión de que no va a hacer efecto. Y es muy posible que durante unos días así sea, pues, cuando te pasas a la cosmética natural, tu cuerpo se dedica durante un tiempo a eliminar todos los tóxicos acumulados durante años y puedes llegar a notar un olor desagradable en tu piel durante unos días. Pero si tienes un poco de paciencia, pasados esos primeros días, empezarás a notar la eficacia de estos productos. Por ejemplo, en el caso del champú, el pelo se mantendrá impecable mucho más tiempo. El desodorante aguantará muchas más horas. Y la crema de cara, aunque tu piel tarde un poco en absorberla, te mantendrá el cutis impecable sin seborrea durante muchas más horas. Para hacer que esta transición sea un poco más suave, una opción es que pases primero a utilizar cosmética natural de tipo industrial y, pasados unos meses, cuando te hayas convencido del cambio, que intentes fabricar tus propios cosméticos o, al menos, algunos de ellos.

En mi página web encontrarás unas cuantas recetas muy fáciles, así como muchos consejos. Y pronto publicaré un pequeño manual de recetas muy útil. Verás que, con un pequeño *stock* de materia prima y poco tiempo de dedicación, podrás tener unos productos de cosmética e higiene maravillosos hechos en casa y de muy alta calidad. También esto te permitirá elegir qué tipo de envase utilizar y podrás así evitar los envases de plástico tan dañinos para nuestra salud y para el planeta. Y, además de todo lo que supone evitar tóxicos y notar que tu piel, tu pelo y todo el resto están estupendos, fabricar tus propios cosméticos supone a la larga un importante ahorro de dinero comparado con el precio de los productos de alta cosmética o cosmética natural, que tampoco son baratos.

En cuanto a los productos de limpieza, ocurre un poco lo mismo que con los cosméticos. Muy a menudo es imposible saber cuáles son sus ingredientes, pues, además de que, en general, no están especificados claramente en el etiquetado, suelen estar anotados con nombres técnicos o químicos, con lo cual no nos enteramos de nada, pero ten por seguro que, si no son productos de limpieza naturales, llevarán tóxicos. Además, al ser estos productos a menudo muy volátiles, nos encontramos con el problema añadido de que, aunque no los toquemos, podemos respirarlos.

Por precaución, como en el caso de los cosméticos, te recomiendo que sólo utilices productos naturales, con certificación si es posible o, mejor aún, que los fabriques tú. Para esto, no hace falta ser un as de la química. Piensa que nuestras abuelas y bisabuelas han limpiado sus hogares con productos naturales toda la vida. A menudo, con tres o cuatro ingredientes como vinagre, bicarbonato de sodio, alcohol o jabón natural (jabón de Marsella, negro, de Castilla, de Alepo, etcétera), puedes conseguir mejores resultados que con los productos más sofisticados y caros. Lo mismo ocurre con los jabones para lavar la ropa. Siguiendo los consejos de la abuela, dejarás de gastar tanto dinero y ganarás espacio en tus armarios. Sin contar, una vez más, que estarás disminuyendo tu exposición y la de toda tu familia a tóxicos y que estarás contaminando mucho menos el planeta al dejar de verter al agua del desagüe muchos productos tóxicos y ya no usar envases de plástico.

En la web Casa sin Tóxicos <www.casasintoxicos.com>, puedes encontrar mucha información y recetas para fabricar tus productos. De todas formas, si no tienes tiempo ni siquiera de fabricar productos sencillos, basta con poner en un buscador «cómo utilizar el vinagre para limpiar» o «cómo utilizar el alcohol para limpiar» y encontrarás muchos trucos. Aprovecho para hablarte un poco de las bolas o «huevos» para la lavadora, también llamado detergente en perlas. Se trata de unas bolitas minerales que suelen ir metidas dentro de un huevo de plástico que reaccionan químicamente con el agua y los tejidos y sirven para lavar la ropa sin tener que usar detergente ni otro tipo de jabón. Algunos estudios de asociaciones de consumidores han concluido que no son útiles. En mi caso, las he probado y te confieso que, para las manchas difíciles, no son lo suficientemente potentes. Sin embargo, con uno de estos huevos en el tambor de mi lavadora, puedo poner menos jabón, con lo cual, pienso que algo de utilidad tienen. Dejo la elección en tus manos.

15.3. Los plásticos

Hablemos ahora de los plásticos. Éste es un tema especialmente preocupante. Sabemos desde hace tiempo que los plásticos dañan nuestra salud y la de nuestro planeta y, sin embargo, no parece que las autoridades estén verdaderamente decididas a abordar de manera mucho más enérgica este grave problema.

Ya te hablé de los disruptores endocrinos que se desprenden de ellos, prácticamente sin excepción, y sus consecuencias para nuestra salud vesical. El hecho de que en un envase de plástico veas la etiqueta en letras bien grandes «sin BPA» no quiere decir que no sea tóxico. Al contrario, a lo mejor está hecho de policarbonato, que es aún más tóxico si cabe. Pero ¿y qué decir de toda la ropa y todo el calzado que usamos que están hechos de tejidos sintéticos? El poliéster, el nailon, el elastano y el poliuretano son materiales sintéticos derivados del petróleo. Plástico, en definitiva. La mayoría de los tejidos técnicos también. Supongo que habrás oído hablar de los microplásticos. Éstos no están sólo en el mar, desgraciadamente están por todas partes. Imagina qué pasa cada vez que lavamos una prenda de tela sintética, es muy probable que se desprendan algunos y pasen al agua del desagüe... En fin, no quiero ponerme catastrofista, pero lo de los plásticos es un problemón. La cuestión es que sí que podemos reducir nuestra exposición en cierta medida y por eso te propongo los consejos siguientes.

Es muy importante reducir el uso de envases y envoltorios de plástico en casa. Si ya has optado por comprar gran parte de tu comida a granel, lo que debes hacer es evitar meter esos productos en bolsas de plástico. Puedes llevar contigo al supermercado unas bolsas de rejilla que sirven precisamente para eso o bolsas de compost, muy útiles también. Seguro que conoces las bolsas compostables, suelen estar hechas de materia orgánica como fécula de patata y cosas así. Aunque lo ideal siguen siendo las bolsas reutilizables. En cuanto a los envases para líquidos, a veces no nos queda más remedio que utilizarlos, pues no nos proponen otra alternativa, pero si tienes la ocasión, intenta comprar productos en envase de vidrio (agua, yogures, vino, etcétera), en lugar de tetrabriks o botellas de plástico.

Lo mismo para las conservas, pues las latas de conservas llevan aluminio y a menudo están recubiertas de plástico en su parte interna. Así te evitas dos tóxicos de una vez. Las cápsulas de café de aluminio también son tóxicas, te recomiendo que te pases a las que se fabrican con materiales compostables. Y si sueles llevar una botella de agua encima, es mejor si es de acero inoxidable o de vidrio, aunque pese un poco más. Intenta evitar las de plástico y también las de aluminio.

En casa, procura utilizar envases de vidrio para conservar los alimentos, sobre todo, si los vas a calentar en el microondas, pues el calor favorece la transmisión de los tóxicos de los plásticos a los alimentos. Y si no quieres deshacerte de todos tus envases de plástico o te parece que los de vidrio pesan mucho para llevártelos al trabajo o para ponérselos a los niños para el cole, con el riesgo, además, de que se rompan, te propongo un truco: sigue utilizando los de plástico cuando se trate de transportar comida que sea seca, como un bocadillo, una quiche o similar, pero pon un fondo de papel de cocina o de papel vegetal de horno y coloca la comida sobre él o, si es posible, envuélvela con el papel. De esta manera, la comida no estará en contacto directo con el plástico. Otra posibilidad es que utilices envases de vidrio en casa pero que para transportar alimentos te hagas con un par de envases o bolsas con cierre «zip» de silicona.

La silicona no es un plástico, está compuesta de silicio y oxígeno. Resiste bien al calor y al frío, por lo que puedes calentar tus alimentos dentro. A veces se mancha, sobre todo, con alimentos muy grasos, pero hay trucos para limpiarla como frotar las manchas con una mezcla de bicarbonato de sodio y vinagre. El principal problema de la silicona es que a veces nos dan gato por liebre al vendernos productos «de silicona» que en realidad son de plástico. Para poder diferenciarlos, asegúrate de que no huele a plástico (la silicona es inodora) y que, si la estiras un poco, se vuelve un poco blanquecina.

Siguiendo con los consejillos, te recomiendo que para congelar o empaquetar evites el papel film si puedes. Para reemplazar el film, existen unas telas cubiertas de cera de abeja que se han puesto de moda y se supone que son una maravilla. Yo tengo en casa y, personalmente, no las utilizo casi. Por un lado, porque son gruesas y al final ocupan bastante sitio. Además, son muy engorrosas porque hay que lavarlas tras cada utilización. También hay que decir que son muy caras. Otra opción son las bolsitas de silicona. Su inconveniente es también el precio y que es un material más grueso, que ocupa más sitio en el frigorífico o el congelador. La mejor alternativa, desde mi punto de vista, es el film biodegradable, compuesto de caña de azúcar, aunque tarda algo más de un año en desintegrarse. Su venta aún no está muy extendida, pero se puede adquirir online. Y si no, te explico mi truco, que es usar bolsas compost, que se desintegran mucho más rápido. Las corto por la mitad o en cuatro trozos, dependiendo del tamaño que necesito, y con esos trozos envuelvo cosas para congelar, bocadillos, etcétera. En mi página web pondremos dentro de poco un pequeño tutorial de cómo usarlas.

En definitiva, se trata de intentar comprar cuanto nos sea posible productos empaquetados en plástico. Gracias a Dios, cada vez hay más tiendas y grandes superficies que se están sumando a la moda de reducir este material, pero aún queda mucho por hacer. En mi caso, cuando compro productos plastificados, intento cambiarlos de envase antes de almacenarlos en casa. Quizá sea un gesto un poco exagerado y obsesivo y, además, no sé qué impacto tendrá esto en nuestra salud, puesto que el alimento ya ha estado en contacto con el plástico, pero yo me quedo más tranquila. En cuanto a los envases de los productos de higiene, cosmética y limpieza, pues es un poco lo mismo. Si ya te has pasado al «DIY» («*do it yourself*») y fabricas tus propios cosméticos, te recomiendo que uses envases de vidrio para tus productos. Si no, a veces es una buena idea trasvasarlos desde el envase original a uno de vidrio. Pero, una vez más, no te obsesiones con este tema, en mi caso soy un poco exagerada, piensa que, por el simple hecho de haber optado por la cosmética natural, ya habrás dado un gran paso.

Otro tema preocupante en cuanto a los plásticos son los productos de higiene femenina y, en especial, las compresas, pues contienen mucho plástico y éste está en contacto con el cuerpo durante horas y horas. Esto puede ser tóxico y, además, favorecer que haya un exceso de humedad en la zona, irritando la piel, lo que puede suponer un problema para las personas propensas a padecer infecciones de orina o micosis. Una buena idea es utilizar compresas ecológicas, que suelen estar hechas de materiales biodegradables, como los de las bolsas compost, y de algodón. Son muy cómodas y en general no irritan la piel como es el caso de las compresas plastificadas. Además, al usarlas, estarás disminuyendo los residuos plásticos. Se pueden usar también para las pequeñas pérdidas de orina.

Como podrás imaginar, su precio es algo superior al de las compresas tradicionales, pero, una vez más, el esfuerzo puede merecer la pena. Y has de saber también que existen ya algunas cadenas de supermercados que las fabrican con su marca blanca a un precio razonable. Otra opción son las compresas reutilizables de tejidos naturales, como hacían nuestras abuelas, que se pueden encontrar hoy en día en muchos comercios físicos y online. Suponen una pequeña inversión inicial, pero un gran ahorro a medio y largo plazo. El inconveniente es que hay que lavarlas, pero son muy agradables al tacto. Como alternativa también está la copa menstrual, hecha de silicona. Es práctica y ecológica y, aunque algo cara, al ser reutilizable su uso supone un gran ahorro a la larga, como las compresas reutilizables. Con la copa se evita el exceso de humedad en la zona de la vulva. El mayor inconveniente es que algunas mujeres no terminan de adaptarse a su uso, pero aquéllas que sí se adaptan bien suelen estar encantadas con este dispositivo.

Y, en cuanto a la ropa, bueno, pues es difícil vestir sólo con cosas hechas de fibras naturales. Aun así, en la medida de lo posible, te recomiendo que optes por tejidos como el algodón, el lino o la lana, al menos en aquellas prendas que estén más en contacto con el cuerpo (ropa interior, calcetines, leotardos, por ejemplo). Además de ser más agradables al tacto, le estarás haciendo un favor a tu salud y al planeta. Y, si son prendas sin muchos tintes o producidas con tintes naturales, pues aún mejor.

15.4. Tóxicos en los utensilios de cocina

Hablemos ahora un poco de los utensilios para cocinar, pues pueden ser otra fuente de exposición frecuente a tóxicos y, en especial, de disruptores endocrinos, con el problema añadido del calor, que, como ya he explicado, favorece la transferencia de éstos a la comida. Ya te hablé de los recubrimientos antiadherentes de las sartenes y ollas, así como del aluminio. La triste realidad es que en la mayoría de los hogares predominan estos dos materiales precisamente: sartenes de aluminio con un recubrimiento antiadherente. ¿Qué tipos de utensilios debemos utilizar entonces?

Te recomiendo que intentes usar recipientes para horno y para almacenar comida de vidrio o de silicona. En cuanto a los cubiertos, cucharones, paletas de cocinar, etcétera, lo mejor es el acero o la madera, así como la silicona. Pero, sobre todo, que utilices sartenes y ollas de acero inoxidable o de hierro fundido. Mucha gente detesta las sartenes de acero o de hierro porque no son antiadherentes y pesan mucho. Además, el mantenimiento es un poco rollo. Es cierto que pesan y ante eso no podemos hacer nada. La buena noticia es que son mucho más duraderas que las de aluminio, reparten el calor de manera muy homogénea y tienden a deformarse mucho menos. En cuanto al mantenimiento, para evitar que se oxiden, lo ideal es pasarles un papel ligeramente impregnado en aceite de oliva una vez lavadas y secadas, justo antes de guardarlas.

El principal problema es poder cocinar alimentos sin que se peguen. Puedes encontrar trucos sencillos en internet, basta con introducir en un buscador una frase del tipo: «Cómo hacer que una sartén de acero se vuelva antiadherente». La mayoría consisten en sellar con calor los microporos del material utilizando alguna materia como la sal. Una vez le hayas cogido el gusto a cocinar con este tipo de sartenes, notarás que la comida tiene otro sabor y no querrás volver a las anteriores, ya verás. Y si no, piensa que, si la mayoría de los chefs de cocina prefieren este tipo de sartenes, por algo será. También tienes las sartenes de titanio o de cerámica, así como las de vidrio. Desde mi punto de vista, el problema de éstas es que son carísimas. En la web Soy como como <www.soycomocomo.es> encontrarás mucha información al respecto.

En cuanto a los recipientes para hornear o para el microondas, como ya he mencionado, el vidrio es la mejor opción en mi opinión. Aunque para la repostería, la silicona puede ser de gran ayuda. Para evitar que los alimentos se peguen a la pared del recipiente, puedes recubrir el fondo o todo el interior de éste de papel vegetal para hornear. Y, en cuanto al microondas, pues en principio sirven los mismos recipientes que para el horno. Por cierto, mucha gente se pregunta si cocinar alimentos en el microondas es perjudicial o no. El hecho en sí de calentar comida no supone que se destruyan más nutrientes que utilizando métodos de cocción similares, como el horno normal. El principal inconveniente es que desprende radiaciones mientras funciona. Por eso, mi recomendación es que lo uses si te facilita la vida, pero que te alejes un par de metros mientras está funcionando.

15.5. Radiaciones electromagnéticas

Aprovecho la mención al microondas para enlazar con otro tema: las radiaciones electromagnéticas no ionizantes (EMF) en nuestros hogares y lugares de trabajo. Desgraciadamente, como ya he comentado, estamos constantemente sometidos a este tipo de radiaciones. No podemos evitar muchas de ellas, como las ondas 4G o 5G emitidas por las antenas de telecomunicaciones, las ondas de radio o los campos electromagnéticos que se forman si vivimos cerca de una línea de alta tensión o una vía de tren. En estos casos, me temo que la única opción que nos quedaría es mudarnos de casa o cambiar de trabajo.

Sin embargo, existen pequeños gestos que pueden ayudarnos a disminuir la exposición frecuente a otros tipos de ondas. Se habla mucho de los aparatos wifi y es cierto que son una fuente de EMF importante en los hogares. Si vives en un edificio, además de tu wifi, es probable que estés recibiendo las ondas de los de tus vecinos, con lo cual la exposición se multiplica. Un gesto sencillo es programar tu antena para que se apague por la noche. Esto puede incluso ayudar a conciliar y mantener mejor el sueño, pues la exposición a EMF puede ser una causa de trastorno del sueño, incluso en los niños.

Intenta también apagar cualquier aparato electrónico que tengas en casa, no basta con sólo dejarlo en *stand by* o modo reposo. En cuanto al móvil, lo ideal es no dormir con él en la mesilla de noche, aunque mucha gente lo hace porque lo utilizan como despertador, yo también. En ese caso, te recomiendo que lo pongas en modo avión cuando duermas. De las radiaciones del microondas ya te he hablado, acuérdate de alejarte un par de metros cuando esté en funcionamiento.

Y si quieres protegerte aún mejor, has de saber que existen aparatos electrónicos y piedras naturales que ayudan a absorber parte de las radiaciones que nos rodean. En cuanto a las piedras naturales, existen varias que pueden ser útiles. En especial, hay una llamada shungita que tiene la propiedad de absorber las ondas electromagnéticas. Además, parece que también es capaz de purificar el agua. Es una piedra de color negro, muy bonita, por cierto. La puedes encontrar con diferentes formas, como objeto de decoración o incluso para llevar colgada. Puede ser una buena idea poner una pequeña shungita en cada habitación de la casa, cerca de los aparatos electrónicos principales, y llevar un colgante de este material que te protegerá, por ejemplo, de las radiaciones de tu móvil.

Y aún más potentes que las piedras son los aparatos que protegen de las radiaciones. Existen muchos modelos. Algunas marcas, además de proponer dispositivos de diferente potencia y tamaño, ofrecen también una versión tipo tarjeta de crédito que se puede colocar dentro de la carcasa del teléfono móvil. Asimismo, algunos de estos dispositivos sirven también para estructurar el agua, con lo que su utilidad es doble.

Por último, si crees que eres una persona electrosensible, hay alguien en tu familia, adulto o niño, que presente trastornos del sueño, o simplemente quieres proteger mejor tu hogar, puedes recurrir a un experto en radiaciones electromagnéticas para que haga un estudio. Estos profesionales miden las EMF de tu hogar o de tu lugar de trabajo y determinan si hay algunos lugares donde éstas son especialmente importantes. A veces, basta con cambiar la cama de posición, otras veces se puede anular algún circuito eléctrico de la casa. También se pueden poner pinturas de recubrimiento que protegen frente a las radiaciones o algunos materiales de aislamiento. En definitiva, hay muchas posibilidades y todas ellas son útiles para protegernos de las radiaciones.

15.6. OTRAS MANERAS DE REDUCIR LA EXPOSICIÓN A TÓXICOS

Por último, queda hablar un poco más de los metales pesados y de otros tóxicos como los disruptores endocrinos, de los que ya te conté muchas cosas en la primera parte del libro. Aquí te dejo algunos consejos para disminuir aún más la exposición en tu hogar y tu lugar de trabajo y también para eliminarlos de tu organismo. Para reducir tu exposición a metales pesados, además de evitar el pescado de gran tamaño proveniente de mares contaminados, te recomiendo que laves bien los vegetales y reduzcas tu consumo de cereales, en especial, de trigo y de arroz, o bien que los laves y remojes bien antes de consumirlos. También hay que tener cuidado con la soja y con los productos lácteos.

Si consumes agua del grifo, es muy recomendable instalar un filtro de buena calidad y más aún si vives en un edificio antiguo donde las tuberías son de plomo. Si has decidido retirar las amalgamas dentales de mercurio de tu boca, no te la juegues y consulta a un odontólogo integrativo que practique un protocolo de extracción segura como el protocolo

SMART. En casa y en el trabajo, no te olvides de apagar del todo los aparatos electrónicos que no estés usando, como ya te comenté, y procura ventilar bien todas las estancias.

Algunos metales pesados y disruptores endocrinos que se desprenden de los muebles o de los aparatos electrónicos se acumulan en forma de polvo y la ventilación ayuda a eliminarlos. De la misma manera, cuando limpies tu casa, es preferible que utilices sistemas que no levanten mucho ese polvo: es mejor pasar la aspiradora que barrer, por ejemplo, y también es mejor pasar un trapo húmedo por los muebles que el plumero. De lo contrario, es más probable que estés respirando ese polvo sin darte cuenta. También existen unos aparatos llamados purificadores de aire que son una especie de filtros que limpian de partículas tóxicas el aire de una estancia. Los hay más caros y más baratos, el rango de precios es muy amplio. Son un poco ruidosos, pero pienso que puede ser una buena idea adquirir uno de estos aparatos si vives en una zona muy contaminada, donde hay industria, por ejemplo, o si vives en un edificio viejo donde haya humedades, pues en esos casos puede haber moho en las paredes y éste desprende micotoxinas que son dañinas para la salud. Existen también casas o edificios que cuentan con un sistema de ventilación y filtrado continuo de sus habitaciones. Estos sistemas proporcionan un gran confort y además disminuyen el consumo de calefacción y de aire acondicionado, pues se evita estar abriendo constantemente las ventanas. Cada vez prolifera más este tipo de construcción, aunque todavía está al alcance de muy pocos.

En cuanto al coche, ten cuidado también. Los plásticos de recubrimiento también suelen desprender sustancias con efecto disruptor endocrino, sobre todo, si es nuevo o relativamente nuevo, al igual que los ambientadores. Puede ser una buena idea circular con las ventanillas un poco abiertas o con el sistema de ventilación que coja aire de fuera y que no recircule. Aunque todo dependerá del nivel de contaminación que tenga el aire de fuera, claro...

15.7. Cómo deshacernos más eficazmente de los tóxicos que llevamos encima

Bueno, hasta aquí hemos visto muchas maneras de disminuir nuestra exposición a tóxicos, pero ¿qué estrategias pueden ayudar a que nuestro cuerpo elimine más eficazmente los que tenemos dentro? Pues sí, son los sospechosos habituales y muchos de ellos ya los hemos mencionado antes:

- Estar a menudo en contacto con la naturaleza y respirar aire poco contaminado. Y si es haciendo ejercicio al mismo tiempo, como veremos a continuación, pues mejor que mejor.
- El ejercicio físico, sobre todo, porque se favorece la sudoración, lo mismo que acudir a la sauna de vez en cuando. El sudor es un buen mecanismo para eliminar toxinas, como ya decían nuestras abuelas. Además, el ejercicio mejora el tránsito intestinal y el estreñimiento, otro buen mecanismo de detoxificación como verás más abajo.
- Evitar el estreñimiento, pues por las heces también eliminamos tóxicos. Cuanto más tiempo pasen esas heces en nuestro intestino, más probable es que parte de esos tóxicos sean reabsorbidos.
- Beber muchos líquidos, en especial, agua, ya que, además de favorecer el tránsito intestinal y mejorar el estreñimiento, también hará que tus riñones filtren más sangre para producir orina y, por lo tanto, eliminen más fácilmente los tóxicos.
- No picar entre comidas e intentar respetar los períodos de ayuno naturales (por ejemplo, cenar antes para

asegurarte de que entre la cena y el desayuno pasan unas doce horas). ¿Te acuerdas de que en la primera parte del libro te hablé del complejo motor migratorio o MMC? Pues bien, estos movimientos de barrido del intestino sólo se producen durante los períodos de ayuno. Sirven para eliminar restos de comida no digeridos ni absorbidos y otros productos de desecho de nuestro intestino. Es, por lo tanto, otro mecanismo para facilitar la eliminación de tóxicos por las heces.

- Respetar los ritmos circadianos, intentando levantarnos y acostarnos cada día a la misma hora y, sobre todo, tener una buena higiene del sueño. Dormir bien y las horas suficientes (unas siete u ocho para la mayoría de las personas) es fundamental para que nuestro organismo pueda ponerse a detoxificar. Los mecanismos de detoxificación hepática, de los que ya he hablado, son mucho más activos durante las horas de sueño. Si no duermes lo suficiente o tienes un sueño de mala calidad, es probable que la detoxificación no se produzca adecuadamente.

- También puedes recurrir a un tratamiento «detox». Hay muchísimos protocolos y todos son buenos siempre y cuando los realice una persona experta y estén validados científicamente. Suelen ser mezclas de productos fitoterápicos, tinturas madre, etcétera, como la alcachofa, el diente de león o el cardo mariano, acompañados a menudo de algún protocolo dietético durante unos días, que estimulan la función hepática. Puede ser de ayuda realizar alguna cura de vez en cuando, pero sólo si los utilizas como complemento al resto de estrategias. Desde mi punto de vista, si no cambias todo lo demás, hacer sólo estos protocolos no te servirá de nada.

- Para aquéllos que se sientan verdaderamente motivados, tenemos el ayuno. El ayuno se ha considerado desde tiempos inmemoriales una técnica de depuración eficaz. Me refiero al ayuno de comida, pero sin dejar de beber agua u otros líquidos no calóricos como el té, el café o el caldo. Cuando ayunamos más de dieciséis a dieciocho horas, se activan en nuestro organismo diferentes mecanismos de limpieza. Por un lado, está el MMC, del que ya hemos hablado. Por otro lado, el hecho de no tener que digerir comida hace que el hígado no esté ocupado en la digestión y se dedique más a la detoxificación. Además, durante las horas que no comemos, nuestro intestino no estará expuesto a los tóxicos que nos llegan con la comida y nuestro sistema inmunitario intestinal (recuerda que supone más o menos el 80 por ciento del total de células inmunitarias del cuerpo) en lugar de estar haciendo de aduanero y provocando inflamación, se podrá dedicar a eliminar residuos y limpiar y reparar los tejidos, pues éste es otro de sus acometidos en nuestro cuerpo. Asimismo, cuando ayunamos necesitamos rehidratarnos bien, por lo que también estaremos favoreciendo la eliminación de tóxicos por vía renal.

- Y, por último, está la autofagia, que significa literalmente «comernos a nosotros mismos». Pero no te asustes, ¡no es que tengas que pegarte mordiscos para sobrevivir! La autofagia es el mecanismo por el cual, ante una disminución drástica del aporte de calorías, nuestro cuerpo decide reciclar células viejas que ya no funcionan bien, para quedarse con sus proteínas y otros elementos y con ello obtener energía y fabricar nuevas células. Se ha estudiado mucho este mecanismo, hasta el punto de que, en 2016, el biólogo japonés Yoshinori Ohsumi obtuvo el premio Nobel de Medicina por su trabajo en este tema. La autofagia es un mecanismo de detoxificación maravilloso y se considera incluso que tiene propiedades antienvejecimiento. Sin embargo, si decides probar el ayuno terapéutico, no te recomiendo que lo realices por tu cuenta, sino que te pongas en manos de un profesional experimentado.

16

Prevenir las infecciones de orina desde la suplementación y la fitoterapia

Y ya llegados casi al final del libro, vamos a repasar algunos suplementos y productos fitoterápicos que pueden ayudarnos a mejorar nuestra salud urinaria y a disminuir la incidencia de las infecciones de orina. No voy a nombrar aquí todas las plantas ni todos los suplementos que existen, pues, entonces, en lugar de un libro, tendría que escribir una enciclopedia. Me voy a limitar a hablar de los que han demostrado tener más evidencia científica que apoye su eficacia, que son los que yo más utilizo en mi práctica clínica.

La mayoría de los productos que considero útiles van enfocados a mejorar la función inmunitaria y reducir la inflamación crónica, a cuidar de la microbiota intestinal y vaginal y a luchar contra las bacterias uropatógenas respetando la flora comensal en la medida de lo posible, ya sea por acción directa durante una infección activa o ayudando a eliminar *biofilms* y reservorios intracelulares de bacterias en la vejiga. En el apartado «Si quieres saber más...», te dejo una revisión de los estudios científicos más relevantes que he encontrado, pero, si no quieres profundizar tanto en el tema, aquí te dejo un resumen de las características y los efectos demostrados de los suplementos que más suelo utilizar.

Entre los productos que disminuyen la adhesión de las materias a las paredes del sistema urinario, el arándano rojo es uno de los más conocidos. Además de disminuir la adhesión, parece tener también la capacidad de regular la microbiota uropatógena a nivel intestinal. Sin embargo, en los estudios no ha demostrado tanta eficacia como se esperaba. El extracto de corteza de pino contiene abundantes proantocianidinas, como el arándano rojo, y parece ser más eficaz que este último en la prevención de las infecciones urinarias.

La D-manosa, otro compuesto muy popular, es eficaz evitando la adhesión de las bacterias al epitelio y, sobre todo, evitando la formación de reservorios bacterianos intracelulares. Desgraciadamente, cada vez hay más microorganismos resistentes a esta sustancia. Sustancias como el ácido hialurónico o el sulfato de condroitina son eficaces para prevenir y tratar las infecciones, tanto en su administración por vía oral como, en casos más rebeldes, administrándolas en instilación intravesical, pues favorecen la regeneración de la barrera de moco vesical, tan importante para evitar la adhesión de las bacterias y para albergar una buena microbiota local.

En cuanto a los productos con efecto bactericida o bacteriostático, tenemos numerosos compuestos, como, por ejemplo, la medicina herbal china, un conjunto de hierbas utilizadas en la medicina tradicional china, o la *Bacopa monnieri*, utilizada en medicina ayurvédica. Estas sustancias parecen scr útiles principalmente en la prevención de las cistitis. La mezcla fitoterápica de centauro, levítico y romero ha demostrado ser útil en la profilaxis de las infecciones, incluso como tratamiento perioperatorio. El uso del capuchino combinado con la raíz de rábano picante ha demostrado su utilidad en la profilaxis de las infecciones y también en la prevención y el tratamiento de los *biofilms* y los reservorios bacterianos intracelulares. Algunos compuestos, como la lactoferrina o la ceragenina, ayudan a combatir las infecciones porque mejoran la producción de péptidos antimicrobianos por parte de las células de la pared del tracto urinario.

Si hablamos de suplementación, encontramos algunos artículos que analizan el poder de las vitaminas, pero pocos estudios que traten sobre la suplementación con oligoelementos. El zinc parece ser eficaz contra los síntomas de la cistitis. La vitamina C no ha confirmado su eficacia en cuanto a prevención de infecciones urinarias, como se habría esperado. Tampoco la vitamina E, aunque podría ayudar a acortar la sintomatología. La más eficaz es la vitamina D, que promueve una buena salud inmunitaria y mejora la función de los péptidos antimicrobianos como las catelicidinas.

A continuación, tienes una revisión un poco más detallada y científica de la literatura.

Si quieres saber más...

Muy probablemente, los suplementos más conocidos y estudiados para la prevención y el tratamiento de las infecciones de orina son los derivados del arándano rojo americano (*Vaccinium macrocarpon*), del que ya hemos hablado un poco. Este fruto rojo es muy rico en proantocianidinas (o PAC). Las PAC son unas sustancias que pertenecen a la familia de los polifenoles, moléculas muy conocidas por su poder antioxidante, como las que se encuentran en el vino, por ejemplo. La particularidad de las PAC, que les otorga tanto interés como posible tratamiento no antibiótico de las infecciones de orina, es que son capaces de inhibir la actividad de las fimbrias tipo P de las bacterias uropatógenas, y, en especial, de *Escherichia coli*. Las fimbrias tipo P son esos pelitos que permiten a las bacterias adherirse a las uroplaquinas de la pared del tracto urinario y son uno de los principales factores de virulencia de estos microorganismos. Estas fimbrias también les permiten colonizar el tracto urinario superior, haciendo que las bacterias que las llevan puedan causar fácilmente infecciones urinarias altas (pielonefritis).

Durante mucho tiempo, se ha creído que el consumo de zumo de arándano rojo o de productos derivados de ese fruto tenía un efecto protector precisamente porque limitaba la capacidad de adhesión de estas fimbrias y, por esa razón, se ha asumido que estos productos eran eficaces. Aunque algunos estudios separados han apuntado a un posible efecto positivo, entre los cuales destacaríamos un estudio randomizado que confirma su utilidad en la profilaxis perioperatoria en mujeres, varios metaanálisis recientes efectuados tanto en poblaciones sanas como en poblaciones con alteraciones funcionales vesicales (vejiga neurógena) no han podido demostrar su eficacia.

Así pues, actualmente no se puede recomendar su uso en este sentido. Sin embargo, otra vía actual de estudio para poder comprender el efecto que el arándano ejerce sobre las bacterias es su efecto como modulador de la microbiota intestinal. Existe evidencia científica que sugiere que el mecanismo protector no se daría tanto por evitar la adhesión de las bacterias al urotelio, sino por su inhibición a nivel intestinal. Así, un estudio randomizado muestra que los salicilatos del arándano podrían dificultar el desarrollo de las bacterias del género *Enterobacteriaceae* y favorecer el desarrollo de las del género *Bacteroidaceae*, por ser la disminución de los reservorios intestinales de bacterias uropatógenas quizá un mecanismo protector para las infecciones de orina.

Por todo ello, tanto los autores de los metaanálisis como los de los otros estudios sugieren que se realicen ensayos clínicos de mayor calidad que nos permitan elucidar si el uso del arándano rojo como tratamiento o prevención de las infecciones de orina está realmente justificado y si existe una población diana que podría beneficiarse más que otras de la toma de estos productos.

De manera similar al arándano rojo, encontramos el azúcar llamado D-manosa, que también inhibe la adhesión de las fimbrias de *Escherichia coli* y otras bacterias uropatógenas al urotelio. En este caso, las fimbrias inhibidas son las de tipo 1 principalmente, cuya particularidad es que, además de permitir la adhesión de las bacterias a la mucosa, les permiten también invadir las células uroteliales creando nichos de bacterias intraepiteliales, que dificultan la acción de los antibióticos y favorecen la aparición de recurrencias.

Aunque hay mucha menos literatura que para el caso del arándano rojo, he encontrado varios estudios potentes (metaanálisis o estudios prospectivos) en los que se confirma que la utilización de suplementos de D-manosa puede ser beneficiosa para la prevención o el tratamiento de las infecciones de orina, comparado con placebo o incluso con antibióticos. Por ejemplo, un grupo de investigadores demostró que la combinación de D-manosa, N-acetilcisteína y extracto de *Morinda citrifolia* dio la misma protección como profilaxis antiinfecciosa que el uso de un antibiótico del tipo quinolona (antibiótico utilizado frecuentemente en el tracto urinario) en un grupo de pacientes a los que se realizó un estudio urodinámico (un test en el que se insertan unas sondas y se hacen mediciones de la vejiga).

Sin embargo, hay que destacar que muchos de los gérmenes uropatógenos (no sólo *Escherichia coli*, sino también bacterias como *Proteus* o *Klebsiella*) están desarrollando resistencias en sus receptores de D-manosa, lo que aumenta su virulencia y la facilidad de estos gérmenes para crear *biofilms*, razón por la cual habría que plantearse que, aunque sea útil, la D-manosa es probablemente un suplemento que deba emplearse en combinación con otros para aumentar su eficacia.

En fitoterapia, una revisión Cochrane sobre la medicina herbal china (un conjunto de hierbas muy utilizado en medicina tradicional china compuesto de *Astragalus, Dong quai*, jengibre, *Pueraria lobata, Licorice, Lycium, Panax ginseng* y *Schizandra*) concluye que este remedio puede ser eficaz tanto para el tratamiento como para la prevención de las infecciones urinarias. La *Bacopa monnieri*, una planta muy usada en medicina ayurvédica, también ha demostrado ser eficaz en un estudio *in vitro* contra cepas de *Klebsiella* y *Proteus*.

De la misma manera, varios trabajos hablan de un medicamento natural hecho a base de *Centaurium erythraea Rafn, Levisticum officinale Koch* y *Rosmarinus officinalis L.* que parece ser útil, sobre todo, a nivel de la profilaxis (postoperatoria, posturodinámica o en casas de ancianos). También ha demostrado su utilidad y un excelente perfil de seguridad como tratamiento prolongado (hasta doce meses) para prevenir la recurrencia de las infecciones de orina. Otro compuesto que se ha estudiado es un medicamento fitoterápico derivado de la corteza del pino mediterráneo. Esta droga contiene proantocianidinas, como el arándano rojo, y parece disminuir de manera más eficaz que éste la tasa de recurrencia de las infecciones de orina, así como la inflamación que se produce.

Hablando de fitoterapia, también se ha estudiado la mezcla de capuchino y de raíz de rábano picante. Se ha visto un efecto protector tanto en la profilaxis como en el tratamiento de las infecciones y parece ser especialmente útil para disminuir la invasión intracelular de las células uroteliales por *Escherichia coli* y la formación de *biofilms*.

Otros compuestos interesantes son el ácido hialurónico y el condroitín sulfato que, como ya describí anteriormente, son componentes de la capa de glicosaminoglicanos de la mucosa urotelial. Se han estudiado estos elementos tanto en aplicación local por medio de instilaciones intravesicales como en suplementación oral y ya se han publicado algunos trabajos al respecto. En especial, hay un metaanálisis que sugiere que la administración intravesical de ácido hialurónico y condroitín sulfato tendría un papel protector en las infecciones de orina de repetición. Asimismo, otro estudio sugiere que la instilación de esta mezcla sería incluso más eficaz a largo plazo para prevenir las infecciones de orina de repetición que el uso de profilaxis antibiótica. Otro estudio publicado en 2019 en el que se administró durante seis meses por vía oral una mezcla de ácido hialurónico, condroitín sulfato, quercetina y curcumina a pacientes femeninas con infecciones de orina de repetición mostró una reducción significativa tanto de los síntomas como de la tasa de recurrencia.

Existen también ciertos preparados que parecen mejorar la acción de los péptidos antimicrobianos producidos por la vejiga. Ya te hablé de ellos, se trata de unas proteínas con función antimicrobiana, que las células de la pared de la vejiga fabrican cuando hay una infección. Pues bien, moléculas como la lactoferrina o la ceragenina parecen mejorar la producción o el funcionamiento de dichos péptidos. En el caso de la lactoferrina, se trata de una proteína capaz de ligar hierro, mecanismo por el cual inhibe el crecimiento bacteriano. Esta proteína está muy presente en la leche, tanto humana como animal, sobre todo, en el calostro (la leche que se produce durante los primeros días tras el parto). No se trata, pues, de un compuesto fitoterápico, pues es de origen animal, sino más bien de un suplemento. Se sabe que su aumento en la orina favorece la eliminación de bacterias y facilita el tratamiento de las infecciones urinarias, así como la prevención de recurrencias. El problema es que no debe darse a personas que sean intolerantes a las proteínas de la leche.

Por otro lado, tenemos un fármaco llamado ceragenina. Este fármaco tiene un efecto inmunomodulador y mejora el efecto de las catelicidinas, otras de las moléculas antimicrobianas que el sistema urinario secreta a la orina para defenderse de los microorganismos.

En cuanto a los oligoelementos, hay pocos estudios que hayan analizado los efectos de la suplementación. El zinc parece tener un papel positivo en la mejoría de los síntomas irritativos asociados a la cistitis, aunque puede tener efectos secundarios como dolor abdominal.

Al fijarnos en las vitaminas, si bien la utilización de la vitamina C es conocida popularmente desde hace décadas, hay poca o ninguna evidencia al respecto. Las bases teóricas por las cuales la vitamina C se postula como posible suplemento protector frente a las infecciones urinarias son tres: por un lado, el ácido ascórbico tendría el poder de acidificar la orina, lo cual inhibiría el crecimiento de la mayoría de los gérmenes uropatógenos, en especial, la *Escherichia coli*; por otro lado, la vitamina C tiene un papel conocido en modular y mejorar el funcionamiento del sistema inmunitario, y, por último, al favorecer la síntesis de tejido conectivo, otro de sus efectos en nuestro cuerpo, se podría imaginar que fortalece la pared del aparato urinario y su resistencia frente a la invasión y la agresión de la inflamación. Sin embargo, no he encontrado ningún estudio que demuestre su eficacia y, en especial, ningún ensayo clínico o metaanálisis. Es más, existe un estudio que demuestra que el uso concomitante de vitamina C y de antibióticos aminoglucósidos (unos antibióticos muy eficaces contra las bacterias uropatógenas, que se utilizan en infecciones graves) es deletéreo y empeora el efecto del antibiótico para inhibir la formación de *biofilms* por la bacteria *Proteus mirabilis*.

La vitamina E tampoco se ha estudiado de manera muy extensa. Con su efecto antioxidante, podría mejorar teóricamente la respuesta inmunitaria a la infección. Existe un estudio iraní publicado en 2015 en el que se vio que la administración concomitante de vitamina E y de antibióticos a chicas jóvenes con diagnóstico de pielonefritis aguda, si bien no cambió el tiempo hasta la normalización del cultivo de orina comparado con el grupo de sólo antibiótico, sí que consiguió mejorar más rápidamente los síntomas urinarios relacionados con la infección, sin producir efectos adversos significativos.

En cuanto a la vitamina D, es el suplemento vitamínico mejor estudiado. La vitamina D se puede considerar casi una hormona y actúa en numerosos procesos de nuestro organismo. En concreto, es muy importante para que el sistema inmunitario funcione correctamente, así que podrás imaginar su importancia en las infecciones de orina. De entre los estudios que se han centrado en esta vitamina, encontramos un metaanálisis publicado en 2019, que estudia los niveles séricos en niños y se llega a la conclusión de que existe una importante diferencia significativa entre niños que padecen infecciones urinarias de repetición y el grupo control (mayores niveles de vitamina D en el grupo control).

Otro metaanálisis publicado en 2023 en la revista *Nutrients*, también sobre el riesgo de infecciones en niños, llega a la misma conclusión. Existen, por otro lado, dos estudios menos potentes que no encuentran correlación entre los niveles de la vitamina D y el riesgo de padecer infecciones de orina. Asimismo, un estudio sugiere que, en caso de suplementar niños, la dosis debería probablemente ser superior a 1.000 UI por día, pues, por debajo de estas dosis, no se ha hallado beneficio en la suplementación.

Esta diferencia en cuanto al riesgo de infección urinaria relacionada con los niveles de vitamina D, aunque ha sido mucho más estudiada en niños, también se ha observado en mujeres premenopáusicas, así como en pacientes inmunodeprimidos, y se ha demostrado además que el nivel de vitamina D es un factor de riesgo independiente. No es de extrañar esta correlación, pues el papel crucial de esta vitamina en el buen funcionamiento del sistema inmunitario y de la lucha contra las infecciones es ampliamente conocido. Sin embargo, parece que además de su efecto general a nivel del sistema inmunitario, la vitamina D puede ejercer un efecto directo en la lucha contra las infecciones urinarias, pues favorece la producción y la excreción de catelicidina por parte de las células uroteliales. La catelicidina, como ya he comentado, es uno de los péptidos antimicrobianos que las células epiteliales producen en respuesta a la invasión por gérmenes uropatógenos, y cuyos niveles en orina no se elevan si existe déficit de vitamina D. Este efecto se ha visto tanto en niños como en mujeres adultas.

Bueno, ¿y qué suelo hacer yo en mi práctica clínica? Pues, como casi siempre, depende del paciente. En el caso de la suplementación vitamínica, tengo que decir que la mayoría de mis pacientes tienen niveles bajos de vitamina D. Aunque, como ya has visto, recomiendo la exposición moderada al sol por otros tantos motivos, esto suele ser insuficiente para fabricar niveles adecuados de vitamina D (por si no lo sabes, nuestra piel sintetiza esta vitamina cuando está expuesta al sol). Por ello, es bastante frecuente que recomiende a mis pacientes suplementarse si lo necesitan.

Los otros tipos de vitaminas no suelo darlos en suplementación habitualmente, salvo en casos en los que parezca haber un déficit. Para la vitamina E, un consumo adecuado de aceite de oliva virgen crudo (condimentando platos, por ejemplo), de frutos secos oleaginosos o de aguacate, entre otros, suele ser suficiente. En cuanto a la vitamina C, recomiendo a mis pacientes que condimenten bien sus platos con perejil, que es muy rico en esta sustancia, y que consuman vegetales como los tomates y los pimientos (preferiblemente pelados y sin pepitas, para reducir lectinas), también los cítricos y los frutos rojos. En algunos casos en los que está indicado reforzar un poco las vías antioxidantes, sí que puedo proponer un *mix* de sustancias antioxidantes, entre las que suelen encontrarse las vitaminas C y E, pero esto no es la norma.

En cuanto a la fitoterapia, me baso mucho en ella, pero individualizando cada caso. Por ejemplo, cuando se trata de una persona cuyas infecciones de orina son siempre provocadas por la misma bacteria no la trato de la misma manera que si son diferentes bacterias las que las provocan. En el primer caso, es muy probable que esa persona tenga algunos reservorios intracelulares de dicha bacteria en su vejiga, que se reactivan de vez en cuando, sobre todo, si la inmunidad está baja. En esos casos, me centraré en las medidas generales que mejoran el estado inmunitario y en dar productos que ayuden a eliminar reservorios intracelulares, como la mezcla de capuchino y raíz de rábano picante o la mezcla de centauro con levístico y romero. Si, por el contrario, se trata más bien del segundo caso, donde hay diferentes bacterias, esto me hace sospechar que existe una transferencia de microorganismos uropatógenos desde el intestino, ya sea por una mala técnica a la hora de orinar o de limpiarse, por una disbiosis vaginal o por un problema de origen más bien intestinal como una disbiosis, una diarrea crónica, etcétera. En estos casos, además de la nutrición y la reeducación miccional, es probable que me centre más en el intestino y la vagina, proponiendo probióticos a ambos niveles. También puede ser que eche mano de la suplementación oral con ácido hialurónico, condroitín sulfato, quercetina y curcumina, para fortalecer la barrera de la pared vesical. En ambos casos, también estará indicada la suplementación con D-manosa y extracto de arándano rojo (mejor si son ambos) o con corteza de pino mediterráneo. Y en los casos más rebeldes, en los que las medidas anteriores no funcionen, a veces tendremos que recurrir a las instilaciones intravesicales de ácido hialurónico y condroitín sulfato, que son muy eficaces, pero más invasivas.

Por otro lado, si tengo ante mí una mujer que tiene infecciones claramente relacionadas con las hormonas, ya sea porque han aparecido en la menopausia o porque se presentan en relación con la menstruación, es probable que recurra menos a la suplementación y a la fitoterapia. Me gusta insistir mucho en las medidas para mejorar nuestra salud hormonal y disminuir disruptores endocrinos que ya te he comentado. El papel de la microbiota vaginal será fundamental en estos casos, por lo que insistiré en los probióticos y en la alimentación, más que en la fitoterapia, aunque me apoyaré en ésta si sospecho la presencia de reservorios intracelulares, por ejemplo. En casos muy seleccionados es posible que tenga que dar estrógenos intravaginales, pero no suele ser necesario a menudo.

Como verás, el enfoque depende de muchísimas cosas y es verdaderamente importante hacer un plan individualizado para cada paciente, que, además, se debe ir adaptando según la evolución.

Conclusión

Las infecciones urinarias de repetición son un gran problema por su frecuencia y sus importantes implicaciones en la salud de quienes las padecen, su merma de la calidad de vida, así como por sus serias consecuencias económicas. El tratamiento y la prevención de esta patología es complicado, dada la importante complejidad de la anatomía y la fisiología del sistema urinario, de la fisiopatología de las propias infecciones y de los mecanismos de virulencia de los microorganismos. Por ello, no es posible encontrar sustancias, dietas u otras estrategias que, en monoterapia, sean eficaces. Otro gran problema al que nos enfrentamos actualmente es la cada vez menor efectividad de los antibióticos, tanto si se usan como profilaxis de dichas infecciones como si es para su tratamiento, así como su importante espectro de efectos secundarios y su coste.

Así, la demanda de estrategias eficaces que no se basen en el uso de antibióticos y que demuestren efecto a largo plazo es cada vez mayor y por eso nació este libro. Espero que tanta información no te haya abrumado. Como ya te dije en el preámbulo, ¡tenía muchísimas cosas que contarte!

La recomendación más útil que podría darte será siempre la de combinar diferentes estrategias, como las que te he propuesto aquí. A veces es difícil saber por dónde empezar, por eso, con los consejos que has leído en este libro, debes intentar escucharte y reconocer qué intervenciones podrían ayudarte, pero siempre poniéndote en manos de un profesional especializado. No te agobies ni te obsesiones, porque, como dice el refrán: «El que mucho abarca, poco aprieta».

En los cambios del estilo de vida, te recomiendo que vayas muy poco a poco, cambiando una cosa a cada vez, pues de esta manera te será mucho más fácil crear hábitos y, además, se te hará menos cuesta arriba, aunque tardes un poquito más. Verás cómo cada cambio de hábito te hará sentir mejor, no sólo a nivel de tu vejiga, sino de tu estado general, y eso te animará a seguir cambiando.

Y, como último consejo, intenta ser feliz. Las infecciones de orina se pueden tratar y mantener a raya. Aunque, para ti la vejiga será probablemente tu talón de Aquiles, piensa que todos tenemos uno, un punto débil que nos fastidia en los momentos más inoportunos. Aprende a conocerte para poder anticiparte y asegúrate de que tu calidad de vida no dependa de lo que tu vejiga diga, sino de lo que tú decidas en cada momento.

Agradecimientos

Quiero agradecer a mi familia el apoyo recibido durante estos años. A mamá, papá, Regi, Javier y a mis pequeñas, por haberos robado tantas horas...

También a mis pacientes, por todo lo que me habéis enseñado y por confiar en mí.

A todos mis compañeros y amigos y, en especial, a mis mentores, Manuel Gil, Carlos Reig, Carlos Domínguez, Carlos Simón, Nacho Santolaya y Paco Bon, pues creísteis en mí y me disteis libertad para llevar a cabo mis proyectos «un poco raros».

A mis «chicas», colaboradoras fieles sin las que no habría podido ofrecer a los pacientes la atención que se merecen: Regi, Feli, Bego, Carole, Carolina, Julia, Isabel y Constance.

A las personas que han releído y corregido este libro de manera altruista. Vuestra opinión ha sido fundamental.

A todas las mujeres empoderadas que son o han sido una inspiración para mí: Ana, Aurora, Cecilia, Cris, Elena, Fanny, Fernanda, Idoya, Lisl, Maca, María Paz, Mariam, mamá, Marta, Marytere, Mela, Nadja, Nina, Pilar, Regi, Sandra, Sara y Zana. Mujeres fuertes, luchadoras, ejemplares. ¡Y seguro que me olvido de alguna, sorry!

A todos esos divulgadores y autores de libros y publicaciones científicas que me han abierto los ojos y me permiten formarme continuamente en el campo de la medicina integrativa. Y, en especial, a la doctora Sari Arponen por haberme apoyado y por haber aceptado escribir el prólogo de este libro.

A mis enemigos y a todas mis vivencias adversas, pues me han ayudado a comprender muchas cosas y a demostrarme a mí misma lo resiliente que puedo llegar a ser. También a las personas tóxicas que se me han cruzado por el camino, ya que con ellas he aprendido a seleccionar a las personas de las que quiero rodearme y a saber decir que no.

Y, por supuesto, a mi perro Moustache, por acompañarme, siempre tumbado a mis pies, durante tantas horas de trabajo frente al ordenador. Y por todos esos paseos por el bosque para despejarnos la cabeza.

No olvides seguirnos en nuestra página web <es.urolistic
.com> y en redes sociales, donde publicaremos periódica-
mente contenido relacionado con la salud urológica y te in-
formaremos de futuros proyectos como nuevos libros, semi-
narios y otros que pueden interesarte.

Bibliografía

(por orden de aparición)

Introducción

Medina, Martha; y Castillo-Pino, Edgardo, «An introduction to the epidemiology and burden of urinary tract infections», *Therapeutic Advances in Urology*, 11 (2019).

Bonkat, Gernot *et al.*, «EAU guidelines on urological infections», *European Association of Urology* (2021).

Buettcher, Michael *et al.*, «Swiss consensus recommendations on urinary tract infections in children», *European Journal Pediatrics*, 180 (2021), pp. 663-674.

Anger, Jennifer *et al.*, «Recurrent uncomplicated urinary tract infections in women: AUA/CUA/SUFU guideline», *The Journal of Urology*, 202, 2 (2019), pp. 282-289.

Kontiokari, Tero; Nuutinen, Matti; y Uhari, Matti, «Dietary factors affecting susceptibility to urinary tract infection», *Pediatric Nephrology*, 19, 4 (2004), pp. 378-383.

Foxman, Betsy; y Frerichs, Ralph R., «Epidemiology of urinary tract infection: II. Diet, clothing, and urination habits», *American Journal of Public Health*, 75, 11 (1985), pp. 1314-1317.

A't Hoen, Lisette *et al.*, «Update of the EAU/ESPU guidelines on urinary tract infections in children», *Journal of Pediatric Urology*, 17, 2 (2021), pp. 200-207.

1. LA ESTRUCTURA DEL SISTEMA URINARIO

Liu, Yan *et al.*, «Dual ligand/receptor interactions activate urothelial defenses against uropathogenic *E. coli*», *Scientific Reports*, 5, 1 (2015).

Zhou, Ge *et al.*, «Uroplakin Ia is the urothelial receptor for uropathogenic *Escherichia coli*: evidence from in vitro FimH binding», *Journal of Cell Science*, 114, 22 (2001), pp. 4095-4103.

Parsons, Lowell C., «The role of the urinary epithelium in the pathogenesis of interstitial cystitis/prostatitis/urethritis», *Urology*, 69, 4 (2007), pp. 9-16.

Abraham, Soman N.; y Miao, Yuxuan, «The nature of immune responses to urinary tract infections», *Nature Reviews Immunology*, 15, 10 (2015), pp. 655-663.

Jung, Junyang; Ahn, Hyo Kwang; y Youngbuhm Huh, «Clinical and functional anatomy of the urethral sphincter», *International Neurourology Journal*, 16, 3 (2012), pp. 102-106.

Bolla, Srinivasa Rao *et al.*, «Histology, bladder», *StatPearls Publishing* (2021).

2. ¿CÓMO FUNCIONA EL SISTEMA URINARIO?

Cortes, G. A.; y Flores, J. L., «Physiology, urination», *StatPearls Publishing* (2021).

Kaufmann, Melissa *et al.*, «Medical Student Curriculum: Adult UTI», *American Urological Association* (2024), <https://www.auanet.org/education/auauniversity/for-medical-students/medical-students-curriculum/medical-student-curriculum/adult-uti>.

Bonkat, Gernot *et al.*, «EAU guidelines on urological infections», *European Association of Urology*, 18 (2017), pp. 22-26.

Nicolle, Linday E. *et al.*, «Clinical practice guideline for the management of asymptomatic bacteriuria: 2019 update by the Infectious Diseases Society of America», *Clinical Infectious Diseases*, 68, 10 (2019), pp. 1611-1615.

Colgan, Richard *et al.*, «Asymptomatic bacteriuria in adults», *American Family Physician*, 74, 6 (2006), pp. 985-990.

Darouiche, Rabih O. *et al.*, «Pilot trial of bacterial interference for preventing urinary tract infection», *Urology*, 58, 3 (2001), pp. 339-344.

Sunden, Fredrik *et al.*, «*Escherichia coli* 83972 bacteriuria protects against recurrent lower urinary tract infections in patients with incomplete bladder emptying», *The Journal of Urology*, 184, 1 (2010), pp. 179-185.

Hull, Richard *et al.*, «Urinary tract infection prophylaxis using *Escherichia coli* 83972 in spinal cord injured patients», *The Journal of Urology*, 163, 3 (2000), pp. 872-877.

Darouiche, Rabih O. *et al.*, «Bacterial interference for prevention of urinary tract infection: a prospective, randomized, placebo-controlled, double-blind pilot trial», *Clinical Infectious Diseases*, 41 (2005), pp. 1531-1534.

4. Gérmenes implicados en las infecciones urinarias

Flores-Mireles, Ana L. *et al.*, «Urinary tract infections: epidemiology, mechanisms of infection and treatment options», *Nature Reviews Microbiology*, 13, 5 (2015), pp. 269-284.

Schwaderer, Andrew L.; y Wolfe, Alan J., «The association between bacteria and urinary stones», *Annals of Translational Medicine*, 5, 2 (2017), p. 32.

Struve, Carsten; Bojer, Martin; y Krogfelt, Karen Angeliki, «Characterization of *Klebsiella pneumoniae* type 1 fimbriae by detection of phase variation during colonization and infection and impact on virulence», *Infection and Immunity*, 76, 9 (2008), pp. 4055-4065.

5. ¿QUÉ ES LA MICROBIOTA GENITOURINARIA?

Thomas, Stanley, «Döderlein's Bacillus: *Lactobacillus acidophilus*», *The Journal of Infectious Diseases*, 43, 3 (1928), pp. 218-227.

Ravel, Jacques *et al.*, «Vaginal microbiome of reproductive-age women», *Proceedings of the National Academy of Sciences*, 15, Suppl. 1 (2011), pp. 4680-4687.

Qin, Junjie *et al.*, «Characterization of the genitourinary microbiome of 1,165 middle-aged and elderly healthy individuals», *Frontiers in Microbiology*, 12 (2021).

Pearce, Meghan M. *et al.*, «The female urinary microbiome: a comparison of women with and without urgency urinary incontinence», *MBio*, 5, 4 (2014).

Dong, Qunfeng *et al.*, «The microbial communities in male first catch urine are highly similar to those in paired urethral swab specimens», *PLoS One*, 6, 5 (2011).

Qin, Junjie *et al.*, «Characterization of the genitourinary microbiome of 1,165 middle-aged and elderly healthy individuals», *Frontiers in Microbiology*, 12 (2021).

Ma, Xiaowei *et al.*, «The microbiome of prostate fluid is associated with prostate cancer», *Frontiers in Microbiology*, 10 (2019), p. 1664.

Gottschick, Cornelia *et al.*, «The urinary microbiota of men and women and its changes in women during bacterial vaginosis and antibiotic treatment». *Microbiome*, 5 (2017), pp. 1-15.

Mueller, Elizabeth R.; Wolfe, Alan J.; y Brubaker, Linda, «Female urinary microbiota», *Current Opinion in Urology*, 27, 3 (2017), pp. 282-286.

Brubaker, Linda; y Wolfe, Alan, «The urinary microbiota: a paradigm shift for bladder disorders?», *Current Opinion in Obstetrics and Gynecology*, 28, 5 (2016), pp. 407-412.

Wu, Peng *et al.*, «Profiling the urinary microbiota in male patients with bladder cancer in China», *Frontiers in Cellular and Infection Microbiology*, 8 (2018), p. 167.

Hrbacek, Jan *et al.*, «Alpha-diversity and microbial community structure of the male urinary microbiota depend on urine sampling method», *Scientific Reports*, 11, 1 (2021).

6. EL PAPEL DEL INTESTINO Y SU MICROBIOTA

Romero-Trujillo, Jorge Oswaldo *et al.*, «Sistema nervioso entérico y motilidad gastrointestinal», *Acta Pediátrica de México*, 33, 4 (2012), pp. 207-214.

Blethyn, A. J. *et al.*, «Radiological evidence of constipation in urinary tract infection», *Archives of Disease in Childhood*, 73, 6 (1995), pp. 534-535.

Thurmon, Kerri L.; Breyer, Benjamin N.; y Erickson, Bradley A., «Association of bowel habits with lower urinary tract symptoms in men: findings from the 2005-2006 and 2007-2008 National Health and Nutrition Examination Survey», *The Journal of Urology*, 189, 4 (2013), pp. 1409-1414

National Institutes of Health, «Constipation», *National institute of Diabetes and Digestive and Kidney Diseases*, <https://www.niddk.nih.gov/health-information/digestive-diseases/constipation>.

Arponen, Sari, *¡Es la microbiota, idiota!*, Alienta, 2021.

Helander, Herbert F.; y Fändriks, Lars, «Surface area of the digestive tract-revisited», *Scandinavian Journal of Gastroenterology*, 49, 6 (2014), pp. 681-689.

Maynard, Craig L. *et al.*, «Reciprocal interactions of the intestinal microbiota and immune system», *Nature*, 489.7415 (2012), pp. 231-241.

Cryan, John F. *et al.*, «The microbiota-gut-brain axis», *Physiological Reviews*, 99, 4 (2019), pp.1877-2013.

Takiishi, Tatiana; Fenero Camila Ideli Morales; y Câmara Niels Olsen Saraivan, «Intestinal barrier and gut microbiota: Shaping our immune responses throughout life», *Tissue Barriers*, 5, 4 (2017).

Martin-Gallausiaux, Camille *et al.*, «Short Chain Fatty Acids – mechanisms and functional importance in the gut», *Proceedings of the Nutrition Society*, 80, 1 (2021), pp. 37-49.

Mitchell, Natalie M. *et al.*, «Zoonotic potential of *Escherichia coli* isolates from retail chicken meat products and eggs», *Applied and Environmental Microbiology*, 81, 3 (2015), pp. 1177-1187.

Buberg, May Linn *et al.*, «Population structure and uropathogenic potential of extended-spectrum cephalosporin-resistant *Escherichia coli* from retail chicken meat», *BMC Microbiology*, 21, 94 (2021), pp. 1-15.

Magruder, Matthew *et al.*, «Gut uropathogen abundance is a risk factor for development of bacteriuria and urinary tract infection», *Nature Communications*, 10, 1 (2019), p. 5521.

Magruder, Matthew *et al.*, «Gut commensal microbiota and decreased risk for *Enterobacteriaceae bacteriuria* and urinary tract infection», *Gut Microbes*, 12, 1 (2020), pp. 1805281.

Spaulding, Caitlin N. *et al.*, «Selective depletion of uropathogenic *E. coli* from the gut by a FimH antagonist», *Nature*, 546 (2017), pp. 528-532.

Jones-Freeman, Bernadette *et al.*, «The microbiome and host mucosal interactions in urinary tract diseases», *Mucosal Immunology*, 14, 4 (2021), pp. 779-792.

7. La digestión y la inflamación

Reyes-Pavón, Diana; Jiménez, Mariela; y Salinas, Eva, «Fisiopatología de la alergia alimentaria», *Revista Alergia México*, 67, 1 (2020), pp. 34-53.

Myers, Amy, *The thyroid connexion*, Little, Brown US, 2021.

Lee, Bonggi; Moon, Kyoung Mi; y Kim Choon Young, «Tight junction in the intestinal epithelium: its association with diseases and regulation by phytochemicals», *Journal of Immunology Research*, 1 (2018).

Perez, Raphaël, *Les combinaisons alimentaires*, Lanore, 2020.

Grundy, Steven R., *La paradoja vegetal*, Edaf, 2017.

Cholewski, Mateusz; Tomczykowa, Monika; y Tomczyk, Michał, «A comprehensive review of chemistry, sources and bioavailability of omega-3 fatty acids», *Nutrients*, 10, 11 (2018), pp. 1662.

8. ¿POR QUÉ NOS AFECTAN LOS TÓXICOS?

Pombo Arias, Manuel *et al.*, «A review on endocrine disruptors and their possible impact on human health», *Revista Española Endocrinología Pediátrica*, 11, 2 (2020), pp. 33-53.

Vandenberg, Laura N. *et al.*, «Hormones and endocrine-disrupting chemicals: low-dose effects and nonmonotonic dose responses», *Endocrine Reviews*, 33, 3 (2012), pp. 378-455.

Olea, Nicolás, *Libérate de tóxicos*, RBA Libros, 2019.

Saliev, Timur *et al.*, «Biological effects of non-ionizing electromagnetic fields: Two sides of a coin», *Progress in Biophysics and Molecular Biology*, 141 (2019), pp. 25-36.

Lai, Henry; y Levitt Blake B, «Cellular and molecular effects of non-ionizing electromagnetic fields», *Reviews on Environmental Health*, 39, 3 (2024), pp. 519-529.

Demeneix, Barbara, *Cocktail toxique*, Éditions Odile Jacob, 2017.

Lombardi, Guido *et al.*, «Five hundred years of mercury exposure and adaptation», *Journal of Biomedicine and Biotechnology*, 2012, 1 (2012).

Gribble, Matthew O. *et al.*, «Mercury exposure and heart rate variability: a systematic review», *Current Environmental Health Reports*, 2 (2015), pp. 304-314.

Peana, Massimiliano *et al.*, «Biological effects of human exposure to environmental cadmium», *Biomolecules*, 13, 1 (2022), p. 36.

Kellen, Eliane *et al.*, «Blood cadmium may be associated with bladder carcinogenesis: the Belgian case-control study on bladder cancer», Cancer Detection and Prevention, 31, 1 (2007), pp. 77-82.

Feki-Tounsi, Molka; y Hamza-Chaffai, Amel, «Cadmium as a possible cause of bladder cancer: a review of accumulated evidence», Environmental Science and Pollution Research, 21 (2014), pp. 10561-10573.

Bernhoft, Robin A., «Cadmium toxicity and treatment», The Scientific World Journal, 2013, 1 (2013).

Matović, Vesna et al., «Cadmium toxicity revisited: focus on oxidative stress induction and interactions with zinc and magnesium», Arhiv za Higijenu Rada i Toksikologiju, 62, 1 (2011) pp. 65-76

Geraldes, Vera et al., «Lead toxicity promotes autonomic dysfunction with increased chemoreceptor sensitivity», Neurotoxicology, 54 (2016), pp. 170-177.

Shvachiy, Liana et al., «Intermittent low-level lead exposure provokes anxiety, hypertension, autonomic dysfunction and neuroinflammation», Neurotoxicology, 69 (2018), pp. 307-319.

Böckelmann, Irina; Pfister, Eberhard; y Darius, Sabine, «Early effects of long-term neurotoxic lead exposure in copper works employees», Journal of Toxicology, 2011, 1 (2011).

Fenga, Concettina et al., «Immunological effects of occupational exposure to lead (Review)», Molecular Medicine Reports, 15, 5 (2017), pp. 3355-3360.

World Health Organization, «Arsenic», <https://www.who.int/news-room/fact-sheets/detail/arsenic#:~:text=Arsenic%20is%20highly%20toxic%20in,cause%20cancer%20and%20skin%20lesions>.

He, Zhixin et al., «SOX2 modulated astrocytic process plasticity is involved in arsenic-induced metabolic disorders», Journal of Hazardous Materials, 435 (2022).

Ramos-Treviño, Juan et al., «Toxic effect of cadmium, lead, and arsenic on the Sertoli cell: mechanisms of damage involved», DNA and Cell Biology, 37, 7 (2018), pp. 600-608.

He, Zhixin *et al.*, «NAC antagonizes arsenic-induced neurotoxicity through TMEM179 by inhibiting oxidative stress in Oli-neu cells», *Ecotoxicology and Environmental Safety*, 223 (2021) pp. 459-471.

Redondo Cuevas, Lucía, «Arsénico y arroz: ¿alarmismo o realidad?», 2016, <https://redondocuevas.com/blogs/articulos/arsenico-y-arroz>.

Klotz, Katrin *et al.*, «The health effects of aluminum exposure», *Deutsches Ärzteblatt International*, 114, 39 (2017), pp. 653-659.

Crisponi, Guido *et al.*, «The meaning of aluminium exposure on human health and aluminium-related diseases», *Biomolecular Concepts*, 4, 1 (2013), pp. 77-87.

Mold, Matthew *et al.*, «Aluminium in brain tissue in autism», *Journal of Trace Elements in Medicine and Biology*, 46 (2018), pp. 76-82.

Krewski, Daniel *et al.*, «Human health risk assessment for aluminium, aluminium oxide, and aluminium hydroxide», *Journal of Toxicology and Environmental Health*, 10, Suppl. 1 (2007), pp. 1-269.

United States Environmental Protection Agency, «What are Antimicrobial Pesticides?», <https://www.epa.gov/pesticide-registration/what-are-antimicrobial-pesticides>.

Malagón-Rojas, Jeadran N.; Parra Barrera, Eliana L.; y Lagos, Luisa, «From environment to clinic: the role of pesticides in antimicrobial resistance», *Revista Panamericana de Salud Pública*, 44 (2020).

De Briyne, N. *et al.*, «Antibiotics used most commonly to treat animals in Europe», *Veterinary Record*, 175, 13 (2014), p. 325.

Mie, Axel *et al.*, «Human health implications of organic food and organic agriculture: a comprehensive review», *Environmental Health*, 16 (2017), pp. 1-22.

Marshall, Bonnie M.; y Levy, Stuart B., «Food animals and antimicrobials: impacts on human health», *Clinical Microbiology Reviews*, 24, 4 (2011), pp. 718-733.

Kasimanickam, Vanmathy; Kasimanickam, Maadhanki; y Kasimanickam, Ramanathan, «Antibiotics use in food animal production: escalation of antimicrobial resistance: where are we now in combating AMR?», *Medical Sciences*, 9, 1 (2021), p. 14.

Feng, Yao *et al.*, «A Simple, Sensitive, and Reliable Method for the Simultaneous Determination of Multiple Antibiotics in Vegetables through SPE-HPLC-MS/MS», *Molecules*, 23, 8 (2018), p. 1953.

U.S. Food and Drug Administration, «Guidance for industry: antimicrobial food additives», FDA Guidance Documents, 1999, <https://www.fda.gov/regulatory-information/search-fda-guidance-documents/guidance-industry-antimicrobial-food-additives>.

Hager, Emily; Chen, Jiangang; y Zhao, Ling, «Minireview: parabens exposure and breast cancer», *International Journal of Environmental Research Public Health*, 19, 3 (2022), p. 1873.

Olea, Nicolás, *op. cit.*

Apel, Petra *et al.*, «New HBM values for emerging substances, inventory of reference and HBM values in force, and working principles of the German Human Biomonitoring Commission», *International Journal of Hygiene and Environmental Health*, 220, 2 (2017), pp. 152-166.

Zhang, Duo *et al.*, «Infant exposure to parabens, triclosan, and triclocarban via breastfeeding and formula supplementing in southern China», *Science of the Total Environment*, 858 (2023).

Hu, Jianzhong *et al.*, «Effect of postnatal low-dose exposure to environmental chemicals on the gut microbiome in a rodent model», *Microbiome*, 4 (2016), pp. 1-11.

Jackson-Browne, Medina S. *et al.*, «The impact of early-life exposure to antimicrobials on asthma and eczema risk in children», *Current Environmental Health Reports*, 6 (2019), pp. 214-224.

Vindenes, Hilde Kristin *et al.*, «Exposure to antibacterial chemicals is associated with altered composition of oral microbiome», *Frontiers in Microbiology*, 13 (2022).

Capper-Parkin, K. L. *et al.*, «Antimicrobial and cytotoxic synergism of biocides and quorum-sensing inhibitors against uropathogenic *Escherichia coli*», *Journal of Hospital Infection*, 134 (2023), pp. 138-146.

Fisher, Leanne E. *et al.*, «Biomaterial modification of urinary catheters with antimicrobials to give long-term broadspectrum antibiofilm activity», *Journal of Controlled Release*, 202 (2015), pp. 57-64.

Loose, Maria *et al.*, «Anti-biofilm effect of octenidine and polyhexanide on uropathogenic biofilm-producing bacteria», *Urologia Internationalis*, 105, 3-4 (2021), pp. 278-284.

Stickler, David J.; y Jones, Gwennan L., «Reduced susceptibility of *Proteus mirabilis* to triclosan», *Antimicrobial Agents and Chemotherapy*, 52, 3 (2008), pp. 991-994.

Mahalak, Karley K. *et al.*, «Triclosan has a robust; yet reversible impact on human gut microbial composition in vitro», *PLoS One*, 15, 6 (2020).

Liu, Jing *et al.*, «Triclosan exposure induced disturbance of gut microbiota and exaggerated experimental colitis in mice», *BMC Gastroenterology*, 22, 1 (2022), p. 469.

Gao, Bei *et al.*, «Profound perturbation induced by triclosan exposure in mouse gut microbiome: a less resilient microbial community with elevated antibiotic and metal resistomes», *BMC Pharmacology and Toxicology*, 18 (2017), pp. 1-12.

Westfall, Corey *et al.*, «The widely used antimicrobial triclosan induces high levels of antibiotic tolerance in vitro and reduces antibiotic efficacy up to 100-fold in vivo», *Antimicrobial Agents and Chemotherapy*, 63, 5 (2019).

Henly, E. L. *et al.*, «Biocide exposure induces changes in susceptibility, pathogenicity, and biofilm formation in uropathogenic *Escherichia coli*», *Antimicrobial Agents and Chemotherapy*, 63, 3 (2019).

Scientific Committee on Consumer Safety (SCCS), «Opinion on triclosan (antimicrobial resistance)», 22 de junio de 2010.

Puedes consultar las siguientes páginas web: <https://food.ec
.europa.eu/safety/food-improvement-agents/additives_en>,
<https://ec.europa.eu/food/food-feed-portal/screen/food
-additives/search >.

Mobley, David; y Baum, Neil, «Smoking: its impact on urologic
health», *Reviews in Urology*, 17, 4 (2015), pp. 220-225.

Zhu, Hongxiang *et al.*, «Causal associations between tobacco, alcohol use and risk of infectious diseases: a mendelian randomi-
zation study», *Infectious Diseases and Therapy*, 12, 3 (2023),
pp. 965-977.

Atawodi, S. E.; y Richter, E., «Bacterial reduction of N-oxides of
tobacco-specific nitrosamines (TSNA)», *Human and Experimental Toxicology*, 15, 4 (1996), pp. 329-334.

Ma, Wenchao *et al.*, «Can smoking cause differences in urine microbiome in male patients with bladder cancer? A retrospective
study», *Frontiers in Oncology*, 11 (2021).

Moynihan, Matthew *et al.*, «Urinary microbiome evaluation in
patients presenting with hematuria with a focus on exposure to
tobacco smoke», *Research and Reports in Urology* (2019),
pp. 359-367.

9. El sistema inmunitario y su importancia en las infecciones de orina

Sattler, Susanne, «The role of the immune system beyond the
fight against infection», *The Immunology of Cardiovascular
Homeostasis and Pathology* (2017), pp. 3-14.

Téllez, Germán Alberto; y Castaño, Jhon Carlos, «Antimicrobial
peptides», *Infectio*, 14, 1 (2010), pp. 55-67.

Daëron, Marc, «The immune system as a system of relations»,
Frontiers in Immunology, 13 (2022).

Arponen, Sari, *El sistema inmunitario por fin sale del armario*,
Alienta, 2022.

Weyh, Christopher *et al.*, «The role of minerals in the optimal functioning of the immune system», *Nutrients*, 14, 3 (2022), p. 644.

Avery, Joseph C.; y Hoffmann, Peter R., «Selenium, selenoproteins, and immunity», *Nutrients*, 10, 9 (2018), p. 1203.

Martens, Pieter-Jan *et al.*, «Vitamin D's effect on immune function», *Nutrients*, 12, 5 (2020), p. 1248.

Ao, Tomoka; Kikuta, Junichi; y Ishii, Masaru, «The effects of vitamin D on immune system and inflammatory diseases», *Biomolecules*, 11, 11 (2021), p. 1624.

Carr, Anitra C.; y Maggini, Silvia, «Vitamin C and immune function», *Nutrients*, 9, 11 (2017), p. 1211.

Prieto Gratacós, Ernesto, *Yo C!*, Cuarta vía ediciones, 2016.

Lewis, Erin Diane; Meydani, Simin Nikbin; y Wu, Dayong, «Regulatory role of vitamin E in the immune system and inflammation», *IUBMB Life*, 71, 4 (2019), pp. 487-494.

Besedovsky, Luciana; Lange, Tanja; y Born, Jan, «Sleep and immune function», *Pflügers Archiv-European Journal of Physiology*, 463, 1 (2012), pp. 121-137.

Besedovsky, Luciana; Lange, Tanja; y Haack, Monika, «The sleep-immune crosstalk in health and disease», *Physiological Reviews*, 99, 3 (2019), pp. 1325-1380.

Weyh, Christopher; Krüger, Karsten; y Strasser, Barbara, «Physical activity and diet shape the immune system during aging», *Nutrients*, 12, 3 (2020), p. 622.

Childs, Caroline E.; Calder, Philip C.; y Miles, Elizabeth A., «Diet and immune function», *Nutrients*, 11, 8 (2019), p. 1933.

Poles, Jilian *et al.*, «The effects of twenty-four nutrients and phytonutrients on immune system function and inflammation: A narrative review», *Journal of Clinical and Translational Research*, 7, 3 (2021), pp. 333-376.

Fu, Yawei *et al.*, «Associations among dietary omega-3 polyunsaturated fatty acids, the gut microbiota, and intestinal immunity», *Mediators of Inflammation*, 2021, 1 (2021).

Gutiérrez, Saray; Svahn, Sara L.; y Johansson, Maria E., «Effects of omega-3 fatty acids on immune cells», *International Journal of Molecular Sciences*, 20, 20 (2019), p. 5028.

Godaly, Gabriela; Ambite, Ines; y Svanborg, Catharina, «Innate immunity and genetic determinants of urinary tract infection susceptibility», *Current Opinion in Infectious Diseases*, 28, 1 (2015), p. 88-96.

Lacerda, Mariano Livia; y Ingersoll, Molly A., «Bladder resident macrophages: Mucosal sentinels», *Cellular Immunology*, 330 (2018), pp. 136-141.

Song, Jeongmin; y Abraham, Soman N., «TLR-mediated immune responses in the urinary tract», *Current Opinion in Microbiology*, 11, 1 (2008), pp. 66-73.

Becknell, Brian; Ching, Christina; y Spencer, John David, «The responses of the ribonuclease a superfamily to urinary tract infection», *Frontiers in Immunology*, 10 (2019), p. 2786.

Steigedal, Magnus *et al.*, «Lipocalin 2 imparts selective pressure on bacterial growth in the bladder and is elevated in women with urinary tract infection», *The Journal of Immunology*, 193, 12 (2014), pp. 6081-6089.

Ueda, Norichika *et al.*, «Bladder urothelium converts bacterial lipopolysaccharide information into neural signaling via an ATP-mediated pathway to enhance the micturition reflex for rapid defense», *Scientific Reports*, 10, 1 (2020), p. 21167.

Hayes, Byron W.; y Abraham, Soman N., «Innate immune responses to bladder infection», *Microbiology Spectrum Journal*, 5, 6 (2016).

O'Brien, Valerie P. *et al.*, «Are you experienced? Understanding bladder innate immunity in the context of recurrent urinary tract infection», *Current Opinion in Infectious Diseases*, 28, 1 (2015), pp. 97-105.

Huang, Jiaoyan *et al.*, «Group 3 innate lymphoid cells protect the host from the uropathogenic *Escherichia coli* infection in the bladder», *Advanced Science*, 9, 6 (2022), p. e2103303.

Wu, Jianxuan; y Abraham, Soman N., «The roles of T cells in bladder pathologies», *Trends in Immunology*, 42, 3 (2021), pp. 248-260.

Billips, Benjamin K.; Schaeffer, Anthony J.; y Klumpp, David J., «Molecular basis of uropathogenic *Escherichia coli* evasion of the innate immune response in the bladder», *Infection and Immunity*, 76, 9 (2008), p. 3891-3900.

Nielsen, Karen Leth *et al.*, «Whole-genome comparison of urinary pathogenic *Escherichia coli* and faecal isolates of UTI patients and healthy controls», *International Journal of Medical Microbiology*, 307, 8 (2017), pp. 497-507.

Ambite, Ines *et al.*, «Molecular determinants of disease severity in urinary tract infection», *Nature Reviews Urology*, 18, 8 (2021), pp. 468-486.

Ziegler, T.; Jacobsohn, N.; y Fünfstück, R., «Correlation between blood group phenotype and virulence properties of *Escherichia coli* in patients with chronic urinary tract infection», *International Journal of Antimicrobial Agents*, 24, Suppl. 1 (2004), pp. 70-75.

Sulaiman, Khalid Al *et al.*, «The correlation between non-O blood group type and recurrent catheter-associated urinary tract infections in critically ill patients: A retrospective study», *Journal of International Medical Research*, 50, 7 (2022).

Albracht, Clayton D.; Hreha, Teri N.; y Hunstad, David A., «Sex effects in pyelonephritis», *Pediatric Nephrology*, 36, 3 (2021), pp. 507-515.

Wnorowska, Urszula *et al.*, «Ceragenin CSA-13 displays high antibacterial efficiency in a mouse model of urinary tract infection», *Scientific Reports*, 12, 1 (2022).

Wnorowska, Urszula *et al.*, «Use of ceragenins as a potential treatment for urinary tract infections», *BMC Infectious Diseases*, 19 (2019), pp. 1-13.

10. EL FAMOSO SUELO PÉLVICO

Rocca Rossetti, Salvatore, «Functional anatomy of pelvic floor», *Archivio Italiano di Urologia e Andrologia*, 88, 1 (2016), pp. 28-37.

Ashton-Miller, James A.; y DeLancey, John O., «Functional anatomy of the female pelvic floor», *Annals of New York Academy of Science*, 1101, 1 (2007), pp. 266-296.

Easley, Deanna C.; Abramowitch, Steven D.; y Moalli, Pamela A., «Female pelvic floor biomechanics: bridging the gap», *Current Opinion in Urology*, 27, 3 (2017), pp. 262-267.

van Geen, Frank-Jan *et al.*, «Dysfunctional voiding: exploring disease transition from childhood to adulthood», *Urology*, 177 (2023), pp. 60-64.

Sinha, Sanjay, «Dysfunctional voiding: A review of the terminology, presentation, evaluation and management in children and adults», *Indian Journal of Urology*, 27, 4 (2011), pp. 437-447.

Haifler, Miki; y Stav, Kobi, «Dysfunctional voiding in adults», *The Israel Medical Association Journal: IMAJ*, 15, 5 (2013), pp. 247-251.

Minardi, Daniele *et al.*, «The role of uroflowmetry biofeedback and biofeedback training of the pelvic floor muscles in the treatment of recurrent urinary tract infections in women with dysfunctional voiding: a randomized controlled prospective study», *Urology*, 75, 6 (2010), pp. 1299-1304.

Lee, Ping-Jui; y Kuo, Hann-Chorng, «High incidence of lower urinary tract dysfunction in women with recurrent urinary tract infections», *LUTS: Lower Urinary Tract Symptoms*, 12, 1 (2020), pp. 33-40.

Haylen, Bernard T. *et al.*, «Recurrent urinary tract infections in women with symptoms of pelvic floor dysfunction», *International Urogynecology Journal*, 20 (2009), pp. 837-842.

Lazaros, Tzelves *et al.*, «The effect of pelvic floor muscle training in women with functional bladder outlet obstruction», *Archives Gynecology and Obstetrics*, 307, 5 (2023), pp. 1489-1494.

Kao, Yao-Lin *et al.*, «Predictive factors for a successful treatment outcome in patients with different voiding dysfunction subtypes who received urethral sphincter botulinum injection», *Toxins*, 14, 12 (2022), p. 877.

Jhang, Jia-Fong; y Kuo, Hann-Chorng, «Recent advances in recurrent urinary tract infection from pathogenesis and biomarkers to prevention», *Tzu Chi Medical Journal*, 29, 3 (2017), pp. 131-137.

11. Cómo mejorar la estática pélvica, la relajación muscular y la coordinación miccional

Tim, Sabina; y Mazur-Bialy, Agnieszka I., «The most common functional disorders and factors affecting female pelvic floor», *Life*, 11, 12 (2021), p. 1397.

García-Arrabe, María *et al.*, «Effects of minimalist shoes on pelvic floor activity in nulliparous women during running at different velocities: a randomized cross-over clinical trial», *Scientific Reports*, 12, 1 (2022).

Wu, Xiaoli *et al.*, «Electromyographic biofeedback for stress urinary incontinence or pelvic floor dysfunction in women: a systematic review and meta-analysis», *Advances in Therapy*, 38, 8 (2021), pp. 4163-4177.

Dumoulin, Chantale; Cacciari, Licia P.; y Hay-Smith, E. Jean C., «Pelvic floor muscle training versus no treatment, or inactive control treatments, for urinary incontinence in women», *Cochrane Database of Systematic Reviews*, 10 (2018).

Anderson, Coral A. *et al.*, «Conservative management for post-prostatectomy urinary incontinence», *Cochrane Database of Systematic Reviews*, 1 (2015).

Wagner, Barbara *et al.*, «The effect of biofeedback interventions on pain, overall symptoms, quality of life and physiological parameters in patients with pelvic pain: A systematic review», *Wiener Klinische Wochenschrift*, 134 (2022), pp. 11-48.

Moroni, Rafael Mendes *et al.*, «Conservative treatment of stress urinary incontinence: a systematic review with meta-analysis of randomized controlled trials», *Revista Brasileira de Ginecologia e Obstetrícia*, 38, 2 (2016), pp. 97-111.

Brown, Steven R.; Wadhawan, Himanshu; y Nelson, Richard L., «Surgery for faecal incontinence in adults», *Cochrane Database of Systematic Reviews*, 7 (2013).

Vonthein, Reinhard *et al.*, «Electrical stimulation and biofeedback for the treatment of fecal incontinence: a systematic review», *International Journal of Colorectal Disease*, 28 (2013), pp. 1567-1577.

Stewart, Fiona *et al.*, «Electrical stimulation with non-implanted electrodes for overactive bladder in adults», *Cochrane Database of Systematic Reviews*, 12 (2016).

Imamura, M. *et al.*, «Systematic review and economic modelling of the effectiveness and cost-effectiveness of non-surgical treatments for women with stress urinary incontinence», *Health Technology Assessment*, 14, 40 (2010), pp. 1-506.

Rai, Bhavan Prasad *et al.*, «Anticholinergic drugs versus non-drug active therapies for non-neurogenic overactive bladder syndrome in adults», *Cochrane Database of Systematic Reviews*, 12 (2012).

Kannan, Priya *et al.*, «Effectiveness of physiotherapy interventions for improving erectile function and climacturia in men after prostatectomy: a systematic review and meta-analysis of randomized controlled trials», *Clinical Rehabilitation*, 33, 8 (2019), pp. 1298-1309.

Gaziev, Gabriele *et al.*, «Percutaneous Tibial Nerve Stimulation (PTNS) efficacy in the treatment of lower urinary tract dysfunctions: a systematic review», *BMC Urology*, 13 (2013), pp. 1-11.

Guitynavard, Fatemeh *et al.*, «Percutaneous posterior tibial nerve stimulation (PTNS) for lower urinary tract symptoms (LUTSs) treatment in patients with multiple sclerosis (MS): A systematic review and meta-analysis», *Multiple Sclerosis and Related Disorders*, 58 (2022).

Wang, Menghua *et al.*, «Percutaneous tibial nerve stimulation for overactive bladder syndrome: a systematic review and meta-analysis», *International Urogynecology Journal*, 31 (2020), pp. 2457-2471.

Ghavidel-Sardsahra, Amirhossein *et al.*, «Efficacy of percutaneous and transcutaneous posterior tibial nerve stimulation on idiopathic overactive bladder and interstitial cystitis/painful bladder syndrome: A systematic review and meta-analysis», *Neurourology and Urodynamics*, 41, 2 (2022), pp. 539-551.

Vecchio, Michele; Chiaramonte, Rita; y Di Benedetto, Paolo, «Management of bladder dysfunction in multiple sclerosis: a systematic review and meta-analysis of studies regarding bladder rehabilitation», *European Journal of Physical and Rehabilitation Medicine*, 58, 3 (2022), pp. 387-396.

Kershaw, Victoria *et al.*, «The effect of percutaneous tibial nerve stimulation (PTNS) on sexual function: a systematic review and meta-analysis», *International Urogynecology Journal*, 30 (2019), pp. 1619-1627.

Simillis, Constantinos *et al.*, «Sacral nerve stimulation versus percutaneous tibial nerve stimulation for faecal incontinence: a systematic review and meta-analysis», *International Journal of Colorectal Disease*, 33 (2018), pp. 645-648.

Burton, C.; Sajja, A.; y Latthe, P. M., «Effectiveness of percutaneous posterior tibial nerve stimulation for overactive bladder: a systematic review and meta-analysis», *Neurourology and Urodynamics*, 31, 8 (2012), pp. 1206-1216.

Wibisono, Elits; y Rahardjo, Harrina E., «Effectiveness of short term percutaneous tibial nerve stimulation for non-neurogenic overactive bladder syndrome in adults: a meta-analysis», *Acta Medica Indonesiana*, 47, 3 (2015), pp. 188-200.

Cohen, Jeffrey M. *et al.*, «Therapeutic intervention for chronic prostatitis/chronic pelvic pain syndrome (CP/CPPS): a systematic review and meta-analysis», *PLoS One*, 7, 8 (2012).

Bai, Jingwen *et al.*, «Physical and rehabilitation therapy for overactive bladder in women: a systematic review and meta-analysis», *International Journal of Clinical Practice*, 2023, 1 (2023).

Alomari, Mohammed S. *et al.*, «Non-inferior and more feasible transcutaneous tibial nerve stimulation in treating overactive bladder: A systematic review and meta-analysis», *International Journal of Urology*, 29, 10 (2022), pp. 1170-1180.

Rai, Bhavan Prasad *et al.*, «Anticholinergic drugs versus non-drug active therapies for non-neurogenic overactive bladder syndrome in adults», *Cochrane Database of Systematic Reviews*, 12 (2012).

Yang, Ding-Yuan; Zhao, Liu-Ni; y Qiu, Ming-Xing, «Treatment for overactive bladder: A meta-analysis of transcutaneous tibial nerve stimulation versus percutaneous tibial nerve stimulation», *Medicine*, 100, 20 (2021).

Balzarro, Matteo *et al.*, «Impact of overactive bladder-wet syndrome on female sexual function: a systematic review and meta-analysis», *Sexual Medicine Reviews*, 7, 4 (2019), pp. 565-574.

12. CÓMO PREVENIR LAS INFECCIONES DE ORINA DESDE LA ALIMENTACIÓN

Fung, Jason; y Moore, Jimmy, *The complete guide to fasting: heal your body through intermittent, alternate-day and extended fasting*, Simon and Schuster, 2016.

Wilson, C. M., «The Treatment of Chronic *B. coli* Infections of the Urinary Tract by a Ketogenic Diet», *Postgraduate Medical Journal*, 9, 89 (1933), pp. 96-99.

Robb, Duncan C., «The ketogenic diet in the treatment of infections of the urinary tract», *British Medical Journal*, 2, 3807 (1933), pp. 1158-1162.

Kontiokari, Tero *et al.*, «Dietary factors protecting women from urinary tract infection», *The American Journal of Clinical Nutrition*, 77, 3 (2003), pp. 600-604.

O'Connor, Kathleen *et al.*, «Cranberry extracts promote growth of Bacteroidaceae and decrease abundance of Enterobacteriaceae in a human gut simulator model», *PLoS One*, 14, 11 (2019).

Scribano, Daniela *et al.*, «Urinary tract infections: Can we prevent uropathogenic *Escherichia coli* infection with dietary intervention?», *International Journal for Vitamin and Nutrition Research*, 91, 5-6 (2021), pp. 391-395.

Sihra, Néha *et al.*, «Nonantibiotic prevention and management of recurrent urinary tract infection», *Nature Reviews Urology*, 15, 12 (2018), pp. 750-776.

Kontiokari, Tero; Nuutinen, Matti; y Uhari, Matti, «Dietary factors affecting susceptibility to urinary tract infection», *Pediatric Nephrology*, 19, 4 (2004), pp. 378-383.

Jhang, Jia-Fong; y Kuo, Hann-Chorng, «Recent advances in recurrent urinary tract infection from pathogenesis and biomarkers to prevention», *Tzu Chi Medical Journal*, 29, 3 (2017), pp. 131-137.

Ben Ayed, Houda *et al.*, «Prognosis of urinary tract infections: predictive factors and role of Ramadan fasting», *La Tunise Médicale*, 97, 10 (2019), pp. 1169-1176.

Foxman, Betsy; y Frerichs, Ralph R., «Epidemiology of urinary tract infection: II. Diet, clothing, and urination habits», *American Journal of Public Health*, 75, 11 (1985), pp. 1314-1317.

Lin, Ann E. *et al.*, «Human milk oligosaccharides protect bladder epithelial cells against uropathogenic *Escherichia coli* invasion and cytotoxicity», *The Journal of Infectious Diseases*, 209, 3 (2014), pp. 389-398.

Sarshar, S. *et al.*, «Antiadhesive hydroalcoholic extract from *Apium graveolens* fruits prevents bladder and kidney infection against uropathogenic *E. coli*», *Fitoterapia*, 127 (2018), pp. 237-244.

Narayanan, A. *et al.*, «Oral supplementation of trans-cinnamaldehyde reduces uropathogenic *Escherichia coli* colonization in a mouse model», *Letters in Applied Microbiology*, 64, 3 (2017), pp. 192-197.

Ranfaing, Jérémy *et al.*, «Propolis potentiates the effect of cranberry (*Vaccinium macrocarpon*) against the virulence of uropathogenic *Escherichia coli*», *Scientific Reports*, 8, 1 (2018).

Mickymaray, Suresh; y Al Aboody, Mohammed Saleh, «In vitro antioxidant and bactericidal efficacy of 15 common spices: novel therapeutics for urinary tract infections?», *Medicina*, 55, 6 (2019), p. 289.

Ramos, Sónia *et al.*, «*Escherichia coli* as commensal and pathogenic bacteria among food-producing animals: health implications of extended spectrum β-lactamase (ESBL) production», *Animals*, 10, 12 (2020).

Singer, Randall S., «Urinary tract infections attributed to diverse ExPEC strains in food animals: evidence and data gaps», *Frontiers in Microbiology*, 6 (2015).

Jakobsen, Lotte; Hammerum, Anette M.; y Frimodt-Møller, Niels. «Detection of clonal group A *Escherichia coli* isolates from broiler chickens, broiler chicken meat, community-dwelling humans, and urinary tract infection (UTI) patients and their virulence in a mouse UTI model», *Applied and Environmental Microbiology*, 76, 24 (2010), pp. 8281-8284.

Liu, Cindy M. *et al.*, «*Escherichia coli* ST131-H22 as a foodborne uropathogen», *MBio*, 9, 4 (2018).

Jakobsen Lotte; Hammerum, Anette M.; y Frimodt-Møller, Niels, «Virulence of *Escherichia coli* B2 isolates from meat and animals in a murine model of ascending urinary tract infection

(UTI): evidence that UTI is a zoonosis», *Journal of Clinical Microbiology*, 48, 8 (2010), pp. 2978-2980.

Buberg, May Linn *et al.*, «Population structure and uropathogenic potential of extended-spectrum cephalosporin-resistant *Escherichia coli* from retail chicken meat», *BMC Microbiology*, 21, 94 (2021), pp. 1-15.

Manges, Amee R. *et al.*, «Retail meat consumption and the acquisition of antimicrobial resistant *Escherichia coli* causing urinary tract infections: a case-control study», *Foodborne Pathogens and Disease*, 4, 4 (2007), pp. 419-431.

Vincent, Caroline *et al.*, «Food reservoir for *Escherichia coli* causing urinary tract infections», *Emerging Infectious Diseases*, 16, 1 (2010), pp. 88-95.

Cunha, Marcos Paulo Viera *et al.*, «Pandemic extra-intestinal pathogenic *Escherichia coli* (ExPEC) clonal group O6-B2-ST73 as a cause of avian colibacillosis in Brazil», *PLoS One*, 12, 6 (2017).

Poulsen, Louise Ladefoged *et al.*, «*Enterococcus faecalis* clones in poultry and in humans with urinary tract infections, Vietnam», *Emerging Infectious Diseases*, 18, 7 (2012), pp. 1096-1100.

Xia, X. *et al.*, «*Escherichia coli* from retail meats carry genes associated with uropathogenic *Escherichia coli*, but are weakly invasive in human bladder cell culture», *Journal of Applied Microbiology*, 110, 5 (2011), pp. 1166-1176.

Nordstrom, Lora; Liu, Cindy M.; y Price, Lance B., «Foodborne urinary tract infections: a new paradigm for antimicrobial-resistant foodborne illness», *Frontiers in Microbiology*, 4 (2013), p. 29.

Yuan, Shuai *et al.*, «Oral microbiota in the oral-genitourinary axis: identifying periodontitis as a potential risk of genitourinary cancers», *Military Medical Research*, 8 (2021), pp. 1-14.

Santacroce, Luigi *et al.*, «Oral microbiota in human health and disease: A perspective», *Experimental Biology and Medicine*, 248, 15 (2023), pp. 1288-1301.

Choi, Hae Woong; Lee, Kwang Woo; y Kim, Young Ho, «Microbiome in urological diseases: Axis crosstalk and bladder disorders», *Investigative and Clinical Urology*, 64, 2 (2023), pp. 126-139.

Chen, Yen-Chang *et al.*, «The risk of urinary tract infection in vegetarians and non-vegetarians: a prospective study», *Scientific Reports*, 10, 1 (2020), pp. 1-9.

13. Cómo mantener una buena microbiota oral, digestiva y genitourinaria

Chong, Clara Yieh Lin; Bloomfield, Frank H.; y O'Sullivan, Justin M., «Factors affecting gastrointestinal microbiome development in neonates», *Nutrients*, 10, 3 (2018), p. 274.

Rodríguez, Juan Miguel *et al.*, «The composition of the gut microbiota throughout life, with an emphasis on early life», *Microbial Ecology in Health and Disease*, 26, 1 (2015), p. 26050.

Ratsika, Anna *et al.*, «Priming for life: early life nutrition and the microbiota-gut-brain axis», *Nutrients*, 13, 2 (2021), p. 423.

Socha-Banasiak, Anna *et al.*, «From intrauterine to extrauterine life-the role of endogenous and exogenous factors in the regulation of the intestinal microbiota community and gut maturation in early life», *Frontiers in Nutrition*, 8 (2021), p. 696966.

Vacca, Mirco *et al.*, «The establishment of the gut microbiota in 1-year-aged infants: from birth to family food», *European Journal of Nutrition*, 61, 5 (2022), pp. 2517-2530.

Selma-Royo, Marta *et al.*, «Perinatal environment shapes microbiota colonization and infant growth: impact on host response and intestinal function», *Microbiome*, 8 (2020), pp. 1-19.

Gao, Ruitong *et al.*, «Exercise therapy in patients with constipation: a systematic review and meta-analysis of randomized controlled trials», *Scandinavian Journal of Gastroenterology*, 54, 2 (2019), pp. 169-177.

Heymen, Steve *et al.*, «Biofeedback treatment of constipation: a critical review», *Diseases of the Colon and Rectum*, 46, 9 (2003), pp. 1208-1217.

Ihnatowicz, Paulina *et al.*, «The importance of nutritional factors and dietary management of Hashimoto's thyroiditis», *Annals of Agricultural and Environmental Medicine*, 27, 2 (2020), pp. 184-193.

Passali, Moschoula *et al.*, «Current evidence on the efficacy of gluten-free diets in multiple sclerosis, psoriasis, type 1 diabetes and autoimmune thyroid diseases», *Nutrients*, 12, 8 (2020), p. 2316.

Szczuko, Małgorzata *et al.*, «Doubtful justification of the gluten-free diet in the course of Hashimoto's disease», *Nutrients*, 14, 9 (2022), p. 1727.

Liontiris, Michael I.; y Mazokopakis, Elias E., «A concise review of Hashimoto thyroiditis (HT) and the importance of iodine, selenium, vitamin D and gluten on the autoimmunity and dietary management of HT patients. Points that need more investigation», *Hellenic Journal of Nuclear Medicine*, 20, 1 (2017), pp. 51-56.

Frehn, Lisa *et al.*, «Distinct patterns of IgG and IgA against food and microbial antigens in serum and feces of patients with inflammatory bowel diseases», *PLoS One*, 9, 9 (2014), p. e106750.

Rusch, Heather L. *et al.*, «The effect of mindfulness meditation on sleep quality: a systematic review and meta-analysis of randomized controlled trials», *Annals of New York Academy of Science*, 1445, 1 (2019), pp. 5-16.

Mettler, Jessica *et al.*, «Mindfulness-based programs and school adjustment: A systematic review and meta-analysis», *Journal of School Psychology*, 97 (2023), pp. 43-62.

Menziletoglu, Dilek *et al.*, «Binaural beats or 432 Hz music? which method is more effective for reducing preoperative dental anxiety?», *Medicina Oral, Patología Oral y Cirugía Bucal*, 26, 1 (2021).

Ceprnja, Marina *et al.*, «Modeling of urinary microbiota asociada con cystitis», *Frontiers in Cellular and Infection Microbiology*, 11 (2021).

Vagios, Stylianos; Hesham, Helai; y Mitchell, Caroline, «Understanding the potential of lactobacilli in recurrent UTI prevention», *Microbial Pathogenesis*, 148 (2020).

Neugent, Michael L. *et al.*, «Advances in understanding the human urinary microbiome and its potential role in urinary tract infection», *MBio*, 11, 2 (2020).

Schwenger, Erin M.; Tejani, Aaron M.; y Loewen, Peter S., «Probiotics for preventing urinary tract infections in adults and children» *Cochrane Database of Systematic Reviews*, 12 (2015).

Hosseini, Mostafa *et al.*, «The efficacy of probiotics in prevention of urinary tract infection in children: A systematic review and meta-analysis», *Journal of Pediatric Urology*, 13, 6 (2017), pp. 581-591.

Lee, Seung Joo *et al.*, «Probiotics prophylaxis in children with persistent primary vesicoureteral reflux», *Pediatric Nephrology*, 22 (2007), pp. 1315-1320.

Lee, Seung Joo; y Lee, Jung Won, «Probiotics prophylaxis in infants with primary vesicoureteral reflux», *Pediatric Nephrology*, 30 (2015), pp. 609-613.

Lee, Seung Joo; Cha, Jihae; y Lee Jung Won, «Probiotics prophylaxis in pyelonephritis infants with normal urinary tracts», *World Journal of Pediatrics*, 12 (2016), pp. 425-429.

Mohseni, Mohammad-Javad *et al.*, «Combination of probiotics and antibiotics in the prevention of recurrent urinary tract infection in children», *Iranian Journal of Pediatrics*, 23, 4 (2013), pp. 430-438.

Sadeghi-Bojd, S. *et al.*, «Efficacy of probiotic prophylaxis after the first febrile urinary tract infection in children with normal urinary tracts», *Journal of the Pediatric Infectious Diseases Society*, 9, 3 (2020), pp. 305-310.

Madden-Fuentes, Ramiro J. *et al.*, «Efficacy of fluoroquinolone/ probiotic combination therapy for recurrent urinary tract infection in children: a retrospective analysis», *Clinical Therapeutics*, 37, 9 (2015), pp. 2143-2147.

Abdullatif, Victor A. *et al.*, «Efficacy of probiotics as prophylaxis for urinary tract infections in premenopausal women: a systematic review and meta-analysis», *Cureus*, 13, 10 (2021).

Grin, Peter M. *et al.*, «*Lactobacillus* for preventing recurrent urinary tract infections in women: meta-analysis», *The Canadian Journal of Urology*, 20, 1 (2013), pp. 6607-6614.

Barrons, Robert; y Tassone, Dan, «Use of *Lactobacillus* probiotics for bacterial genitourinary infections in women: a review», *Clinical Therapeutics*, 30, 3 (2008), pp. 453-468.

Koradia, Parshottam *et al.*, «Probiotic and cranberry supplementation for preventing recurrent uncomplicated urinary tract infections in premenopausal women: a controlled pilot study», *Expert Review of Anti-Infective Therapy*, 17, 9 (2019), pp. 733-740.

Ng, Qin Xiang *et al.*, «Use of *Lactobacillus* spp. to prevent recurrent urinary tract infections in females», *Medical Hypotheses*, 114 (2018), pp. 49-54.

Gupta, Varsha; Nag, Deepika; y Garg, Pratibha, «Recurrent urinary tract infections in women: How promising is the use of probiotics?», *Indian Journal of Medial Microbiology*, 35, 3 (2017), pp. 347-354.

Borchert, D. *et al.*, «Prevention and treatment of urinary tract infection with probiotics: Review and research perspective», *Indian Journal of Urology*, 24, 2 (2008), pp. 139-144.

Reid, Gregor, «Probiotic therapy and functional foods for prevention of urinary tract infections: state of the art and science», *Current Infectious Disease Reports*, 2, 6 (2000), pp. 518-522.

Amdekar, Sarika; Singh, Vinod; y Singh, Desh Deepak, «Probiotic therapy: immunomodulating approach toward urinary tract infection», *Current Microbiology*, 63 (2011), pp. 484-490.

Singhal, Lipika *et al.*, «Identification and sensitivity of vaginal and probiotic *Lactobacillus* species to urinary antibiotics», *Journal of Laboratory Physicians*, 12, 02 (2020), pp. 111-114.

Czaja, Christopher A. *et al.*, «Phase I trial of a *Lactobacillus crispatus* vaginal suppository for prevention of recurrent urinary tract infection in women», *Infectious Diseases in Obstetrics and Gynecology*, 2007, 1 (2007).

Stapleton, Ann E. *et al.*, «Randomized, placebo-controlled phase 2 trial of a *Lactobacillus crispatus* probiotic given intravaginally for prevention of recurrent urinary tract infection», *Clinical Infectious Diseases*, 52, 10 (2011), pp. 1212-1217.

Uehara, Shinya *et al.*, «A pilot study evaluating the safety and effectiveness of *Lactobacillus* vaginal suppositories in patients with recurrent urinary tract infection», *International Journal of Antimicrobial Agents*, 28, Suppl. 1 (2006), pp. 30-34.

de Arellano, A. Ramírez *et al.*, «Effect of orally-administered *Lactobacillus plantarum* LPLM-O1 strain in an immunosuppressed mouse model of urinary tract infection», *Beneficial Microbes*, 3, 1 (2012), pp. 51-59.

Prasetyo, R. V. *et al.*, «*Lactobacillus plantarum* IS-10506 promotes renal tubular regeneration in pyelonephritic rats», *Beneficial Microbes*, 11, 1 (2020), pp. 59-66.

de Llano, Dolores González *et al.*, «Strain-specific inhibition of the adherence of uropathogenic bacteria to bladder cells by probiotic *Lactobacillus* spp», *Pathogens and Disease*, 75, 4 (2017).

Algburi, Ammar *et al.*, «Potential probiotics *Bacillus subtilis* KATMIRA1933 and *Bacillus amyloliquefaciens* B-1895 co-aggregate with clinical isolates of *Proteus mirabilis* and prevent biofilm formation», *Probiotics and Antimicrobial Proteins*, 12, 4 (2020), pp. 1471-1483.

Nader-Macías, María Elena Fátima; De Gregorio, Priscilla Romina; y Silva, Jessica Alejandra, «Probiotic lactobacilli in formulas and hygiene products for the health of the urogenital tract», *Pharmacology Research and Perspectives*, 9, 5 (2021).

Diebold, Ruth *et al.*, «Vaginal treatment with lactic acid gel delays relapses in recurrent urinary tract infections: results from an open, multicentre observational study», *Archives Gynecology and Obstetrics*, 304 (2021), pp. 409-417.

14. Cómo mejorar nuestra salud inmunitaria

Shephard, Roy J.; y Shek, Pang N., «Effects of exercise and training on natural killer cell counts and cytolytic activity: a meta-analysis», *Sports Medicine*, 28 (1999), pp. 177-195.

Rumpf, Christopher *et al.*, «The effect of acute physical exercise on nk-cell cytolytic activity: a systematic review and meta-analysis», *Sports Medicine*, 51, 3 (2021), pp. 519-530.

Sardeli, Amanda Veiga *et al.*, «Effect of resistance training on inflammatory markers of older adults: A meta-analysis», *Experimental Gerontology*, 111 (2018), pp. 188-196.

Chastin, Sebastien F. M. *et al.*, «Effects of regular physical activity on the immune system, vaccination and risk of community-acquired infectious disease in the general population: systematic review and meta-analysis», *Sports Medicine*, 51, 8 (2021), pp. 1673-1686.

Huang, X. L.; Fu, C. J.; y Bu, R. F., «Role of circadian clocks in the development and therapeutics of cancer», *Journal of International Medical Research*, 39, 6 (2011), pp. 2061-2066.

Shafi, Ayesha A.; y Knudsen, Karen E., «Cancer and the circadian clock», *Cancer Research*, 79, 15 (2019), pp. 3806-3814.

Diallo, Aïssatou Bailo *et al.*, «For whom the clock ticks: clinical chronobiology for infectious diseases», *Frontiers in Immunology*, 11 (2020), p. 1457.

Negoro, Hiromitsu *et al.*, «Chronobiology of micturition: putative role of the circadian clock», *The Journal of Urology*, 190, 3 (2013), pp. 843-849.

Kim, Jin Wook; Moon, Young Tae; y Kim, Kyung Do, «Nocturia: The circadian voiding disorder», *Investigative and Clinical Urology*, 57, 3 (2016), pp. 165-173.

Scheiermann, Christoph; Kunisaki, Yuya; y Frenette, Paul S., «Circadian control of the immune system», *Nature Reviews Immunology*, 13, 3 (2013), pp. 190-198.

Haspel, Jeffrey A. *et al.*, «Perfect timing: circadian rhythms, sleep, and immunity - an NIH workshop summary», *JCI Insight*, 5, 1 (2020).

Coiffard, Benjamin *et al.*, «A tangled threesome: circadian rhythm, body temperature variations, and the immune system», *Biology*, 10, 1 (2021), p. 65.

Cermakian, Nicolas *et al.*, «Crosstalk between the circadian clock circuitry and the immune system», *Chronobiology International*, 30, 7 (2013), pp. 870-888.

Cho, Joshua H. *et al.*, «Anti-inflammatory effects of melatonin: A systematic review and meta-analysis of clinical trials», *Brain, Behavior, and Immunity*, 93 (2021), pp. 245-253.

Jerigova, Viera; Zeman, Michal; y Okuliarova, Monika, «Circadian disruption and consequences on innate immunity and inflammatory response», *International Journal of Molecular Sciences*, 23, 22 (2022).

Tomiyama, Chikako *et al.*, «The effect of repetitive mild hyperthermia on body temperature, the autonomic nervous system, and innate and adaptive immunity», *Biomedical Research*, 36, 2 (2015), pp. 135-142.

Pilch, Wanda *et al.*, «The effects of a single and a series of Finnish sauna sessions on the immune response and HSP-70 levels in trained and untrained men», *International Journal of Hyperthermia*, 40, 1 (2023), p. 2179672.

Grazioso, Tatiana P.; y Djouder, Nabil, «The forgotten art of cold therapeutic properties in cancer: A comprehensive historical guide», *iScience*, 26, 7 (2023).

Miller, Elzbieta *et al.*, «Effects of the whole-body cryotherapy on a total antioxidative status and activities of some antioxidative enzymes in blood of patients with multiple sclerosis-preliminary study», *The Journal of Medical Investigation*, 57, 1 (2010), pp. 168-173.

Straburzyńska-Lupa, Anna *et al.*, «Sclerostin and bone remodeling biomarkers responses to whole-body cryotherapy (–110 °C) in healthy young men with different physical fitness levels», *Scientific Reports*, 11, 1 (2021).

Sadura-Sieklucka, Teresa *et al.*, «Effects of whole body cryotherapy in patients with rheumatoid arthritis considering immune parameters», *Reumatologia/Rheumatology*, 57, 6 (2019), pp. 320-325.

Selleri, Valentina *et al.*, «Innate immunity changes in soccer players after whole-body cryotherapy», *BMC Sports Science, Medicine and Rehabilitation*, 14, 1 (2022), p. 185.

Nasi, Milena *et al.*, «Effects of whole-body cryotherapy on the innate and adaptive immune response in cyclists and runners», *Immunologic Research*, 68 (2020), pp. 422-435.

Nasi, Milena *et al.*, «Effects of whole-body cryotherapy on the innate and adaptive immune response in cyclists and runners», *Immunologic Research*, 68 (2020), pp. 422-435.

LaVoy, Emily C. P.; McFarlin, Brian K., Simpson, Richard J., «Immune responses to exercising in a cold environment», *Wilderness & Environmental Medicine*, 22, 4 (2011), pp. 343-351.

Lu, Jingjing *et al.*, «Integrated metabolism and epigenetic modifications in the macrophages of mice in responses to cold stress», *Journal of Zhejiang University-Science B*, 23, 6 (2022), pp. 461-480.

Dellagostin, Eduardo N. *et al.*, «Chronic cold exposure modulates genes related to feeding and immune system in Nile tilapia

(*Oreochromis niloticus*)», *Fish & Shellfish Immunology*, 128 (2022), pp. 269-278.

Straat, Maaike E. *et al.*, «The effect of cold exposure on circulating transcript levels of immune genes in Dutch South Asian and Dutch Europid men», *Journal of Thermal Biology*, 107 (2022).

Brenner, I. K. M. *et al.*, «Immune changes in humans during cold exposure: effects of prior heating and exercise», *Journal of Applied Physiology*, 87, 2 (1999), pp. 699-710.

Littlehales, Nick, *Sleep*, Da Capo Lifelong Books, 2018.

Maeda, Eriko *et al.*, «Spectrum of Epstein-Barr virus-related diseases: a pictorial review», *Japanese Journal of Radiology*, 27 (2009), pp. 4-19.

Gulley, Margaret L., «Molecular diagnosis of Epstein-Barr virus-related diseases», *The Journal of Molecular Diagnostics*, 3, 1 (2001), pp. 1-10.

Wong, Yide *et al.*, «Estimating the global burden of Epstein-Barr virus-related cancers», *Journal of Cancer Research and Clinical Oncology*, 148 (2022), pp. 31-46.

16. Prevenir las infecciones de orina desde la suplementación y la fitoterapia

Melican, Keiran *et al.*, «Uropathogenic *Escherichia coli* P and Type 1 fimbriae act in synergy in a living host to facilitate renal colonization leading to nephron obstruction», *PLoS Pathogens*, 7, 2 (2011).

Lane, M. C.; y Mobley H. L., «Role of P-fimbrial-mediated adherence in pyelonephritis and persistence of uropathogenic *Escherichia coli* (UPEC) in the mammalian kidney», *Kidney International*, 72, 1 (2007), pp. 19-25.

—, «Role of P-fimbrial-mediated adherence in pyelonephritis and persistence of uropathogenic *Escherichia coli* (UPEC) in the mammalian kidney», *Kidney International*, 72, 1 (2007), pp. 19-25.

Gupta, K. *et al.*, «Cranberry products inhibit adherence of p-fimbriated *Escherichia coli* to primary cultured bladder and vaginal epithelial cells», *The Journal of Urology*, 177, 6 (2007), pp. 2357-2360.

Foxman, Betsy *et al.*, «Cranberry juice capsules and urinary tract infection after surgery: results of a randomized trial», *American Journal of Obstetrics and Gynecology*, 213, 2 (2015).

Caljouw, Monique A. A. *et al.*, «Effectiveness of cranberry capsules to prevent urinary tract infections in vulnerable older persons: a double-blind randomized placebo-controlled trial in long-term care facilities», *Journal of the American Geriatric Society*, 62, 1 (2014), pp. 103-110.

Occhipinti, Andrea; Germano, Antonio; y Maffei, Massimo E., «Prevention of urinary tract infection with Oximacro®, a cranberry extract with a high content of a-type proanthocyanidins: a pre-clinical double-blind controlled study», *Urology Journal*, 13, 2 (2016), pp. 2640-2649.

Jepson, Ruth G.; Williams, Gabrielle; y Craig, Jonathan C., «Cranberries for preventing urinary tract infections», *Cochrane Database of Systematic Reviews*, 10 (2012).

Gbinigie, Oghenekome A. *et al.*, «Cranberry extract for symptoms of acute, uncomplicated urinary tract infection: a systematic review», *Antibiotics*, 10, 1 (2020), p. 12.

Raguzzini, Anna *et al.*, «Cranberry for bacteriuria in individuals with spinal cord injury: a systematic review and meta-analysis», *Oxidative Medicine and Cellular Longevity*, 2020, 1 (2020).

Liska, DeAnn J.; Kern, Hua J.; y Maki, Kevin C., «Cranberries and urinary tract infections: how can the same evidence lead to conflicting advice?», *Advances in Nutrition*, 7, 3 (2016), pp. 498-506.

Straub, Timothy J. *et al.*, «Limited effects of long-term daily cranberry consumption on the gut microbiome in a placebo-controlled study of women with recurrent urinary tract infections», *BMC Microbiology*, 21 (2021), pp. 1-17.

Juthani-Mehta, Manisha *et al.*, «Effect of cranberry capsules on bacteriuria plus pyuria among older women in nursing homes: a randomized clinical trial», *JAMA*, 316, 18 (2016), pp. 1879-1887.

Harjai, Kusum; Gupta, Ravi Kumar; y Sehgal, Himanshi, «Attenuation of quorum sensing controlled virulence of *Pseudomonas aeruginosa* by cranberry», *Indian Journal of Medical Research*, 139, 3 (2014), pp. 446-453.

Coleman, Christina M.; y Ferreira, Daneel, «Oligosaccharides and complex carbohydrates: a new paradigm for cranberry bioactivity», *Molecules*, 25, 4 (2020), p. 881.

Bonetta, Alberto *et al.*, «Enteric-coated and highly standardized cranberry extract reduces antibiotic and nonsteroidal anti-inflammatory drug use for urinary tract infections during radiotherapy for prostate carcinoma», *Research and Reports in Urology*, 9 (2017), pp. 65-69.

Mutlu, Hatice; y Ekinci, Zelal, «Urinary tract infection prophylaxis in children with neurogenic bladder with cranberry capsules: randomized controlled trial», *ISRN Pediatrics*, (2012).

Samarasinghe, Shivanthi; Reid, Ruth; y Al-Bayati, Majid, «The anti-virulence effect of cranberry active compound proanthocyanins (PACs) on expression of genes in the third-generation cephalosporin-resistant *Escherichia coli* CTX-M-15 associated with urinary tract infection», *Antimicrobial Resistance & Infection Control*, 8 (2019), pp. 1-9.

de Llano, Dolores González *et al.*, «Anti-adhesive activity of cranberry phenolic compounds and their microbial-derived metabolites against uropathogenic *Escherichia coli* in bladder epithelial cell cultures», *International Journal of Molecular Sciences*, 16, 6 (2015), pp. 12119-12130.

Li, Meng *et al.*, «Effects of cranberry juice on pharmacokinetics of beta-lactam antibiotics following oral administration», *Antimicrobial Agents and Chemotherapy*, 53, 7 (2009), pp. 2725-2732.

Gunnarsson, Anna-Karin *et al.*, «Cranberry juice concentrate does not significantly decrease the incidence of acquired bacteriuria in female hip fracture patients receiving urine catheter: a double-blind randomized trial», *Clinical Interventions in Aging*, 12 (2017), pp. 137-143.

McMurdo, Marion E. T. *et al.*, «Cranberry or trimethoprim for the prevention of recurrent urinary tract infections? A randomized controlled trial in older women», *Journal of Antimicrobial Chemotherapy*, 63, 2 (2009), pp. 389-395.

Jensen, Heidi D. *et al.*, «Cranberry juice and combinations of its organic acids are effective against experimental urinary tract infection», *Frontiers in Microbiology*, 8 (2017), p. 542.

Thomas, Dominique *et al.*, «Does cranberry have a role in catheter-associated urinary tract infections?», *Canadian Urological Association Journal*, 11, 11 (2017), pp. E421-E424.

Goldman, Ran D., «Cranberry juice for urinary tract infection in children», *Canadian Family Physician*, 58, 4 (2012), pp. 398-401.

Stapleton, Ann E. *et al.*, «Recurrent urinary tract infection and urinary *Escherichia coli* in women ingesting cranberry juice daily: a randomized controlled trial», *Mayo Clinic Proceeding*, 87, 2 (2012), pp. 143-150.

Barbosa-Cesnik, Cibele *et al.*, «Cranberry juice fails to prevent recurrent urinary tract infection: results from a randomized placebo-controlled trial», *Clinical Infectious Diseases*, 52, 1 (2011), pp. 23-30.

Asma, Babar *et al.*, «Standardised high dose versus low dose cranberry Proanthocyanidin extracts for the prevention of recurrent urinary tract infection in healthy women [PACCANN]: a double blind randomised controlled trial protocol», *BMC Urology*, 18 (2018), pp. 1-7.

Wright, Kelly J.; Seed, Patrick C.; y Hultgren, Scott J., «Development of intracellular bacterial communities of uropathogenic *Escherichia coli* depends on type 1 pili», *Cellular Microbiology*, 9, 9 (2007), pp. 2230-2241.

Avalos Vizcarra, Ima *et al.*, «How type 1 fimbriae help *Escherichia coli* to evade extracellular antibiotics», *Scientific Reports*, 6, 1 (2016).

Hatton, Natasha E.; Baumann, Christoph G.; y Fascione, Martin A., «Developments in mannose-based treatments for uropathogenic *Escherichia coli*-induced urinary tract infections», *ChemBioChem*, 22, 4 (2021), pp. 613-629.

Palleschi, Giovanni *et al.*, «Prospective study to compare antibiosis versus the association of N-acetylcysteine, D-mannose and *Morinda citrifolia* fruit extract in preventing urinary tract infections in patients submitted to urodynamic investigation», *Archivio Italiano di Urologia e Andrologia*, 89, 1 (2017), pp. 45-50.

Lenger, Stacy M. *et al.*, «D-mannose vs other agents for recurrent urinary tract infection prevention in adult women: a systematic review and meta-analysis», *American Journal of Obstetrics and Gynecology*, 223, 2 (2020).

De Nunzio, Cosimo *et al.*, «Role of D-mannose in the prevention of recurrent uncomplicated cystitis: state of the art and future perspectives», *Antibiotics*, 10, 4 (2021), p. 373.

Franssen, Marloes *et al.*, «D-MannosE to prevent Recurrent urinary tract InfecTions (MERIT): protocol for a randomised controlled trial», *BMJ Open*, 11, 1 (2021).

Flower, Andrew *et al.*, «Chinese herbal medicine for treating recurrent urinary tract infections in women», *Cochrane Database of Systematic Reviews*, 6 (2015).

Beerepoot, Mariëlle; y Geerlings, Suzanne, «Non-antibiotic prophylaxis for urinary tract infections», *Pathogens*, 5, 2 (2016), p. 36.

Mehta, Jyoti *et al.*, «Antibacterial potential of *Bacopa monnieri* (L.) Wettst. and its bioactive molecules against uropathogens-an in silico study to identify potential lead molecule(s) for the development of new drugs to treat urinary tract infections», *Molecules*, 27, 15 (2022).

Wawrysiuk, Sara *et al.*, «Prevention and treatment of uncomplicated lower urinary tract infections in the era of increasing antimicrobial resistance-non-antibiotic approaches: a systemic review», *Archives Gynecology and Obstetrics*, 300 (2019), pp. 821-828.

Bergman, Jenny; Schjøtt, Jan; y Blix, Hege S., «Prevention of urinary tract infections in nursing homes: lack of evidence-based prescription?», *BMC Geriatrics*, 11 (2011), pp. 1-6.

Rechberger, Ewa *et al.*, «A randomized clinical trial to evaluate the effect of canephron N in comparison to ciprofloxacin in the prevention of postoperative lower urinary tract infections after midurethral sling surgery», *Journal of Clinical Medicine*, 9, 11 (2020).

Naber, Kurt G., «Efficacy and safety of the phytotherapeutic drug Canephron® N in prevention and treatment of urogenital and gestational disease: review of clinical experience in Eastern Europe and Central Asia», *Research and Reports in Urology*, 5 (2013), pp. 39-46.

Sabadash, Maksim; y Shulyak, Alexander, «Canephron® N in the treatment of recurrent cystitis in women of child-bearing Age: a randomised controlled study», *Clinical Phytoscience*, 3 (2017), pp. 1-5.

Ledda, A. *et al.*, «Pycnogenol® supplementation prevents recurrent urinary tract infections/inflammation and interstitial cystitis», *Evidence-Based Complementary and Alternative Medicine*, 2021, 1 (2021).

Mutters, Nico T. *et al.*, «Treating urinary tract infections due to MDR *E. coli* with Isothiocyanates - a phytotherapeutic alternative to antibiotics?», *Fitoterapia*, 129 (2018), pp. 237-240.

Witteman, Louise; van Wietmarschen, Herman A.; y van der Werf, Esther T., «Complementary medicine and self-care strategies in women with (recurrent) urinary tract and vaginal infections: a cross-sectional study on use and perceived effectiveness in the Netherlands», *Antibiotics*, 10, 3 (2021), p. 250.

Lelie-van der Zande, Rian *et al.*, «Womens' self-management skills for prevention and treatment of recurring urinary tract infection», *International Journal of Clinical Practice*, 75, 8 (2021).

Cai, Tommaso *et al.*, «The role of nutraceuticals and phytotherapy in the management of urinary tract infections: What we need to know?», *Archivio Italiano di Urologia e Andrologia*, 89, 1 (2017), pp. 1-6.

Albrecht, Uwe; Goos, Karl-Heinz; y Schneider, Berthold, «A randomised, double-blind, placebo-controlled trial of a herbal medicinal product containing *Tropaeoli majoris* herba (*Nasturtium*) and *Armoraciae rusticanae radix* (*Horseradish*) for the prophylactic treatment of patients with chronically recurrent lower urinary tract infections», *Current Medical Research and Opinion*, 23, 10 (2007), pp. 2415-2422.

Goddard, Jonathan Charles; y Janssen, Dick A. W. «Intravesical hyaluronic acid and chondroitin sulfate for recurrent urinary tract infections: systematic review and meta-analysis», *International Urogynecology Journal*, 29, 7 (2018), pp. 933-942.

Mowbray, Catherine A. *et al.*, «High molecular weight hyaluronic acid: a two-pronged protectant against infection of the urogenital tract?», *Clinical & Translational Immunology*, 7, 6 (2018).

Cicione, Antonio *et al.*, «Intravesical treatment with highly-concentrated hyaluronic acid and chondroitin sulphate in patients with recurrent urinary tract infections: Results from a multicentre survey», *Canadian Urological Association Journal*, 8, 9-10 (2014), pp. E721-E727.

Lazzeri, Massimo *et al.*, «Managing chronic bladder diseases with the administration of exogenous glycosaminoglycans: an update on the evidence», *Therapeutic Advances in Urology*, 8, 2 (2016), pp. 91-99.

Bergamin, Paul A.; y Kiosoglous, Anthony J., «Non-surgical management of recurrent urinary tract infections in women», *Translational Andrology and Urology*, 6, Suppl. 2 (2017), pp. S142-S152.

Gugliotta, Giorgio *et al.*, «Is intravesical instillation of hyaluronic acid and chondroitin sulfate useful in preventing recurrent bacterial cystitis? A multicenter case control analysis», *Taiwanese Journal of Obstetrics and Gynecology*, 54, 5 (2015), pp. 537-540.

Batura, Deepak *et al.*, «Intravesical sodium hyaluronate reduces severity, frequency and improves quality of life in recurrent UTI», *International Urology and Nephrology*, 52 (2020), pp. 219-224.

Damiano, Rocco; y Cicione, Antonio, «The role of sodium hyaluronate and sodium chondroitin sulphate in the management of bladder disease», *Therapeutic Advances in Urology*, 3, 5 (2011), pp. 223-232.

Raymond, Ijabla *et al.*, «The clinical effectiveness of intravesical sodium hyaluronate (cystistat®) in patients with interstitial cystitis/painful bladder syndrome and recurrent urinary tract infections», *Current Urology*, 6, 2 (2012), pp. 93-98.

Schiavi, Michele Carlo *et al.*, «Orally administered combination of Hyaluronic Acid, Chondroitin Sulfate, Curcumin, and Quercetin in the prevention of postcoital recurrent urinary tract infections: analysis of 98 women in reproductive age after 6 months of treatment», *Female Pelvic Medicine & Reconstructive Surgery*, 25, 4 (2019), pp. 309-312.

Patras, Kathryn A *et al.*, «Augmentation of urinary lactoferrin enhances host innate immune clearance of uropathogenic *Escherichia coli*», *Journal of Innate Immunity*, 11, 6 (2019), pp. 481-495.

Kell, Douglas B.; Heyden, Eugene L.; y Pretorius *et al.*, «The biology of lactoferrin, an iron-binding protein that can help defend against viruses and bacteria», *Frontiers in Immunology*, 11 (2020).

Drago-Serrano, Maria Elisa *et al.*, «Lactoferrin: balancing ups and downs of inflammation due to microbial infections», *International Journal of Molecular Sciences*, 18, 3 (2017), p. 501.

Wnorowska, Urszula *et al.*, «Use of ceragenins as a potential treatment for urinary tract infections», *BMC Infectious Diseases*, 19 (2019), pp. 1-13.

Wnorowska, Urszula *et al.*, «Ceragenin CSA-13 displays high antibacterial efficiency in a mouse model of urinary tract infection», *Scientific Reports*, 12, 1 (2022).

Yousefichaijan, Parsa *et al.*, «Zinc supplementation in treatment of children with urinary tract infection», *Iranian Journal of Kidney Diseases*, 10, 4 (2016), pp. 213-216.

Kwiecińska-Piróg, Joanna *et al.*, «Vitamin C in the presence of sub-inhibitory concentration of aminoglycosides and fluoroquinolones alters *Proteus mirabilis* biofilm inhibitory rate», *Antibiotics*, 8, 3 (2019), p. 116.

Yousefichaijan, Parsa *et al.*, «Vitamin E as adjuvant treatment for urinary tract infection in girls with acute pyelonephritis», *Iranian Journal of Kidney Diseases*, 9, 2 (2015), pp. 97-104.

Li, Xiaoyan *et al.*, «Serum vitamin D level and the risk of urinary tract infection in children: a systematic review and meta-analysis», *Frontiers in Public Health*, 9 (2021).

Gan, Yan *et al.*, «The association between serum vitamin D levels and urinary tract infection risk in children: a systematic review and meta-analysis», *Nutrients*, 15, 12 (2023).

Yang, Jianhuan *et al.*, «Low serum 25-hydroxyvitamin D level and risk of urinary tract infection in infants», *Medicine*, 95, 27 (2016).

Mahyar, Abolfazl *et al.*, «Association between vitamin D and urinary tract infection in children», *Korean Journal of Pediatrics*, 61, 3 (2018), pp. 90-94.

Qadir, Saba *et al.*, «Frequency of Vitamin-D deficiency in children with Urinary tract infection: A descriptive cross-sectional study», *Pakistan Journal of Medical Sciences*, 37, 4 (2021), pp. 1058-1062.

Merrikhi, Alireza *et al.*, «Is vitamin D supplementation effective in prevention of recurrent urinary tract infections in the pediatrics? A randomized triple-masked controlled trial», *Advanced Biomedical Research*, 7, 1 (2018), p. 150.

Sadeghzadeh, Mansour *et al.*, «The serum vitamin D levels in children with urinary tract infection: a case-control study», *New Microbes and New Infections*, 43 (2021).

Shalaby, Sherein Abdelhamid; Handoka, Nesrein Mosad; y Amin, Rasha Emad, «Vitamin D deficiency is associated with urinary tract infection in children», *Archives for Medical Science*, 14, 1 (2018), pp. 115-121.

Sherkatolabbasieh, Hamidreza *et al.*, «Evaluation of the relationship between vitamin D levels and prevalence of urinary tract infections in children», *New Microbes and New Infections*, 37 (2020).

van der Starre, Willize E. *et al.*, «Urinary proteins, vitamin D and genetic polymorphisms as risk factors for febrile urinary tract infection and relation with bacteremia: a case control study», *PLoS One*, 10, 3 (2015).

Nseir, William *et al.*, «The association between serum levels of vitamin D and recurrent urinary tract infections in premenopausal women», *International Journal of Infectious Diseases*, 17, 12 (2013).

Ali, Shahnaz Burhan *et al.*, «Vitamin D deficiency as a risk factor for urinary tract infection in women at reproductive age», *Saudi Journal of Biological Sciences*, 27, 11 (2020), pp. 2942-2947.

Kwon, Young Eun *et al.*, «Vitamin D deficiency is an independent risk factor for urinary tract infections after renal transplants», *Medicine*, 94, 9 (2015).

Hertting, Olof *et al.*, «Vitamin D induction of the human antimicrobial Peptide cathelicidin in the urinary bladder», *PLoS One*, 5, 12 (2010).

Övünç Hacıhamdioğlu, Duygu *et al.*, «The association between serum 25-hydroxy vitamin D level and urine cathelicidin in children with a urinary tract infection», *Journal of Clinical Research in Pediatric Endocrinology*, 8, 3 (2016), pp. 325-329.